泡沫浮选

龚明光　编著

北　京
冶金工业出版社
2015

内 容 简 介

本书沿用了中外浮选教材的体系，选取了主要浮选参考书的重要内容，参考了近十多年的专业文献资料，较全面地介绍了泡沫浮选的基本概念、基本原理、基本知识（包括常用数据）和学科新发展的内容。在理论方面注意与大学教学水平相衔接，叙述力求深入浅出；在实践方面注意收集新的实用知识，包括新的药剂、新的设备和新的工艺；对于浮选电位调控、细菌在浮选中的作用以及浮选在处理三废中的应用等新知识进行了适当的引荐。对浮选工作者具有参考价值。

本书可作为选矿专业大学生、选矿工程技术人员、浮选药剂与选矿设备工程技术人员的参考书，亦可作为大专以上或相近水平学生的教学用书。

图书在版编目(CIP)数据

泡沫浮选/龚明光编著．—北京：冶金工业出版社，2007.8（2015.2 重印）

ISBN 978-7-5024-4359-7

Ⅰ.泡…　Ⅱ.龚…　Ⅲ.泡沫浮选　Ⅳ.TD923

中国版本图书馆 CIP 数据核字(2007)第 129715 号

出 版 人　谭学余

地　　址　北京市东城区嵩祝院北巷 39 号　邮编　100009　电话　(010)64027926

网　　址　www.cnmip.com.cn　电子信箱　yjcbs@cnmip.com.cn

责任编辑　杨盈园　美术编辑　李　新　版式设计　张　青

责任校对　刘　倩　李文彦　责任印制　李玉山

ISBN 978-7-5024-4359-7

冶金工业出版社出版发行；各地新华书店经销；三河市双峰印刷装订有限公司印刷

2007 年 8 月第 1 版，2015 年 2 月第 5 次印刷

850mm×1168mm　1/32；11.125 印张；298 千字；341 页

48.00 元

冶金工业出版社　投稿电话　(010)64027932　投稿信箱　tougao@cnmip.com.cn

冶金工业出版社营销中心　电话　(010)64044283　传真　(010)64027893

冶金书店　地址　北京市东四西大街 46 号(100010)　电话　(010)65289081(兼传真)

冶金工业出版社天猫旗舰店　yjgy.tmall.com

（本书如有印装质量问题，本社营销中心负责退换）

序　言

龚明光教授从事浮选课的教学工作四十多年，早年常带学生深入选矿厂实习，了解生产实际，曾四次主编全国通用《浮游选矿》教材。考虑我国当前缺少有适当深度而系统的浮选教材和参考书，他根据中美俄欧的浮选经典教材、浮选重要著作及学科近年的发展，编著了这本《泡沫浮选》。

承蒙龚明光教授邀请，在该书出版前，阅读了原稿的主要内容，觉得该书对泡沫浮选的发展和应用，作了全面系统的阐述，理论联系实际。

在本书的理论部分阐述了泡沫浮选的基本概念和基本原理，对重点和难点引入了一些推导和数据，使人容易理解，为深入钻研者提供了思路；对于矿物零电点、等电点、溶度积、长链捕收剂的临界胶束浓度的数据收集比较齐全；系统地介绍了与浮选有关的电化学基本知识和电位调控浮选的基本知识。

在本书的实践部分收集了大量近年文献资料，浮选设备部分包括当前我国设计中常用的浮选机和浮选柱，国外主要大型浮选机、浮选柱及其设备大型化的原则；浮选药剂包括近年各矿山使用的新药，知道成分的已将其成分写出，不知道成分的列出了其代号及用途，并编成附录。浮选实例绝大多数是近年的，并适当地介绍了相关厂矿浮选工艺的重要变迁，对于浮选工作者具有参考价值。

书中有三部分是以往浮选书中没有或少有的：即浮选电位调控的应用，细菌用作浮选调整剂及捕收剂的实例，浮选在环保中的应用。有关浮选在环保中的应用部分介绍了相关的设备、药剂和可能得到的结果，对于从事浮选的工作人员有启迪的作用。

该书的特点是系统性好、逻辑性强、文字精炼、图文并茂，是一本好书。可作为大专以上选矿专业学生的教材、大学本科相关专业学生的参考书以及选矿厂工程技术人员的参考书，对选矿研究单位、选矿设备制造和浮选药剂厂的科技人员也有较高的参考价值。

朱建光

2007年5月

目　录

绪　论

浮选是利用物料被水润湿性不同以分离物料的一种方法或过程。它使一部分物料选择性地富集在两相界面上，而另一部分物料则留在水中。这里所说的润湿性，是指物料对水亲和力的大小。浮选工作者从实践中得知：对水亲和力大的物料，亲水性大，疏水性小，亲油性也小。反过来说，对水亲和力小的物料，润湿性小，疏水性大，亲油性也大。浮选时，一般是使疏水性的物料富集在气-液界面或油-水界面上，而亲水性的物料则留在水中。浮选在冶金、化工、环保、农业、生物等方面，都有一定的用途。本书只着重讨论浮选在矿物原料分离方面的基本理论和工艺知识。对它在环保方面的应用也略加阐述。

根据分离界面不同，可以把浮选分为三类：

（1）表层（薄膜）浮选。许多矿物具天然疏水性或经人工处理后有疏水性。利用这些矿物的疏水性和水的表面张力的“阻隔”作用，使疏水性的矿物漂浮于水面，而亲水性的矿物被水润湿后沉入水中。

（2）多油（全油）浮选。将矿石质量分数为1%～50%的油，加入磨好的矿粉中搅拌，使疏水亲油的矿粒，穿过油-水界面进入油中，形成比水轻的集合体，漂浮于水面，或者形成质量较大的球团，沉在水中再设法分离。

（3）泡沫浮选。泡沫浮选是现代的主要浮选方法，主要特点是利用气泡的气-液界面，分离被水润湿性不同的物料。疏水的物料随气泡漂浮到水面上，形成含某种成分很高的泡沫层；而被水润湿的物料，沉于水中，因而可以将它们分开。浮选矿物的过程中也使用多种药剂改变矿物表面的亲水性或疏水性，但所用浮选药剂的量则通常小于处理物料质量分数的0.25%。

浮选的发展史，大体可以分为三个时期。

（1）浮选萌芽时期。很早以前，国外就有用鹅毛沾油从砂中选金之说。1637年，我国明朝著名学者宋应星著的《天工开物》一书，已有关于浮选的若干记载。如："若质即嫩而烁视欲丹者，则取来时入巨碾槽中，轧碎如微尘，然后入缸，注清水澄浸过三日夜，跌取其上浮者，倾入别缸，名曰二硃，其下沉者，晒干即头硃也。"显然，这就是利用表层浮选，按物料颜色红白的程度不同，将辰砂分为两等。该书又说：将嵌有金的木材"刮削火化，其金仍藏其内。滴清油数滴，伴落聚底，淘洗入炉，豪厘无恙"。这就是将嵌有金之木材，削下表层，烧成灰后进行多油浮选，使灰中的金进入油中。1578年，李时珍编的《本草纲目》有关于云母浮选的记载："每一斤用小地胆草、紫背天葵、生甘草、地黄汁各一镒（二十两），于瓷埚中安置，下天池水二镒，煮七日夜，以水猛投其中搅之，浮如蜗蜒者即去之，如此三度淘净"。这个工艺已经类似于现代的泡沫浮选。

国外，1860年有用多油浮选硫化矿的专利。1877年，德国有多油浮选石墨的专利。

（2）浮选奠基时期。20世纪初期，各种浮选得到了快速的发展，当时的澳大利亚、美国、英国有许多专利。下面介绍一些较重要的专利。

1902年，阿色卡特摩尔（Arthur Cattermole）一项专利说，在用矿石质量的4%～6%的油团聚硫化矿操作中，有大量要浮的矿物，富集在激烈搅拌产生的泡沫中，用油质量减少到矿石质量0.2%左右，产生很多好的泡沫，但不发生团聚。这个认识，实际上是对今天泡沫浮选认识的基础。后来，人们也证实加入的油酸质量少于矿石质量的1.0%搅拌时，含矿的泡沫开始上升到矿浆表面。

在1902～1926年间，人们发现了许多泡沫浮选的重要药剂。这些重要药剂专利如下：

专利发表年	药剂名称	用　途
1908	硫化物	活化硫化矿（指轻微氧化的硫化矿）
1908	可溶性起泡剂	促进起泡
1910	油加利油	促进起泡（并推荐碱性回路）
1912	重铬酸钾	抑制方铅矿
1913	二氧化硫	抑制闪锌矿
1918	氰化物	抑制闪锌矿和黄铁矿
1923	硫化钠	抑制闪锌矿和黄铁矿
1925	黄药	作捕收剂
1927	黑药	作捕收剂

澳大利亚卜落肯（Broken）矿业公司，在浮选的发展方面，做过重大贡献。1911 年，它的选矿厂同时采用了四种浮选方法，即化学生泡浮选、真空生泡浮选、机械搅拌浮选和薄膜浮选。对以上四种浮选还作了比较，这对泡沫浮选奠基显然有积极的作用。

1910 年，T. J. Hoover 取得胡佛机械搅拌式浮选机的美国专利，1914 年 Callow 取得从多孔底导入空气的气升式可罗浮选机的美国专利，1919 年汤（Town M.）和弗来恩（Flynn S.）制成矿浆与空气对流的浮选柱。

（3）泡沫浮选（以下简称为浮选）全面发展时期。20 世纪中后期浮选在全世界得到了推广，无论在处理矿种和生产规模上，都日新月异。现在全世界每年用浮选方法处理的矿石有将近 20 亿 t（2004，亚纳托斯 J. B.），其中处理的铜矿石和铜钼矿石约占 50%，即 10 亿 t。对磷矿和铁矿的处理量都很大。浮选的早期，浮选主要用于处理硫化矿。现在浮选几乎可用于处理各种金属矿和非金属矿，也广泛用于处理冶金半成品、炉渣、废料和环境污水。

现在，浮选药剂的品种已大大增加（已经开始试用微生物作调整剂及捕收剂），近年来我国的新浮选药剂也层出不穷；对于矿物表面电性、药剂作用机理和浮选动力学诸方面的研究，不断深化；人们对浮选的认识已由当初把它看作模糊的工艺，而渐渐把它看作系统精密的科学，许多问题可以做出精确的描述甚至用数学模型进行计算和仿真。

在浮选机械的完善、增加品种和大型化方面，都取得了长足的进步。20 世纪初期，只有少数几种效率较低的浮选机。20 世纪 70 年代机械搅拌式、充气搅拌式和压气式浮选机品种已经比较齐备，功能也比较完善。20 世纪 80 年代以后，浮选机械向大型、高效的方向发展，现在大型浮选机的容积已达 $200m^3$。比机械浮选机效率更高、更经济的压气式浮选机和浮选柱正在迅速发展。

浮选过程的监控不断取得进展，个别设备与过程的自动化在浮选工业中的应用不断增加。

1 润湿性、接触角与可浮性

1.1 润湿、浸没过程与表面能

从绪论中知道，浮选分离的重要特点是一部分亲水性的物料被水润湿浸入水中，而疏水性的物料则留在界面。下面就讨论矿粒润湿、浸没的几个过程中表面自由能的变化。矿粒从空气中落入水中，要经过图 1-1 的四个阶段。

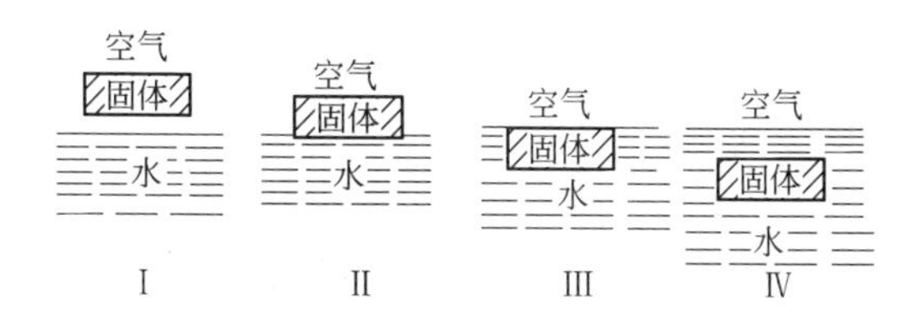

图 1-1 润湿、浸没的几个阶段

这四个阶段体系自由能的变化是：

阶段 Ⅰ→ Ⅱ $\sigma_{sg} + \sigma_{gl} > \sigma_{sl}$ (1-1)

阶段 Ⅱ→ Ⅲ $\sigma_{sl} < \sigma_{sg}$ (1-2)

阶段 Ⅲ→ Ⅳ $\sigma_{sg} > \sigma_{sl} + \sigma_{gl}$ (1-3)

式中，σ 表示界面自由能；s、l、g 分别代表固相、液相和气相。如果矿物的亲水性强，能充分满足上面三个公式的条件，就能浸入水中，这通常是人们希望脉石矿物应具备的条件；但如果矿物的疏水性强，它的表面能只能满足式 1-1 的条件；而不能满足式 1-2的条件，它能很好地浮在水面上，这是最好的表层浮选；如果它能满足式 1-2 而不能满足式 1-3 的条件，它虽然大部分沉在水面下，但不会全部沉下去，这仍然符合表层浮选的要求。所以对于固相沉下去最重要的条件就是式 1-3。

如果以油代替空气，上述关系也是正确的。只是当油和矿粒组成的球团平均密度大于水的密度时，可能因重力作用沉入水中，但那是另一种原因（浮力关系）。

1.2 接触角与润湿性指标

如果将球形的液滴放在固体表面上，液滴受界面几个方向界面张力的作用，可能铺展成扁平的椭圆形、凸透镜形或薄膜的形态。例如雨点落在荷叶和芋叶上成扁平的椭圆形，落在有油的钢板上呈凸透镜形，落在一般的植物叶片上成为水膜，见图 1-2。

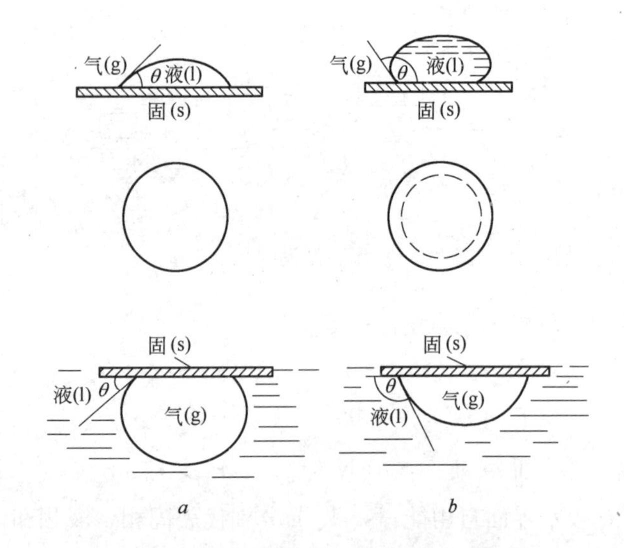

图 1-2 亲水性和疏水性表面的接触角

a—亲水性表面的接触角；*b*—疏水性表面的接触角

科学工作者常用杨氏（Young）方程式来描述液滴在固相表面铺展平衡形成小于90°的接触角时，几个作用力之关系，见图 1-3。

$$\sigma_{sg} = \sigma_{sl} + \sigma_{gl}\cos\theta \tag{1-4}$$

即
$$\cos\theta = \frac{\sigma_{sg} - \sigma_{sl}}{\sigma_{gl}} \tag{1-5}$$

式中　θ——接触角；

σ_{gl}——气-液界面张力；

σ_{sg}——固-气界面张力；

σ_{sl}——固-液界面张力；

$\cos\theta$——润湿性指标。

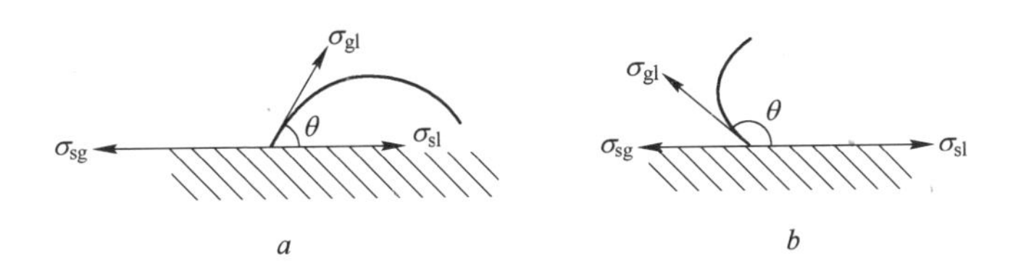

图 1-3　平衡接触角与界面张力的关系

a—$\theta<90°$；b—$\theta>90°$

一些有代表性的矿物和黄药的接触角列于表 1-1。

表 1-1　部分矿物的接触角和黄药的接触角

矿 物	接触角/（°）	矿 物	接触角/（°）	方铅矿表面的黄药	接触角/（°）
滑 石	64	重晶石	30	甲黄药	50
辉钼矿	60	方解石	20	乙黄药	60
方铅矿	47	石灰石	0～19	丁黄药	74
闪锌矿	46	石 英	0～4	十六烷黄药	100
黄铁矿	30	云 母	～0		

表中数据说明：许多矿物都有一定的天然疏水性，而黄药有明显的疏水作用，而且烃基越长，疏水性越强。

因为 θ 值可为 0°～180°，而对应的 $\cos\theta$ 值为 1～0。接触角 θ 为 0°时，$\cos\theta$ 值为 1，此时固相被水润湿的润湿性最大。所以，浮选工作者把 $\cos\theta$ 称为润湿性指标。

在谈及多油浮选时，我们曾经指出亲油和亲气的方向是一致的。在上述表示接触角的图形中，只要将气相改为油相，将接触角的记号 θ 改为 θ'，一切结论在原则上是相同的。

显然，上述的接触角是固相表面光滑、润湿周边移动不受阻碍的情况下形成的。这种接触角叫做平衡接触角。

实际上固相表面或多或少是粗糙的，润湿周边移动会受到限制，接触角不能达到理想的状态，这时形成的接触角叫做阻滞接触角，见图 1-4。

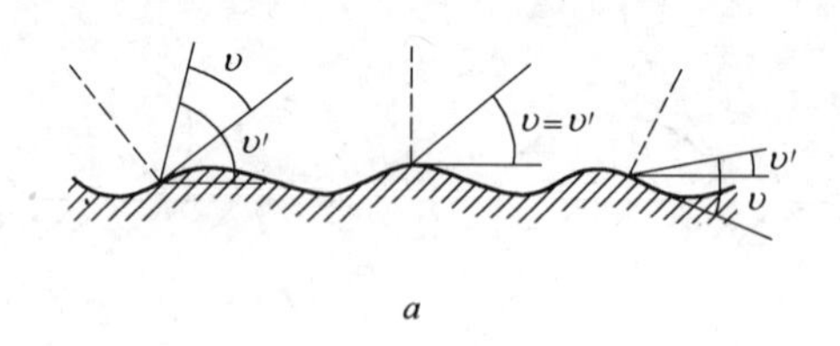

a

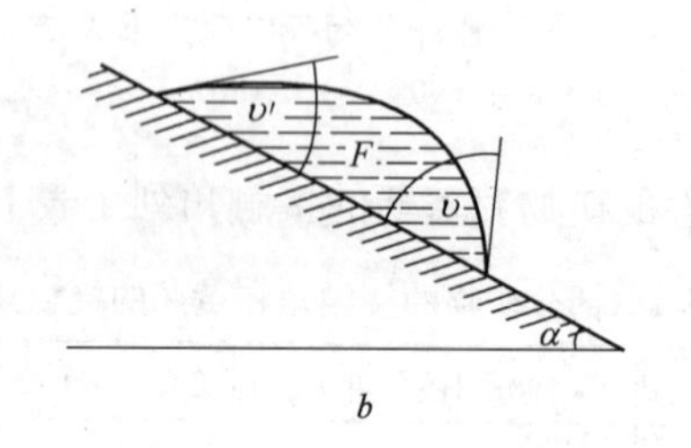

b

图 1-4　阻滞角示意图

a—表面有微小不平时，各点形成的阻滞接触角不一样；

b—表面倾斜时，液滴上下边形成的接触角不一致

1.3　可浮性指标（黏附功）

矿粒能否附带着在气泡上，取决于附着前后，体系自由能变化的多少，见图 1-5。

矿粒在气泡上附着前的体系自由能总和为：

$$W_{\mathrm{I}} = S_{gl}\sigma_{gl} + S_{sl}\sigma_{sl} \tag{1-6}$$

而矿粒在气泡上附着后的体系自由能总和为：

$$W_{\text{Ⅱ}} = (S_{gl} - S_{gs})\sigma_{gl} + (S_{sl} - S_{gs})\sigma_{sl} + S_{gs}\sigma_{gs} \tag{1-7}$$

式中 $W_{\text{Ⅰ}}$——附着前体系的表面自由能总和；

$W_{\text{Ⅱ}}$——附着后体系的表面自由能总和；

S_{sl}——固-液界面的界面面积；

S_{gl}——气-液界面的界面面积；

S_{sg}——固-气界面的界面面积；

σ_{sl}、σ_{gl}、σ_{sg}——固-液、气-液和固-气单位界面的界面自由能。

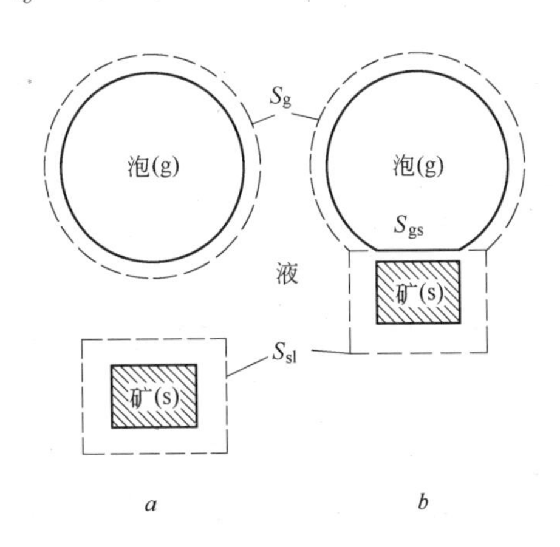

图 1-5 矿粒附着于气泡前后界面的自由能

a—附着前；b—附着后

附着前后按单位附着面积计算体系自由能变化为：

$$\Delta W = \frac{W_{\text{Ⅰ}} - W_{\text{Ⅱ}}}{S_{sg}} \tag{1-8}$$

将式 1-6、式 1-7 的右端代入式 1-8 化简后得：

$$\begin{aligned}\Delta W &= \sigma_{gl} + \sigma_{sl} - \sigma_{sg} \\ &= \sigma_{gl} - (\sigma_{sg} - \sigma_{sl})\end{aligned} \tag{1-9}$$

将式 1-4 的 $\sigma_{gl}\cos\theta$ 代入式 1-9 可得：

$$\Delta W = \sigma_{gl}(1 - \cos\theta) \tag{1-10}$$

这就是矿粒附着于气泡上后体系自由能降低的值，它的大小表示附着的难易程度。在气-液界面能不变时，它的值取决于 $(1-\cos\theta)$ 值，其值越大，附着越容易也越牢固。所以人们把 ΔW 称为可浮性指标或黏附功。只有

$\theta=0°$，　$\cos\theta=1$，　$\Delta W=0$ 时，不能发生黏附和浮游；

而　$\theta=180°$，　$\cos\theta=0$，　$\Delta W=1$ 时，附着最容易，浮游也最容易。

1.4　最大浮游粒度

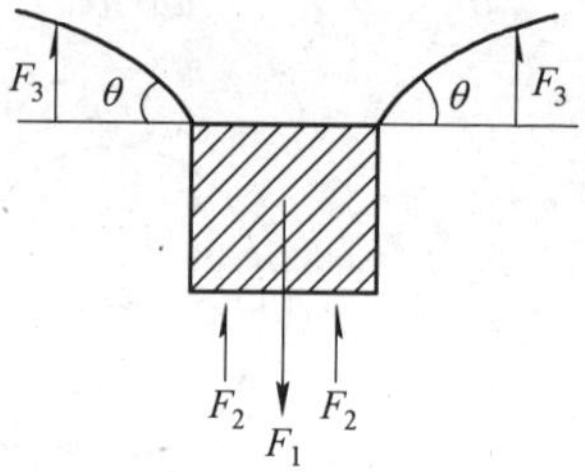

表层浮选中，作用于矿粒上的力有三个，即矿粒本身的重力，水对矿粒的浮力和作用在润湿周边上表面张力向上的分力，见图 1-6。

图 1-6　水气界面矿粒受力图

设矿粒的边长为 d，矿粒的密度为 δ_s，矿浆的密度 δ_p 为 $1.5g/cm^3$；则

矿粒一面的面积为 d^2；

矿粒的体积为 d^3；

矿粒的重力为 F_1，$F_1=d^3\delta_s g$；

矿粒在水中受到的浮力为 F_2，$F_2=d^3\delta_p g$；

润湿周边上表面张力向上的分力为 F_3，$F_3=4d\sigma_{gl}\sin\theta$。

当表面三作用力平衡时，则

$$F_1 = F_2 + F_3 \tag{1-11}$$

将三个力的表达式代入式 1-11 得：

$$d^3\delta_s g = d^3\delta_p g + 4d\sigma_{gl}\sin\theta \tag{1-12}$$

即

$$d^2(\delta_s-\delta_p)g = 4\sigma_{gl}\sin\theta$$

$$d = -\sqrt{\frac{4\sigma_{sl}}{(\delta_s-\delta_p)g}}$$

例如方铅矿的密度为 $7.5g/cm^3$，矿浆密度为 $1.5g/cm^3$，矿浆的表面张力为 70mN/m。可以算出其最大浮游粒度为

$$d = \sqrt{(4 \times 70)/(7.5 - 1.5)980} = 0.22\text{cm}$$

如果矿粒是附着在气泡上，则作用在矿粒上的力，除了上面三个力以外，还有气泡内的气体在固-气接触面上产生的附加压力 F_4，是使矿粒脱落的力，如图 1-7 所示。其压强为

$$\Delta P = 2\sigma_{gl}/r$$

气泡与固相的接触面积为 πr^2

$$F_4 = 2\sigma_{gl} \times \frac{\pi r^2}{r} = 2r\sigma_{gl}\pi \tag{1-13}$$

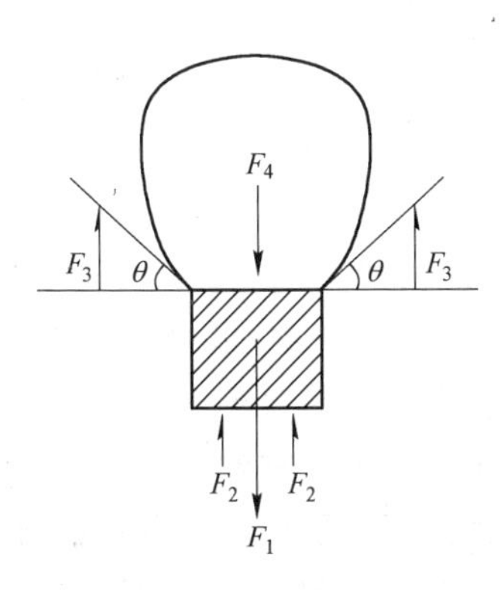

图 1-7　矿粒附着在气泡上的作用力

设式中的接触面半径 r 的二倍，近似等于矿粒的边长 d，则有

$$F_4 = d\sigma_{gl}\pi \tag{1-14}$$

故四力平衡式为：

$$d^3(\delta_s - \delta_p)g = 4d\sigma_{gl}\sin\theta - d\sigma_{gl}\pi \tag{1-15}$$

设 $\sin\theta = 1$，于是有：

$$d = \sqrt{\frac{4\sigma_{gl}\sin\theta - \pi\sigma_{gl}}{(\delta_s - \delta_p)g}} \tag{1-16}$$

将有关数值代入后得：

$$d = \sqrt{(4 \times 70 \times 1 - 3.14 \times 70)/(7.5 - 1.5) \times 980} = 0.12\text{cm}$$

显然在气泡内气体的作用力下，算出的最大浮游粒度比前面小一些。

2 浮选的三相

2.1 浮选的气相和液相

2.1.1 浮选的气相

浮选的气相一般是指空气。空气的质量约为同体积水的八百分之一。因为水的密度为 1000kg/m^3，空气的密度为 1.2kg/m^3（温度 290K，压强为 101.3kPa），水与空气密度之比即质量比为 $1000:1.2=833.3$。所以空气泡在水中有良好的浮力，可将附着在它上面的矿粒带到矿浆表面。空气中除了含 78% 的氮和 21% 的氧以外，还含有少量的二氧化碳、二氧化硫及其他稀有气体。在冶炼厂或化工厂附近，常含有工厂的废气成分。只从浮力着眼，各种气体作为充填介质，对浮选的影响不大。然而不同气体的化学性质，对浮选的影响是多方面的。在一般情况下，氧对浮选的影响最大。实验证明，新鲜的硫化矿物，初步吸附氧以后，表面由亲水变为疏水。但硫化矿物与氧作用时间较长，表面就会被氧化变成亲水的氧化物。二氧化碳、二氧化硫溶于水中会生成相应的酸。碳酸对于黄铁矿、毒砂等矿物有活化作用。亚硫酸则对黄铁矿有抑制作用。

空气中的氮，化学性质不活泼，故在浮选理论研究中，为了避免氧气和其他气体的影响，常用高纯度的氮气代替空气。个别工厂为了减少铜-钼混合精矿分离过程中氧气氧化硫化钠而增大硫化钠的消耗，将设备封闭用氮气浮选。在浮铜-铅抑锌时，用氮气也可以节约硫化钠和硫酸锌用量。氮气对矿物的可浮性也有影响，例如用氮气调整含钛、锆矿物质的矿浆，钛的矿物受到抑制，而锆的矿物仍然可保持其可浮性。

2.1.2 浮选的液相

浮选的液相，一般是稀的水溶液。其主要成分是水，还含有少量的矿物成分和浮选药剂。

2.1.2.1 水的组成

水是由二氢一氧组成，它们的结合方式如图2-1所示。

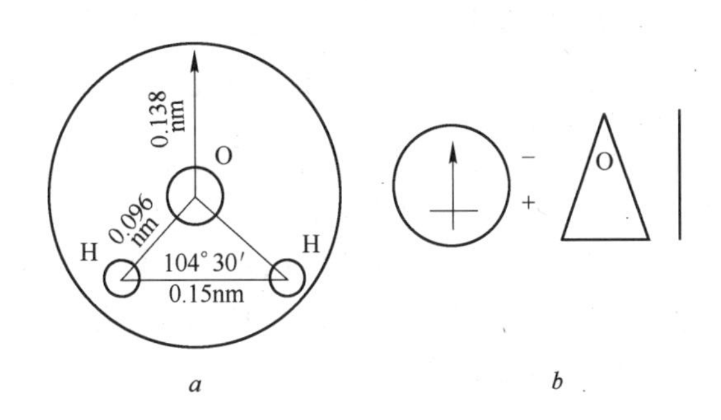

图2-1 水分子的结构示意图

a—水分子中H、O的相对位置；*b*—水偶极示意三例

三个原子核靠电子对在H—O之间运动，把三者连在一起。其作用半径为0.138nm。分子直径为0.276nm，O在一端，两个H在另一端。两个H核因电荷相同而相互排斥，彼此相距0.150nm。结果三者之间构成104°30′的角。由于H、O的原子各位于分子的一端，结果正电偏于一端，而负电偏于另一端，所以可把水分子看成一个偶极子。由于水是偶极子，而且一个分子中的H和另一个分子中的O间，有氢键的作用，所以水的分子经常缔合产生两分子水$(H_2O)_2$、三分子水$(H_2O)_3$、甚至四分子水$(H_2O)_4$。由于水分子是偶极子，它在某些电场中，可以产生定向排列，对于大部分矿物有润湿能力，对于许多矿物和药剂，有很强的溶解能力。

2.1.2.2 水中的离子

液体水中的水发生定向排列，也有一些分子发生破裂，变成

H^+、OH^-离子。25℃的纯水呈中性，其氢、氧离子的浓度相等，$[H^+][OH^-]=10^{-7}$ mol/L。因为在化学中将 pH 值定义为氢离子浓度的负对数，所以纯水的 pH 值为 7。

水分子破裂产生的氢、氧离子，并不是孤立地存在的，而是和水分子结合成（$aH_2O \cdot H$）$^+$与（$bH_2O \cdot OH$）$^-$的水化离子形式存在。任何酸在水中解离放出 H^+，都会与水结合成水合氢离子 $2H_3O^+$。例如硫酸在水中按下式解离。

$$2H_2O + H_2SO_4 = 2H_3O^+ + SO_4^{2-}$$

某些盐类本身由荷电的阴阳离子组成。在水中会吸引水分子在它周围进行定向排列。例如图 2-2 的石盐 NaCl，其本身由 Na^+ 和 Cl^-组成，水偶极在它周围发生定向排列，加上水分子的介电常数很大（$D=81$），挡住部分 Na^+ 和 Cl^- 间的静电引力，使石盐解离，且溶解后的离子被水化。形式为：

$$(n+m)H_2O + Na^+ + Cl^- = (Na - nH_2O)^+ + (Cl - mH_2O)^-$$

天然水中，常含有 Ca^{2+}、Mg^{2+}、Fe^{2+}、Fe^{3+}、Al^{3+}、Mn^{4+}、CO_3^{2-}、SO_4^{2-}、Cl^-等离子，使一些药剂与它们发生无用之反应。工业用水常按钙、镁离子含量来计算硬度，并把非碳酸盐的钙、镁量计为永久硬度，而碳酸钙镁的量计为暂时硬度（因为钙镁的酸式碳酸盐煮沸后，其钙镁变成固体碳酸盐沉淀，水质会变软）。对硬度的规定可能有不同的标准，一般规定 1 度是：1L 水中硬度盐的含量与 10mgCaO 或 7.19mgMgO 相当。水的软硬等级按其总硬度的数量划分：硬度 8 以下为软水，8～12 为中硬水，12～18

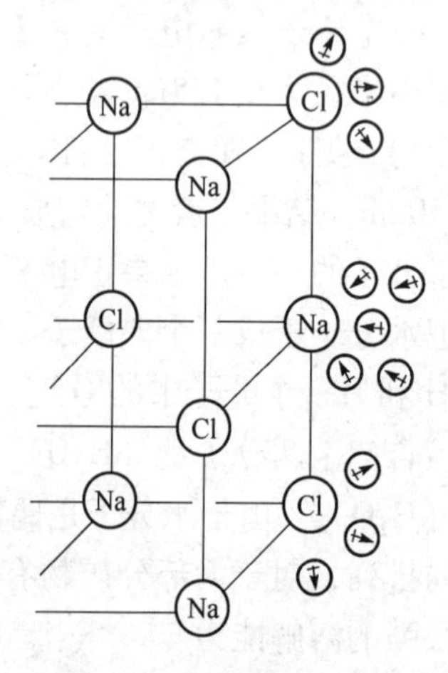

图 2-2　水偶极在石盐周围的定向排列

为相当硬的水，18～30 为硬水，＞30 的为很硬的水。硬水中的 Ca^{2+}、Mg^{2+} 等离子对用脂肪类做浮选剂是有害的，所以硬度过高对浮选有害。

为了节约用水和减少废水对环境的污染，选矿厂常常使用矿坑水和选矿厂尾矿坝的废水（称为回水）。这些废水中一般都有矿石溶解出的各种离子。如有色金属矿山的废水中，常含有 Cu^{2+}、Pb^{2+}、Zn^{2+}、Fe^{3+}、SO_4^{2-} 等离子。选矿厂的废水中还含有捕收剂、起泡剂和某些调整剂。为了使废水不扰乱正常的选矿过程，必须对回水进行定期而有针对性的分析，了解回水组成及其循环情况，并作相应的处理。

2.2 浮选的固相

2.2.1 矿物晶格类型与可浮性

浮选的固相是所要分离的矿物。矿物的亲水性和可浮性，与矿物的组成和晶格类型有关。其关系可以概括如下，如图 2-3 所示。

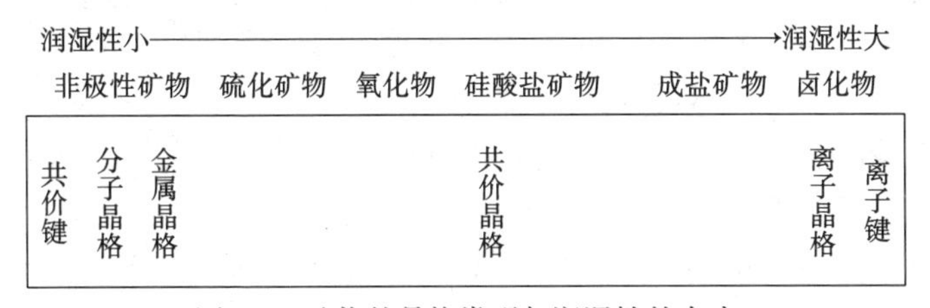

图 2-3 矿物的晶格类型与润湿性的大小

2.2.1.1 *石蜡*

石蜡的分子式为 C_nH_{2n+2}。天然石蜡晶体基本的单元是分子，每个分子的骨干由锯齿状衔接的 C 组成，C 原子间距为 0.154nm，每个 C 上连着两个 H，C—H 间距为 0.109nm，（但图 2-4 中未表示 H）。$C_{12}H_{26}$的石蜡结晶，分子轴向投影如图 2-4 所示。

上下层相邻分子末端 C 原子中心的间距约 0.4nm。由于石蜡分子的正负电性，上下左右对称，中心重合，各原子间只有瞬间

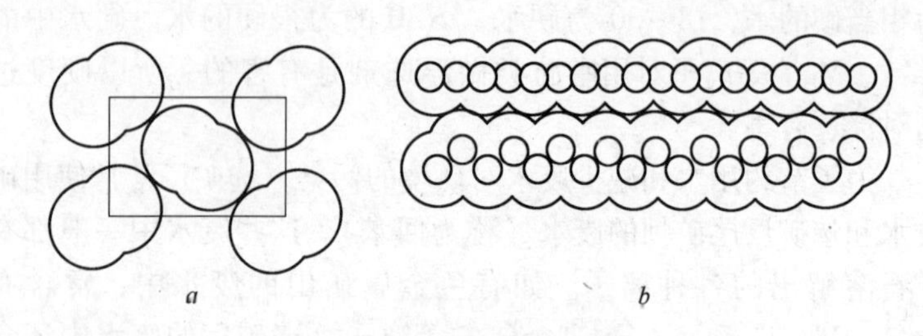

图 2-4　石蜡晶体示意图

a—端部投影；*b*—纵向，烷基中碳原子的相对位置

偶极，没有永久偶极，受力时分子不易破裂，所以和水偶极亲和力很小，疏水性大。

2.2.1.2　*辉钼矿*

辉钼矿（MoS_2）是典型的分子晶格矿物，其结晶构造见图2-5所示。

它的钼原子处在同一个面网上，上下有两个硫原子层。钼原子与硫原子间的作用力是强的共价键。二层硫夹着一层钼组成一个厚层。厚层的上下表面都是硫离子，相距较远。上下层间靠微弱的分子键连接。受力时容易沿层面生成良好的解理面（沿虚线位置），面上只有较弱的残留分子键，和水的亲和力很小。但如果厚层被折断，断面会出现较强的残留共价键，和水的亲和力较大。所以辉钼矿的解理面疏水，而厚层的断面则亲水。但辉钼矿破裂时，总以疏水的面为主，所以人们认为辉钼矿是天然可浮性良好的矿物。

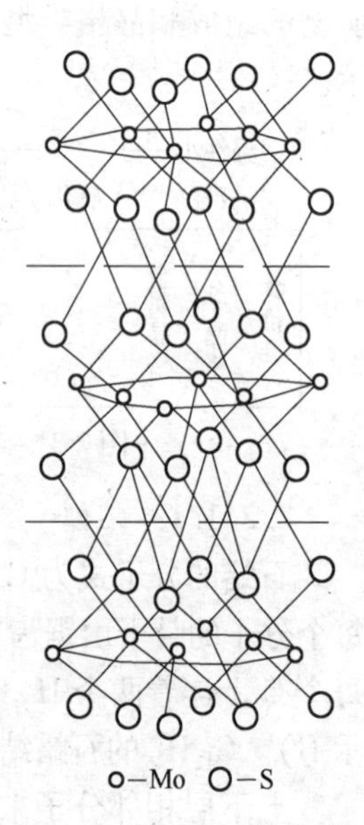

图 2-5　辉钼矿的晶格

2.2.1.3　*石英*

石英（SiO_2）是典型的共价晶格矿

物。其结晶构造如图 2-6 所示。

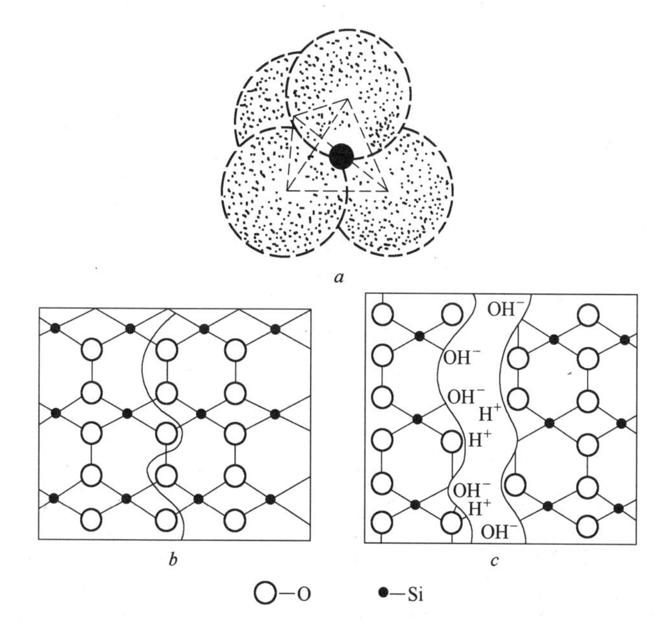

图 2-6　石英的结晶构造

a—单个四面体的立体图；*b*—破裂前的石英晶格平面图；

c—破裂后的石英晶格平面图

它由许多单个的硅氧四面体组成，彼此以顶角相连组成向三维空间伸展的架状晶体。四面体中的硅和氧，都以共价键相结合。受力破裂后，断口上有残留的共价键，亲水性很强，可浮性差。断口的 Si^{4-}，常吸附 OH^-；断口的 O^{2-}，常吸附 H^+。

2.2.1.4　叶蜡石、白云母和蒙脱土

它们晶格相似但成分稍有不同。三者都由硅氧四面体堆砌而成，见图 2-7 所示。

图中画了它们的两个到三个小层。叶蜡石的三个小层成分是 Si-O/Al-OH/Si-O，白云母的三个小层成分是 Si(Al)-O/Al-OH

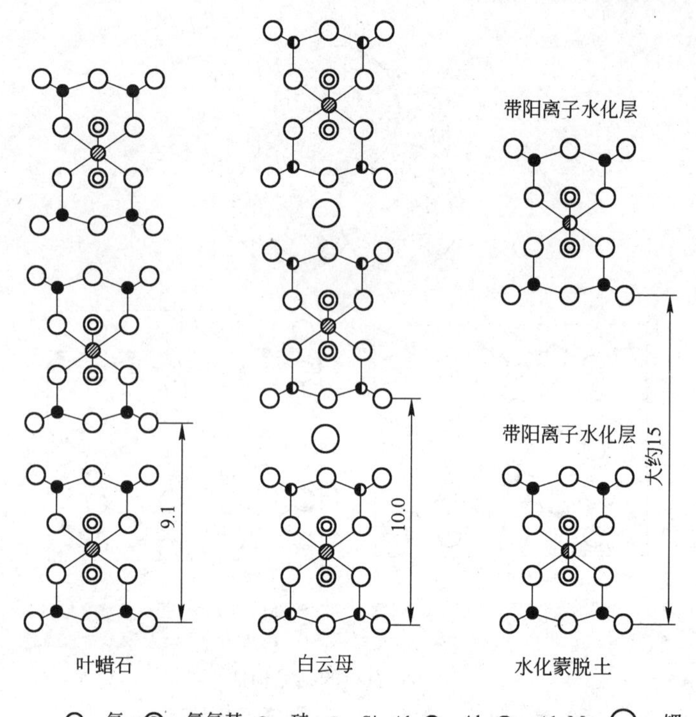

图 2-7 叶蜡石、白云母和蒙脱土层状构造的端部

(F)/Si(Al)-O，蒙脱土的三个小层成分是 Si-O/Al(Mg)-OH/ Si^{4+}-O。白云母的硅氧四面体中的 Si^{4+}，有些被 Al^{3+} 取代，中间小层中的 OH^- 被 F^- 取代，电性不能平衡，必须在大层间放置 K^+，因而白云母和水接触时，钾离子受水偶极的作用，溶入水中，表面出现负电场，容易被水润湿。

而蒙脱土的硅氧四面体中，Si^{4+} 部分被（Al-Mg）取代，电性不能平衡，必须在层间放置含阳离子的水层。蒙脱土因为含有带阳离子的水层，自然更为亲水容易润湿。只有叶蜡石整个晶体电性得到较好的平衡，亲水性最小。

2.2.2 矿物表面成分的不均匀性

矿物的不均匀性，可分为物理和化学两个方面：

物理方面　矿物由于生成前后环境的温度、压力条件不同，使晶粒的形状、大小、结晶与否、晶粒的缺陷、镶嵌（如石英镶嵌在赤铁矿鲕状体中）关系都不同，矿粒中也可能产生空隙、裂缝、错位等等。

经破碎、磨矿后，矿粒表面状态更是多种多样。因而进入浮选的矿粒表面，大都不能保持原有的晶形，表面凹凸不平，出现不同的边、棱、角。位于边、棱、角上的原子，显示出的残留键力，各向千差万别，亲水性各有不同。

化学方面　天然矿物的化学计量，并不像化学分子量那样标准，常出现图 2-8 中所示的种种偏差。金属离子过量和非金属离子空位呈电正性缺陷。而非金属离子过量和金属离子空位，则呈

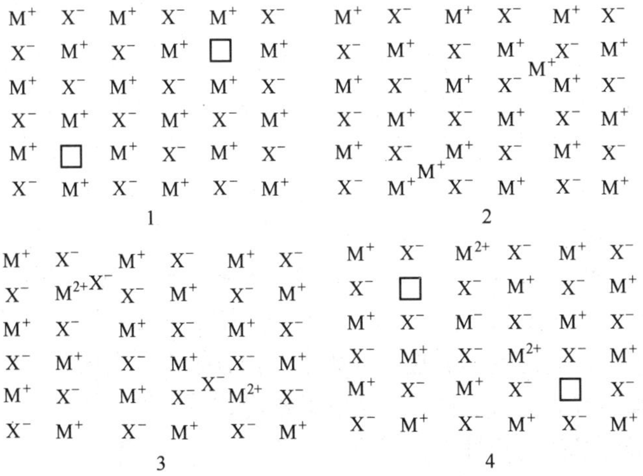

M^+ X^- M^+ X^- M^+ X^-
X^- M^+ X^- M^+ □ M^+
M^+ X^- M^+ X^- M^+ X^-
X^- M^+ X^- M^+ X^- M^+
M^+ □ M^+ X^- M^+ X^-
X^- M^+ X^- M^+ X^- M^+

1

M^+ X^- M^+ X^- M^+ X^-
X^- M^+ X^- M^+ X^- M^+
M^+
M^+ X^- M^+ X^- M^+ X^-
X^- M^+ X^- M^+ X^- M^+
M^+ X^- M^+ X^- M^+ X^-
M^+
X^- M^+ X^- M^+ X^- M^+

2

M^+ X^- M^+ X^- M^+ X^-
X^- M^{2+} X^- X^- M^+ X^- M^+
M^+ X^- M^+ X^- M^+ X^-
X^- M^+ X^- M^+ X^- M^+
M^+ X^- M^+ X^- X^- M^{2+} X^-
X^- M^+ X^- M^+ X^- M^+

3

M^+ X^- M^{2+} X^- M^+ X^-
X^- □ X^- M^+ X^- M^+
M^+ X^- M^- X^- M^+ X^-
X^- M^+ X^- M^{2+} X^- M^+
M^+ X^- M^+ X^- □ X^-
X^- M^+ X^- M^+ X^- M^+

4

图 2-8　非化学计量四种类型

M—金属；X—非金属

1—金属过量，带阴离子空位；2—金属过量，带间隙阳离子；

3—非金属过量，带间隙阴离子；4—非金属过量，带阳离子空位

电负性缺陷。电正性缺陷点是电子引力的中心，而电负性缺陷点则是电子斥力的中心。它们都会改变矿物的表面性质。比如方铅矿存在铅金属空位以后（见图 2-9），使方铅矿半导体的电状态改变。使空穴附近的硫离子，对电子有较强的吸引力，拉动附近铅的电子云，附近 Pb^{2+} 更显阳性，对黄药有更大的作用力。

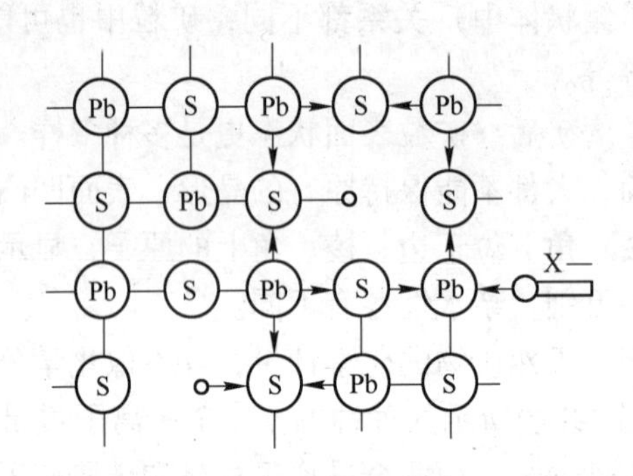

图 2-9　方铅矿的晶格缺陷与黄药离子的反应示意图

又如闪锌矿中常常含有许多杂质，甚至使其因杂质而改变颜色。闪锌矿中的杂质有：Fe、Cu、Cd、Sb、Pb、Sn、Ga、Ge 等。这些杂质可以置换闪锌矿晶格中的锌，也可以以机械夹杂的形式存在。Zn^{2+} 的半径是 83nm，而 Fe^{2+}、Cu^{2+}、Cd^{2+} 的半径分别是 83nm、72nm、103nm，和 Zn^{2+} 的半径比较接近，而 Zn^{0} 的半径为 0.132nm，Ga^{0} 和 Ge^{0} 的半径分别是 0.146nm 和 0.127nm，与 Zn^{0} 的半径接近，所以它们容易发生晶格置换，硫化铜也可以乳浊状镶嵌在闪锌矿中。铜和银出现在闪锌矿中，可以提高闪锌矿的可浮性，因为它们本身的可浮性比锌好。而铁可以降低锌矿的可浮性。

3 浮选的三相界面

3.1 气-液界面

3.1.1 表面张力

气-液界面附近的液体分子，由于下面受到液体分子的引力较大，上面受到的气体分子引力较小，结果产生表面张力。表面张力是作用在液体表面单位长度上的力。它有将液体分子压向内部的趋势，使液体表面收缩。要扩大液体的表面积，必须外力做功。产生单位表面积所需的功，在数值上等于单位面积的表面自由能。表面张力或表面自由能，都用 σ 表示。20℃时纯水的表面张力 $\sigma = 72.75 \mathrm{mN \cdot m^{-1}}$（即 $72.75 \mathrm{dyn/cm^2}$）。

几种液体的表面张力见表 3-1 所列。

表 3-1　几种液体的表面张力

物　质	温度/℃	表面张力 $\sigma/\mathrm{mN \cdot m^{-1}}$
苯	20	28.88
甘　油	20	63.4
水	20	72.75
苯水溶液	25	35
丁酸水溶液（5% mol/L）	25	~40
蚁酸水溶液（5% mol/L）	25	~66

图 3-1 为一系列醇类的表面张力与其浓度的关系，关系说明了三点：（1）为了使溶液的表面张力降到一定程度，醇的烃基愈长所需的浓度愈小；（2）有支链的醇对表面张力的影响比无支链的醇大；（3）同一醇类用量愈大，表面张力降低愈多。

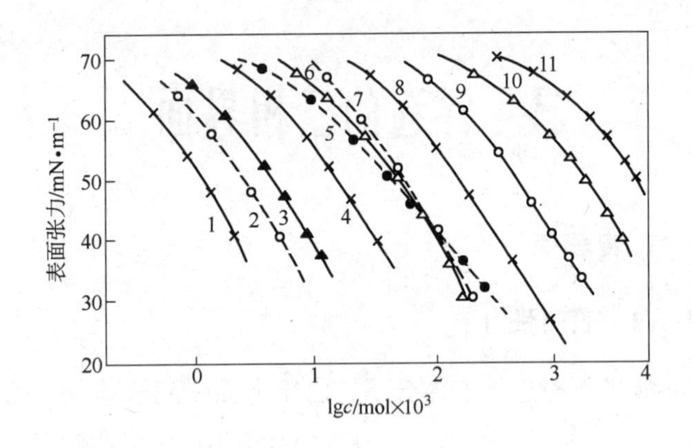

图 3-1　醇类水溶液的表面张力

1—正辛醇；2—第二辛醇；3—正庚醇；4—正己醇；5—第三己醇；6—正戊醇；7—异戊醇；8—正丁醇；9—正丙醇；10—乙醇；11—甲醇

其中第一点可以具体表示为：20℃时，若要保持表面张力为某同一数值，醇类烃基中每少一节—CH_2，需要的摩尔浓度必须提高2.7～3.2倍。也可以说：为了使表面张力降低同样多的数值，其烃链每增长一个—CH_2基，所需溶质的浓度可以减至1/3。这就是特劳贝（Trube）定律。

3.1.2　有机物在气-液界面的分布

从表3-1的数据可知，表面张力低的有机物溶于水中时，能够降低水溶液的表面张力。这与有机物较多地集中在水-气界面有关。如己醇 $C_6H_{13}OH$ 的分子，一端有非极性的烃基 C_6H_{13}—，另一端有极性的羟基—OH。溶于水中时，因为其羟基和水分子H—O—H 有相似的成分结构和极性，彼此通过氢键相互吸引，极性端被水吸引后紧接水面，而非极性端 R—被水排斥，力求伸入空气中。据测定，当醇的浓度为0.854mol/L 时，丁醇的吸附密度是 $6.93\times10^{-10}mol/cm^2$，由此可以算出每个分子所占面积为 $0.274nm^2$，长链羧酸和长链醇每个分子所占面积为 $0.216nm^2$。

此时它们在水面上的排列接近单分子层。由于醇分子在水气界面的定向排列，形成水和空气的过渡层，使界面上下的引力差减小，故溶液的表面张力下降。

醇类（ROH）、羧酸（RCOOH）等物质，一端是极性的，另一端是非极性物质，称为异极性物质。它们在界面浓度高时，常成紧密直立排列的单分子层；它们在界面浓度低时，分子间的距离较大，分子可以直立、倾斜或横躺在水面上，如图 3-2 所示。

试验证明表面张力低的溶质，在水中有降低表面张力的作用，则此溶质在界面上浓度将比在水溶液内部的平均浓度要高。反之，溶质的表面张力高，与水所成溶液的表面张力也高，则溶质在界面上的浓度，比其在水内部（叫体相）的平均浓度要低。这种溶质浓度在表面高低的变化关系，称为吸附。表面张力、与溶质在表面和体相浓度的变化，可以用吉布斯（Gibbs）方程式表示。

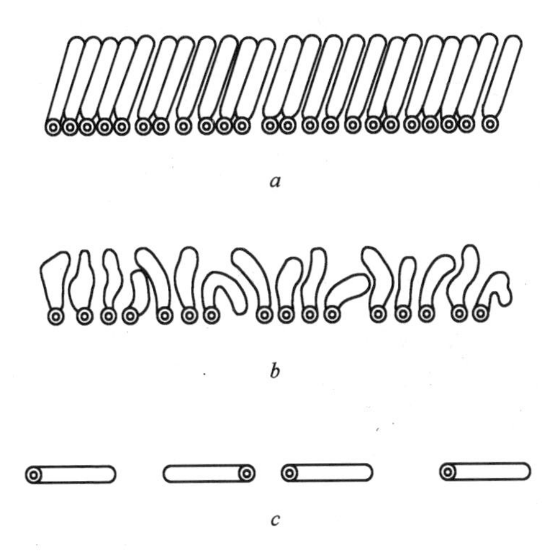

图 3-2 异极性物质在水溶液表面的排列

a—溶质在水表面的浓度高时；*b*—溶质在水表面的浓度低时；*c*—溶质在水表面的浓度最低时

3.1.3 吉布斯方程式

吉布斯方程式如下：

$$\Gamma = \frac{-C}{RT}\left(\frac{\mathrm{d}\sigma}{\mathrm{d}C}\right) \tag{3-1}$$

式中 C——溶质在溶液中的浓度，mol/L；

Γ——溶质在界面的浓度和其与体相的浓度差，mol/cm^2；

R——气体常数，$R=80315J/Kmol$；

T——绝对温度，K；

$d\sigma/dC$——表面张力 σ 随浓度 C 变化的关系。

通常把 $d\sigma/dC$ 称为表面活性，当溶质在溶液中的浓度 C 增大时，表面张力 σ 反而减小，即 $d\sigma/dC<0$ 时，由于等式的右边配有负号，$\Gamma>0$，此时溶质在表面的浓度大于体相浓度，也就是溶质的表面活度大，向表面吸附的能力强，人们把这种物质称为表面活性物质（如醇类、羧酸和胺类等起泡剂和捕收剂），把这种吸附称为正吸附；与此相反，当吸附发生时，$d\sigma/dC>0$，$\Gamma<0$，溶质在表面的浓度比在体相的浓度低，这种吸附叫做负吸附，这种物质叫做非表面活性物质，如无机盐、无机酸、碱等。

3.2 固液界面

3.2.1 固相表面的氧化和溶解

3.2.1.1 *矿物的氧化*

矿物在空气中或水中，都容易被氧化。尤其是硫化矿物氧化后可以产生下列反应：

$$MeS + \frac{1}{2}O_2 + 2H^+ = Me^{2+} + S^0 + H_2O$$

$$MeS + 2O_2 + 2H_2O = Me(OH)_2 + H_2SO_4$$

$$2MeS + 2O_2 + 2H^+ = 2Me^{2+} + S_2O_3^{2-} + H_2O$$

研究表明：氧与硫化矿物作用过程分三段进行。第一阶段，氧在矿物表面吸附，使硫化矿表面疏水；第二阶段，氧在吸收硫化矿物的电子时发生离子化；第三阶段，离子化的氧气在硫化矿上发生化学吸附，和硫化矿生成各种硫氧基。

氧在方铅矿等硫化矿上的吸附速度，随氧的初始浓度增大而增大；水中氢离子浓度增大可以加速矿物的氧化；矿物粒度越小氧化的速度越大。此外氧化与相邻矿物接触处产生的接触电位有关，因为在接触的矿物间会产生电位差，电位较低的矿物，比电位较高的矿物氧化更快。常见的硫化矿物氧化由快到慢的顺序是：

白铁矿 > 辉银矿 > 黄铜矿 > 铜蓝 > 黄铁矿 > 斑铜矿 > 方铅矿 > 辉铜矿 > 辉锑矿 > 闪锌矿（称为彼尤契列尔—戈特萨利克序列）。

3.2.1.2 *矿物的溶解*

矿物在水中是否容易溶解，与矿物本身的结构类型和它们与水作用力之大小有关，如共价键的矿物，晶格质点间作用力强，与水偶极作用力小，不易溶解，像辉钼矿、石英等。而方解石等成盐矿物溶解度就大一点，石盐（NaCl）等可溶盐类矿物溶解度最大，易溶解。某些常用矿物的溶度积见表 3-2 所列。

表 3-2　某些常见矿物的溶度积

矿物名称	化学式	溶度积	温度/℃	溶解度/mol · L^{-1}
方铅矿	PbS	3.4×10^{-28}	18	1.85×10^{-14}
闪锌矿	ZnS	1.1×10^{-24}	25	2.63×10^{-13}
辉铜矿	Cu_2S	2.0×10^{-47}	18	4.5×10^{-24}
黄铁矿	FeS_2	3.7×10^{-32}		6.1×10^{-10}
锡　石	SnO_2	5.0×10^{-26}		2.22×10^{-13}
铅　矾	$PbSO_4$	1.8×10^{-8}		1.34×10^{-4}
白铅矿	$PbCO_3$	1.5×10^{-13}	25	3.88×10^{-7}
菱锌矿	$ZnCO_3$	6.0×10^{-11}		7.75×10^{-6}
重晶石	$BaSO_4$	0.87×10^{-10}		9.32×10^{-6}
方解石	$CaCO_3$	9.9×10^{-9}		9.95×10^{-5}
孔雀石	$CuCO_2$、$Cu(OH)_2$	2.36×10^{-16}		1.54×10^{-8}

3.2.2 固液界面的双电层

3.2.2.1 双电层的结构与电位

浸在水中的矿粒，受到水和水中物质的作用，界面附近会产生双电层，由于库仑力之作用，矿粒附近的异号离子受吸引，而同号离子被排斥，结果矿粒周围生成双电层。双电层的一半紧密地附着在矿粒表面，形成所谓的斯特恩层。此层包含单层离子及其水化壳和矿粒表面溶剂化的水化层，厚度约为零点几纳米。矿粒运动时紧跟矿粒一起运动，水化壳厚度可达0.1μm，包括几百个水分子（见图3-3）。而双电层的异号离子，在斯特恩层外，由密到稀向溶液中分布，组成扩散层。矿粒运动时，扩散中的异号离子保留在溶液体相一侧。所以矿粒带斯特恩层运动时，表面产生电动电位，用ζ表示。

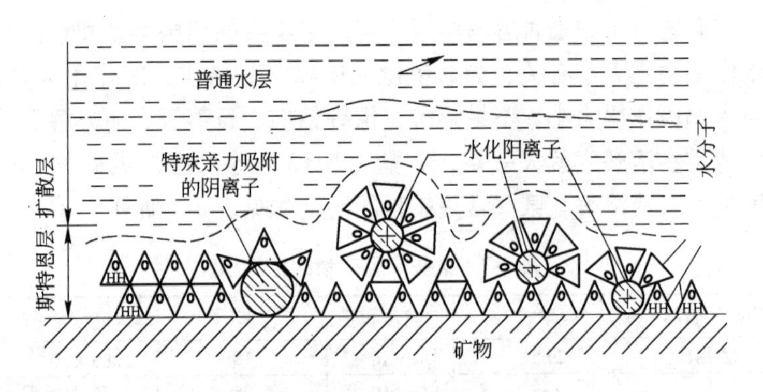

图3-3 斯特恩层中的水分子及水化离子示意图

设AgI溶液中的定位离子（Ag^+或I^-）的浓度为C_0和C_n，对应的双电层的热力学电位为ψ_0和ψ_n，它们的对应关系为

$$\psi_n - \psi_0 = \frac{kT}{ze_0}\ln\frac{C_n}{C_0} \tag{3-2}$$

式中 k——玻耳兹曼常数，$k = 1.381\times10^{23}$ J/K；

T——绝对温度；

z——离子价数；

e_0——电子电荷。

当 ψ 为 0 时，C_0 为零电点的对应浓度；当 $Z=1$，$T=298\text{K}$（25℃）。

$$\frac{kT}{ZC} \cong 25\text{mV} \tag{3-3}$$

表面电位（mV）可以下式表示：

$$\psi_{\text{n}} \cong 25\ln\frac{C_{\text{n}}}{C_0} = 58\lg\frac{C_{\text{n}}}{C_0} \tag{3-4}$$

当有外电场存在时，矿粒表面双电层的离子（溶液中的自由离子和附着在矿粒表面的离子电荷相反）将相对于反号离子作相对运动，产生电泳或电渗的现象。电泳时固体表面是运动的，溶液是固定的；电渗时，情况相反。这时电动电位 ζ 和运动速度 v，与产生的电位梯度 E(V/cm)有下列关系

$$\zeta = 141v/E \tag{3-5}$$

式中，ζ 的单位为 mV；v 的单位为 nm/s。

扩散层有相当厚，在稀溶液中其厚度可达 100μm 以上，其离子密度随到界面的距离增加而成指数地减少，如图 3-4 所示。而电位也因位置而变化，颗粒表面的表面电位为 ψ_{n}，斯特恩层边界的电位为 ψ_{s}，附着层的电位为（ζ）扩散层最外边的电位为 0。几个电位有下式的关系。

$$\Psi_{\text{s}} = (\psi_{\text{n}} + \zeta)/2 \tag{3-6}$$

例如石英的零电点在 pH = 3.7 附近

$$[c_0^+] = [\text{H}^+] = 10^{-3.7} = 2 \times 10^{-4}$$

当 pH = 7，$[C_{\text{n}}^+] = 10^{-7}$

$$\psi_{\text{n}} = 25\ln\frac{10^{-7}}{2 \times 10^{-4}} = -190\text{mV} \tag{3-7}$$

而且 $$\zeta = -72\text{mV} \tag{3-8}$$

在斯特恩层边界上

$$\psi_s = (\psi_n + \zeta)/2 = -131\text{mV} \tag{3-9}$$

扩散层的厚度，最好以具有同一静电效应的假想层厚度 d 表示。即假想一个厚度为 d 的扩散层中，包含的反号离子具有同一的静电效应。定义的厚度与浓度的关系如下式：

$$d = 9.7/\sqrt{c}$$

式中，d 的单位为 nm；c 的单位为 mmol/L。例如在特定浓度（mol/L）的溶液中，d 的厚度约为 0.3nm；在浮选实用的溶液浓度（mmol/L）中，d 的厚度约为 10nm；在蒸馏水具有的浓度溶液中（mmol/L），d 的厚度约为 300nm。

ζ 电位不仅取决于表面电位 ψ 的大小，ψ 值一定时，它也取决于扩散层中配衡离子在溶液中的浓度。如果配衡离子浓度增加，扩散层被压缩，ζ 减小，如图 3-4b 所示。

未水化的定位离子，在表面的吸附密度 u(mol/cm^2)，及其在溶液中的浓度 c(mol/L)有如下的关系：

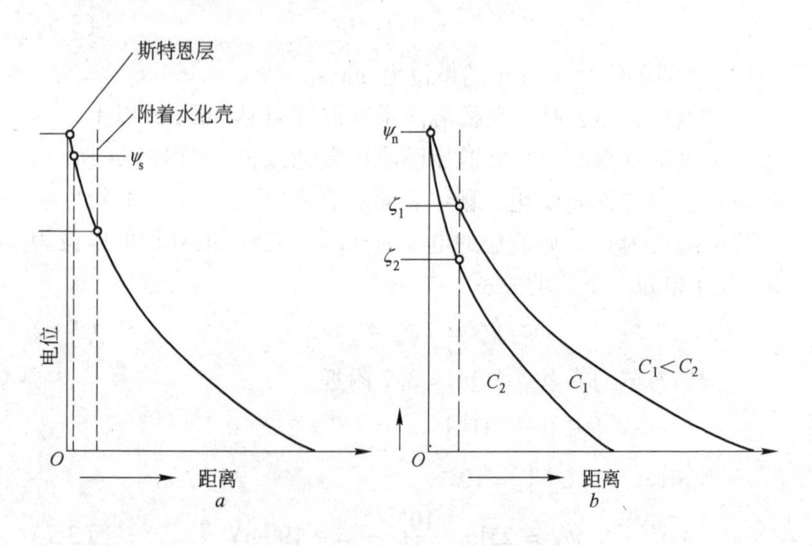

图 3-4　电位和双电层厚度的关系

a—ζ 电位随其到表面的距离不同而变化；

b—异号离子浓度对 ζ 电位的影响

$$\lg u = a + b\lg c \tag{3-10}$$

或

$$u = 2rce^{-W/KT} \tag{3-11}$$

式中 a、b——常数；

r——吸附离子的离子半径；

W——各静电组分吸附能（焓）的总和。

$$W_p = ze_0\psi_n \tag{3-12}$$

就烷基化合物而言，包括极性基和离子非极性基缔合的焓 ϕ'，

$$\phi' = sf\phi(m-1) \tag{3-13}$$

式中 s——缔合度。

$$\phi = -1.39kT$$

当发生完全缔合时，上式表示的是每个—CH_2—基的自由焓变化，f 是考虑溶液中先缔合成双分子，胶束等形态的数量的因子。s 和 f 可以是从 0 到 1 单位的任何值。m 是烃链中的有效碳原子数，它等于直链中的碳原子数或支链中最长链的碳原子数。如果烃链中包括环，则一个苯环的等价碳原子值为 3.5。

例如，浸在 $C=0.01$mol/L 的 NaOH 溶液中的石英颗粒，其电动电位为

$$\zeta = -52\text{mV} \tag{3-14}$$

比表面电荷密度为

$$\sigma \cong 7.4 \times 10^{12}/\text{cm}^2 \tag{3-15}$$

紧密排列的单离子层的电荷密度比这个值大得多，大约为 $4\times10^{14}\text{cm}^{-2}$。实际上表面吸附的离子数量要超过平衡表面电荷所需要的数值。图 3-3 表示水分子，水化阳离子和斯特恩层附近的阴离子，扩散层中的抗衡离子是过剩的。但这并不意味着扩散层中不包含与表面电荷相同的离子。扩散层中，阴离子、

阳离子的比例是电动电位的函数。例如，$\zeta = +100\text{mV}$，其比例大约为7；$\zeta = +25\text{mV}$，其比例大约为2。矿物表面吸附的离子除了定位离子以外，也从溶液中吸附其他离子。例如，矿物表面以很大的亲和力吸附捕收剂，就减少了定位离子对浮选结果的影响。

作为一个规律，某种离子能和矿物的一种离子生成的化合物愈难溶解，则矿物表面对该离子的吸附作用愈强。极性矿物表面吸附离子，除了与一般电解质作用有关外，还与离子的溶解度、离子的价数、离子的半径、和其吸附络合物的水化作用有关。荷夫玫斯特(Hofmeister's)离子序提供了一个良好的准则。这是一个吸附强度递增序。后面的离子的吸附亲和力比其前面的大。

阳离子序是：

Li^+—Na^+—K^+—Rb^+—Cs^+—NH_4—Cu^+—Ag^+—Cu^{2+}—Fe^{2+}—Zn^{2+}—Mg^{2+}—Ca^{2+}—Sr^{2+}—Ba^{2+}—Al^{3+}—Fe^{3+}—…H^+

阴离子序是：

$(1/2)SO_4^{2-}$—F^-—NO^-—Cl^-—Br^-—I^-—CNS^-—…OH^-

斯特恩层中吸附的任何离子，都对表面电荷 ψ_n 和零电位有影响。惰性电解质（indifferent electrolyte）的离子，对矿物表面无特殊亲和力，它在双电层中的的分布，只决定于它具有的静电力。一些矿物的零电点及对应的 pH 值见表 3-3 和表 3-4。

表 3-3　若干以 H^+ 和 OH^- 为定位离子的矿物的 ZPC

矿　物	ZPC	矿　物	ZPC
石　英	2~3.7	赤铁矿	6.7
刚　玉	9.4	针铁矿	6.7
锡　石	4.5	镁铁闪石	5.2
金红石	6	高岭土	3.4

表 3-4　一些矿物等电点的 pH 值

矿　物	pH 值	矿　物	pH 值
钠长石	2.0	红柱石	7.2
磷灰石	4.1～6.4	普通辉石	3.4
斜锆石	6.05	重晶石	6.1
膨润土	3.3	绿柱石	3.0
方解石	8.0～9.5	锡　石	4.5～7.3
天青石	3.5～3.8	刚　玉	6.7～9.4
顽辉石	3.8	萤　石	9.3～10.0
镁橄榄石	4.1	方铅矿	3.0
三水铝石	4.8	针铁矿	6.7
赤铁矿	6.7～8.5	钛铁矿	5.6
高岭石	3.4	蓝晶石	7.9
磁铁矿	6.5～9.5	水锰矿	1.8～2.0
微斜长石	2.2～2.4	独居石	7.1
莫来石	8.0	软锰矿	4.5～7.3
石　英	1.5～3.7	金红石	3.5～6.7
硅线石	6.8	钨　华	0.43
晶质铀矿	4.8～6.6	红锌矿	9.1
锆　石	5.0～6.5		

矿物的定位离子　在前面的示意图中，把双电层内层占优势的离子，叫定位离子。这是指特定条件下，占优势的离子。在一般情况下，矿物解离、水解过程中生成的成分以及水中的 H^+、OH^- 离子，对于双电层的电位都有影响，而且随着彼此相对量的变化，决定占优势的离子。所以，通常把相关的离子都叫做定位离子。比如方铅矿的定位离子可以是 Pb^{2+}、S^{2-}、HS^-、H^+、OH^- 等；赤铁矿的定位离子可以是 Fe^{3+}、$Fe(OH)^{2+}$、$Fe(OH)_2^+$、OH^-、H^+ 等；方解石的定位离子可以是 Ca^{2+}、

CO_3^{2-}、H^+、OH^-等。但前表已指出许多氧化矿物的定位离子实际上是 H^+ 和 OH^-。

3.2.2.2 *矿物的表面电位与浮选的关系*

矿物的表面电位与矿粒表面荷电状况、表面张力、捕收剂的选择与可浮性都有关系。如图 3-5 所示为赤铁矿溶液界面双电层与电位和 $\Delta\sigma$ 的关系。图 3-5*a* 示出 pH 值为 6.5 时赤铁矿表面荷负电；图 3-5*b* 示出 pH 值为 10.5 时赤铁矿表面荷正电；而图3-5*c* 示出在 pH = 8.5 时，不管药剂的浓度如何，水溶液的表面张力 σ 都具有最大值。

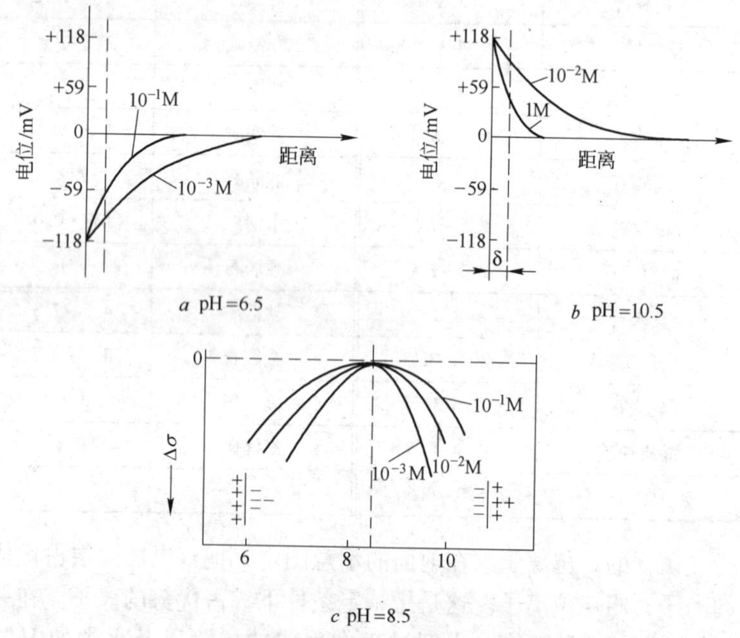

图 3-5 赤铁矿界面双电层与电位和 $\Delta\sigma$ 的关系

（M 为加有 KNO_3 后的离子强度）

图 3-6 表示 NaCl 浓度和针铁矿的动电位 ζ 及 pH 值、*ZPC*（零电点）与捕收剂类型和浮选回收率的关系。pH < 6.7、表面荷正电时，应该用阴离子捕收剂捕收，而 pH > 6.7、表面荷负电时，应用阳离子捕收剂捕收。

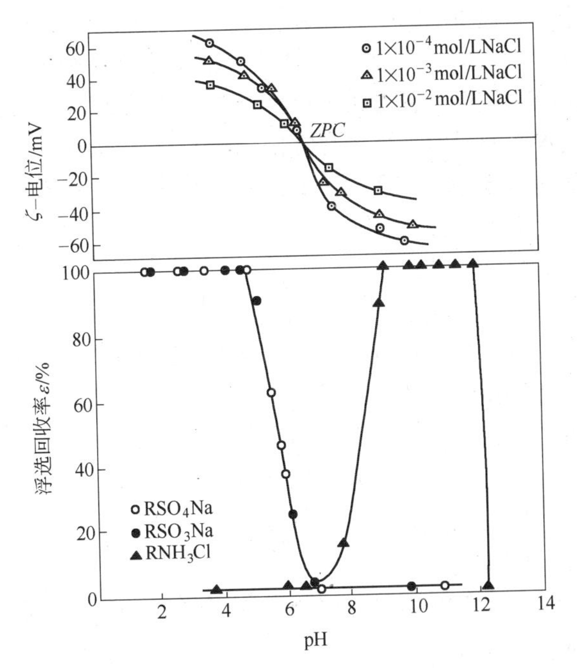

图 3-6 针铁矿的 ζ 电位与浮选效应的关系

3.3 细泥的分散、凝聚和絮凝

3.3.1 细泥的分散与凝聚

矿粒表面的电荷不仅影响捕收剂的作用，还影响细泥在水中的分布状态，即细泥的分散或凝聚。所谓分散是指微细矿粒在水中受水分子的撞击，再加上矿粒表面带有相同的电荷相互排斥，能够稳定地悬浮在水中，长时间不会分成不同密度层的现象。如果向悬浮液中加入高价的反号离子（如向荷负电的硅酸盐矿泥悬浮液中加入 Al^{3+}），反号离子在微粒表面吸附以后，使微粒表面的 ζ 电位等于零或接近于零，可以使分散的细泥体系转变为凝聚。

胶体化学研究证明，微粒的分散与凝聚，主要与颗粒间的静电斥力和引力有关。颗粒间的斥力起源于颗粒扩散层中同种电荷的相互排斥。颗粒间的引力，起源于分子间的范德华力，其值反比于距离的六次方。微细矿粒是分子的集合体，彼此间也有引力，作用距离较远，引力大小反比于粒子距离的2～3次方，为了表示质点间的引力大小，常常使用哈马克（Hamaker）常数表示。哈马克常数值为10^{-19}～10^{-20} J。其表达形式较多，若以A_{W-W}表示两滴水间的引力，以A_{M-M}表示在水中的颗粒间的引力，经过推导可以得到

$$A_{M-W-M} = (A_{M-M}^{1/2} - A_{W-W}^{1/2})^2 \tag{3-16}$$

这就是在水中两个同种颗粒之间引力的哈马克常数表达式。

为了简单起见，将颗粒间的静电斥力笼统地表示为ϕ_e，将颗粒间的引力表示为ϕ_a，其斥力和引力之差表示为ϕ_m，则有

$$\phi_m = \phi_e - \phi_a \tag{3-17}$$

显然，ϕ_m为正值时，颗粒处于分散状态；ϕ_m为负值时，颗粒处于凝聚状态。

因为颗粒凝聚可分为同相颗粒间的凝聚和异相颗粒间的凝聚，下面分别讨论。

当胶体颗粒的表面电位符号和大小都相同时，产生的凝聚称为同相凝聚。它们凝聚时位能的变化与颗粒间距离的关系，可以用图3-7表示。

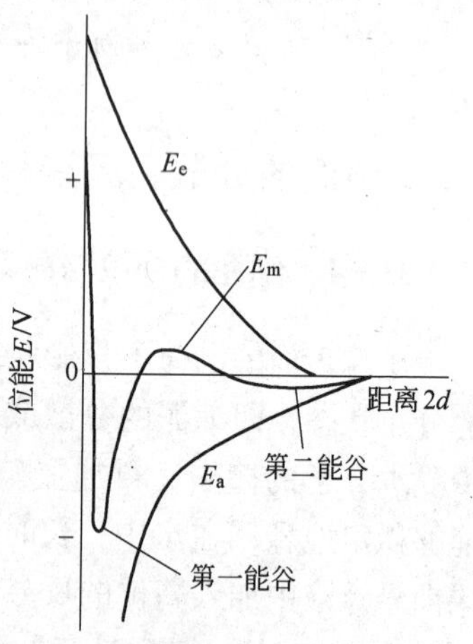

图3-7　同相颗粒凝聚的位能曲线

E_e—斥力势能；E_a—引力势能；

E_m—合力势能

设颗粒的斥力势能和引力势能分别为E_e和E_a，合力势能为E_m。图的纵坐标表示两个板块（颗粒）间斥力、引力和合力的势能，横坐标表示两个板块的距离。可以看出：两个板块相距很远时没有进入两者引力、斥力的范围，位能为零。当外力使两者进入扩散层相互接触的范围后，引力斥力都

逐渐增大。从曲线 E_m 可见,合力势能有两个能谷,都是引力占优势,可以发生凝聚的位置。但第二能谷凝聚不稳定,第一能谷位能最低,凝聚最稳定。过了第一能谷。颗粒间的斥力迅速增大,这意味着粒间的水膜无法去除。

异相凝聚是指两个粒子表面电位符号不同或符号相同但数值不等的粒子间的凝聚。异相凝聚位能曲线如图 3-8 所示。曲线 4 两个颗粒的电位符号相反,相互作用力总是引力;曲线 3 一个电位为 0,一个电位不大,相互作用力也是引力;曲线 2 的两个粒子,电位符号相同,但大小不同,在一定的距离内,高电位的粒子可能诱导低电位的粒子的电位符号反转,将斥力变为引力。只有曲线 1,两个粒子的电位符号和数值都相同,两者始终保持互斥。

但有的测定表明:当 ζ 的绝对值小于 14~20mV 时,粒子会

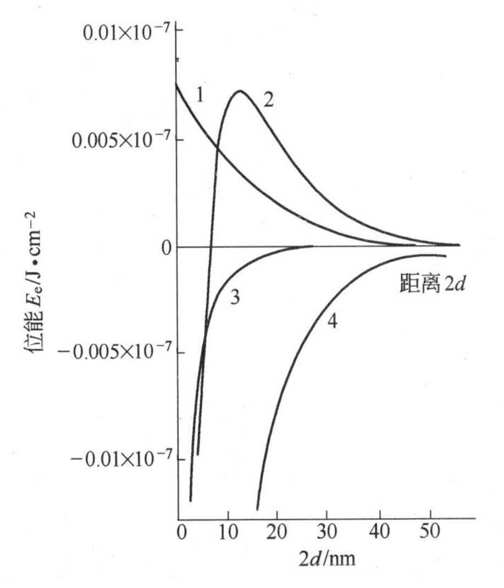

图 3-8 异相粒子双电层间相互作用位能(E_e)与粒子表面距离($2d$)的关系

($C=1$mmol/L; 1∶1 型电解质)

1—$\psi_1=\psi_2=10$mV; 2—$\psi_1=10$mV, $\psi_2=30$mV;

3—$\psi_1=0$mV, $\psi_2=10$mV; 4—$\psi_1=10$mV, $\psi_2=-30$mV

发生凝聚现象；或者溶质浓度和离子强度很大，双电层被压缩，扩散层变薄甚至消失，粒子也会发生凝聚。

3.3.2 絮凝

向细泥的悬浮液中加入高分子絮凝剂（如淀粉、纤维素和聚丙烯酰胺等）或非极油类，都有可能使细泥团聚。但一般讲絮凝是指用高分子絮凝剂，使细泥聚集成疏松的有三维空间的絮团。如果絮凝是对各不同成分的颗粒无选择性的絮凝，称为“全絮凝”或简单地称为絮凝。如果对于有多种成分细泥的悬浮液，能使其中一种有选择地絮凝，则称为选择性絮凝（图3-9）。

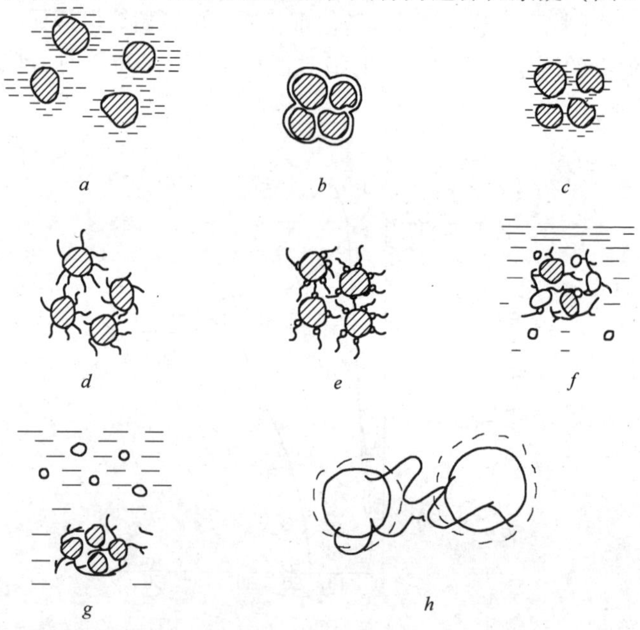

图3-9　细泥的分散、凝聚和絮凝状态

a—分散（粒子表面有大的同号电位）；*b*—凝聚粒子（表面无电荷）；*c*—凝聚（双电层被压缩）；*d*—非极性烃链引起团聚；*e*—异极性捕收剂引起团聚（包括剪切絮凝）；*f*—无选择的异相絮凝；*g*—选择絮凝；*h*—桥联作用

高分子絮凝剂，通常分子量很大，有一个以上的功能基。它们与细泥可以发生多种相互作用，如通过静电引力、范德华力、共价键、配位键（两个原子共用的一对电子由一个原子单独提供的共价键）、氢键等和细泥相互作用，黏在细泥表面，然后借助高分子的骨架将两颗以上的细泥连接起来。这种通过高分子把细泥连接起来的作用称为“桥联”作用。

3.3.3 与絮凝有关的选矿方法简述

在叙述有关问题之前，先把由分子量较小、链长较短的药剂造成粗细不等的矿粒聚集的现象定义为团聚。以表示矿粒这种聚集和絮凝的不同。这里叙述的方法有下列几种：

（1）疏水性油类团聚。全油浮选时用多种疏水性油类与矿石搅拌，使密度较小的油矿混合物漂浮在矿浆表面，而亲水的脉石矿物留在矿浆中。

（2）异极性捕收剂团聚。在重选厂的粒浮（在溜槽中选矿）和枱浮（在摇床上选矿）中，用黄药类（有时也加烃类油）捕收剂作用于硫化矿表面，使它们成疏水性的团粒，漂浮于水面，而脉石矿物保留在水中。

（3）选择性絮凝。在钾盐、煤泥、铁矿石的选矿中加絮凝剂，使钾盐和煤等矿物絮凝，而脉石矿物仍然分散在矿浆中。为了得到较好的选矿结果，要做好以下五个环节。

1）分散。为了防止非目的矿物夹杂在絮凝体中，应该只使目的矿物絮凝而非目的矿物仍分散在矿浆中。在加絮凝剂之前，要先加分散剂（如 $NaOH$ 或 Na_2SiO_3）使各种矿物分散在矿浆中。

2）加调整剂和絮凝剂，例如加石灰，以削弱石英表面的负电性，以促进阴离子絮凝剂的吸附。

3）搅拌。先快速搅拌以分散药剂，后慢慢搅拌以利于吸附及絮凝，同时要使用适当的浓度。

4）选择絮凝。絮凝时应力求减少絮凝体中夹带的杂质。通常在浓度小、絮团不太大、沉降速度慢的条件下絮凝，能获得较纯的絮凝体。必要时还可以使用微弱的上升水流冲洗絮团或将絮团进行二次处理。

5）沉降分离。在相对静止的条件下进行沉降分离，要掌握好沉降时间。沉降时间短，絮凝体品位高，但回收率低。

（4）剪切絮凝-浮选。剪切絮凝是在有表面活性剂的场合，施加很大的剪切力（强力搅拌），使0.5～10μm的细泥，产生疏水性的团聚。然后用常规药剂进行泡沫浮选。

（5）载体浮选（背负浮选）。先用常规浮选法将易浮而较大的矿粒加捕收剂浮出，作为载体，然后在强烈湍流下，使疏水性细粒黏附在载体上浮选。载体可以是相同的矿物，也可以是不同的矿物，用不同的矿物作载体，则需要进一步分离。

3.4 浮选药剂在矿物表面的吸附和反应

3.4.1 药剂在矿物表面作用的基本形式

浮选药剂在矿物表面作用的形式很多，如表3-5所列。

表3-5 药剂在矿物表面上的作用形式

分类方法	吸附形式	被吸附物
按吸附物的形态分	离子吸附	被吸附的是离子
	分子吸附	被吸附的是分子
	半胶束吸附	被吸附的是二维的胶束（见图4-8）
	胶束吸附	被吸附的是三维胶束
按被吸附物的层数分	单层吸附	被吸附物只有一层
	多层吸附	被吸附物有多层，甚至数十个分子层
按吸附的位置区分	内层吸附	被吸附在双电层内层
	外层吸附	被吸附在双电层外层（包括在紧密层的吸附及在扩散层的吸附）

续表 3-5

分类方法	吸附形式	被 吸 附 物
按吸附作用的方式和性质分	交换吸附	某种离子与矿物表面性质相近的离子互相交换产生的吸附 (溶液中的离子与矿物表面上另一种同名离子发生等当量交换而吸附在矿物表面的吸附称为一次交换吸附，溶液中的离子与双电层外层的离子发生交换的吸附称为二次交换吸附)
	竞争吸附	性质相近的离子在矿物表面吸附时相互竞争
	特性吸附	非静电力以外的作用力造成的吸附，如化学力和烃链缔合产生的吸附
	非特性吸附	离子靠静电力作用产生的吸附
按吸附的作用力分	物理吸附	分子间力，作用力弱，无选择性，吸附时放热小，吸附速度快
	化学吸附	作用力是非分子间力，为化学键，有电子转换，有选择性。吸附只在活性中心发生，吸附时放出的热量大，吸附速度慢，不可逆，单层吸附
	化学反应	是化学吸附的继续。由化学键将反应物结合，有电子转换和化学吸附的各种特征。

现在就几个重要概念作些综合的论述。

3.4.2 物理吸附

矿粒经过粉碎，表面的不同部位具有或多或少的残留分子键，是矿粒发生物理吸附的基础。像矿粒在浮选过程中，表面能吸附各种气体，非极性的烃油（煤油类）可以在矿粒表面发生吸附（如辉钼矿），其性质都是物理吸附。烷基磺酸盐和胺类在氧化矿上的吸附，可以分为两个以上的阶段（见图 3-10）：如十二烷基磺酸钠在氧化铝上的吸附，在低浓度（ $<5\times10^{-5}$mol/L,I区段）下，与矿物只有静电相互作用，磺酸盐离子只在斯特恩层中与阴离子相交换，是单个离子的吸附，速度较慢；当十二烷基磺酸盐的吸附密度达到一定值以后，烃基间以分子间的色散力相互缔

合，吸附速度加快，转为半胶束吸附，疏水性和吸附量显著增加，浮选效果显著提高（Ⅱ区段）；当吸附继续进行最后因紧密分子间的静电作用抵消特性吸附效应，吸附速度变慢（Ⅲ区段）。捕收剂在水溶液中，其烃基也会受到水偶极的排挤，被挤向气-液或固-液界面，这有助于捕收剂在矿物表面吸附。矿物和药剂之间也能发生氢键作用，当一个分子中有 H^+、OH^-、F^- 等元素存在，H 原子可以和另一个分子中的相似元素以氢键相吸附，其强度一般在 3×10^4J/mol 以下，低于化学键的强度 4×10^4J/mol。此外，双电层外层的吸附，二次交换吸附等，都属于物理吸附。

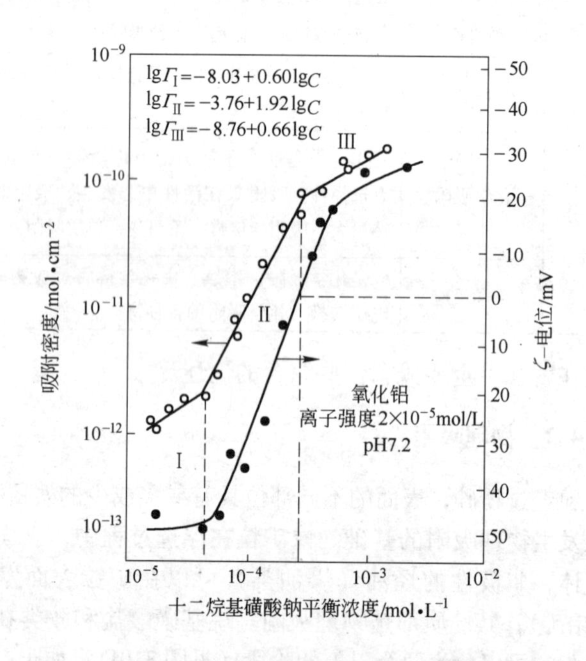

图 3-10　十二烷基磺酸钠在氧化铝上的吸附等温线

3.4.3　化学吸附

它是由药剂间的化学键引起的，其吸附强度大而且有选择性。如黄药阴离子 $ROCSS^-$ 在方铅矿（PbS）表面发生的吸附，是由黄药阴离子 $ROCSS^-$ 中的—S^{2-} 与方铅矿中的 Pb^{2+} 之间的化学键引起吸附。黄药只能与铜、铅、锌、铁等金属的硫化矿物发生化学吸附，却不能与方解石、石英等矿物发生化学吸附，因为 S^{2-} 与 Ca^{2+} 和 SiO_2 间不能发生化学键。所以化学吸附是有选择性的。然而，油酸及其皂类的阴离子 $RCOO^-$ 与 Ca^{2+}、Fe^{3+} 等离子可以发生化学键，所以萤石（CaF_2）、方解石（$CaCO_3$）和赤铁矿（Fe_2O_3）对油酸阴离子的吸附是化学吸附，双电层内层（一次交换吸附）的吸附。

当然，物理吸附和化学吸附剂在一定的条件下是互相转换的。如油酸在赤铁矿表面作用，先是化学吸附，后来发生烃基缔合的物理吸附；又如在常温下，木炭表面对氧发生物理吸附，在较高的温度下，有了活化能，C 和 O 原子间产生共价键，发生化学吸附并进一步发生化学反应（燃烧）。

3.4.4 化学反应

化学反应是化学吸附的继续。化学吸附可以在药剂浓度较低时发生，而且药剂在矿物表面吸附以后不产生新的化合物，不破坏固相原有的晶格。化学反应必须在药剂浓度较高时才能发生，化学反应后使原有的晶格被破坏，产生晶格质点重排现象，如加入硫化钠使白铅矿产生下列反应：

$$\underset{\substack{\uparrow\\\text{白铅矿}\\\text{界面}}}{PbCO_3]}\ \underset{\substack{\uparrow\\\text{白铅矿}\\\text{表层}}}{PbCO_3} + S^{2-} \longrightarrow \underset{\substack{\uparrow\\\text{白铅矿}\\\text{界面}}}{PbCO_3]}\ \underset{\substack{\uparrow\\\text{硫化后}\\\text{的表层}}}{PbS\downarrow} + CO_3^{2-}$$

反应时，S^{2-} 和 Pb^{2+} 的浓度积，必须大于 PbS 在水中的溶度积（即$[Pb^{2+}][S^{2-}] > 1.1\times10^{-29}$）才能在白铅矿的表面生成 PbS 的薄膜，后来白铅矿表面晶格中的 CO_3^{2-} 相继被 S^{2-} 置换，白铅矿原有的晶格被置换，形成有一定厚度的 PbS 外层（新相），甚至改变了白铅矿的颜色。

3.5 气泡的矿化过程

3.5.1 气泡的矿化途径

浮选时气泡在矿浆中矿化，原则上有两条途径：一是气泡直接在矿粒表面析出；二是矿粒和气泡经碰撞而黏附，也可能两者同时存在。有人把矿粒与气泡接触而黏附（附着）的过程称为浮选的基本行为。

气泡在矿粒表面的析出过程是：空气进入机械搅拌式浮选机以后，和矿浆混合，流到叶轮的前方，由于叶轮转动，其叶片拨动矿浆和空气的混合物，力图把它甩入叶轮周围的矿浆中，而矿浆与空气的混合物，受到外部矿浆静水压头的阻碍，必须被压到比周围静水压头更大的压强才能排出。此时叶轮前方的气体因受压而部分溶解，这种溶有空气的矿浆，转到外压较低的地方，空气就会在疏水的矿粒表面析出，生成小泡。这种小泡长大或与大泡兼并，就可以负载矿粒浮选。

3.5.2 矿粒与气泡的黏附过程

矿粒与气泡碰撞的途径很多，如矿粒下降气泡上升，矿粒受离心力的作用甩向气泡，矿粒被气泡尾部涡流吸引向气泡移动，都可以使两者发生碰撞，但要使两者黏附牢固，必须排除两者间的水层，经历一段时间，这叫接触时间或感应时间（图3-11），约5～8ms。

矿-泡要成功完成接触之所以要感应时间使水膜破裂，是因为矿粒在水中，表面都有厚度不同的水化分子层（图3-12）。水化分子层又分三层，紧靠矿粒表面的一层受矿粒表面力场的影响，水分子排列整齐、紧密而牢固。距矿粒较远的第二层，其定向排列，主要由层间水分子的相互作用力造成，矿物晶格键力对它的影响较小，所以排列较松散而混乱。最外面与普通水相邻的一层，排列最为松散混乱。

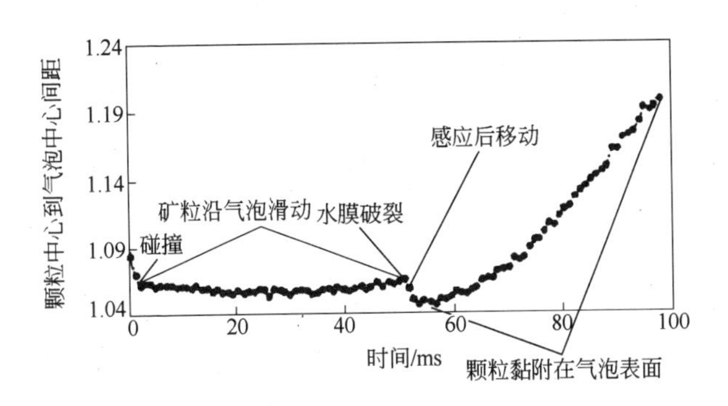

图 3-11　矿-泡接触前后矿泡中心距离与时间的关系

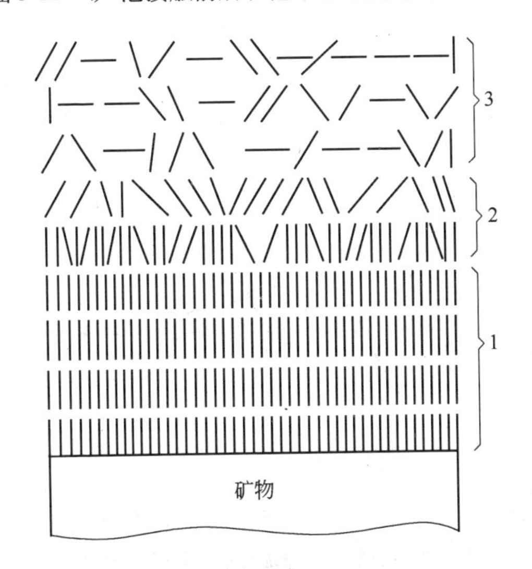

图 3-12　矿粒表面的水化层排列示意图

1—紧密层；2—较松散层；3—最松散层

由于上述水化层的排列，气泡与矿粒接近最后生成接触角的自由能变化过程，与前面讨论的颗粒凝聚过程相似。在较大的范围内，相互作用一般是静电斥力，后来是相互吸引，与矿粒表面的微泡、表面氧化成的元素硫等不均匀缺陷、表面电荷和气泡电荷反号等因素有关。但水化层破裂后，矿物和气泡之间发生了附着，它们之间也还存在所谓的残留水化膜。这一层水化膜受到矿物晶格键力的吸引，结构极为牢固，只有消耗很大的能量才能除去，一般情况下它总留在矿粒和气泡之间。由于气泡向矿粒黏附时通过水化层那一段有阻力，必须有相反的外力加以克服，好像劈柴一样要将水化层劈开，所以简单地把那阻力称为劈分压力或楔压。

由于矿粒表面疏水性的不同，水化层的厚度和稳定性不同，可能出现三种典型的体系自由能变化曲线，类似图 3-7 所示。其中曲线 E_e 为极端亲水性矿物表面，曲线 E_a 为极端疏水性矿物表面，E_m 为前面讨论的典型曲线。曲线 E_m 外形与如图 3-13 所示的曲线 2 相似，当加入捕收剂时，曲线 2 可能变为曲线 3 的形态；当加入抑制剂时，曲线 2 可能变为曲线 1 的形态。如图 3-13 所示。

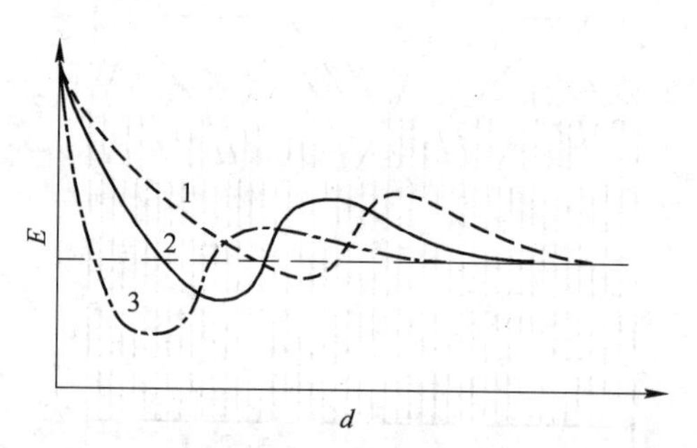

图 3-13　加入捕收剂和抑制剂对体系自由能变化的影响

1—加抑制剂；2—不加药剂；3—加捕收剂

4 浮选捕收剂

4.1 浮选工艺因素概述

浮选是一项影响因素较多的技术，影响它的因素可以分为三类。

第一类是化学因素：捕收剂，起泡剂，活化剂，抑制剂，pH 调整剂，水的成分；

第二类是机械因素：浮选机类型，空气流动状态，矿浆流动状态，槽列组成；

第三类是操作因素：给矿速度，矿石性质，矿浆浓度，矿浆温度，泡沫层厚度，槽列控制。

天然矿物中，虽然许多矿物有一定的天然可浮性，但是，为了保证较高的技术指标，浮选工业中，常常添加 3 ~ 5 种药剂，以改善浮选对象和浮选环境，提高浮选指标。

常用的浮选药剂品种及其作用如下：

捕收剂　用以提高矿物疏水性和可浮性的药剂；

起泡剂　用以增强气泡稳定性和寿命的药剂；

活化剂　用以促进矿物和捕收剂的作用或者消除抑制剂作用的药剂；

抑制剂　用以增大矿物亲水性、降低矿物可浮性的药剂；

pH 值调整剂　用以调节矿浆酸碱度的药剂；

分散剂　用以分散矿泥的药剂；

絮凝剂　用以促进细泥絮凝的药剂。

后面五类药剂可以统称为调整剂。不过药剂的作用是在一定的条件下发生的，某些药剂的功能，可以因为使用的具体条件而变，如硫化钠用量少时是铜、铅氧化矿物的活化剂，用量大时就可以变成它们的抑制剂。

4.2 捕收剂概述

4.2.1 捕收剂的类别

捕收剂主要根据其极性基的类别及组成，分为以下的类型，见表 4-1。

表 4-1 浮选捕收剂的类型

阴离子型	硫氢基捕收剂	黄药类 ROCSSM
		黑药类 $(RO)_2PSSM$
		硫氮类 R_2NCSSM
		硫醇类 RSH
	含氧酸捕收剂	羧酸类 RCOOM
		烃基磺酸类 RSO_3M
		烃基硫酸类 RSO_4M
		胂酸类 $RAsO_3H_2$
		膦酸类 $R_2PO_4H_2$
		羟肟酸类 RC(OH)NOM
阳离子型	胺类捕收剂	伯胺类 RNH_2
		醚胺类 $RO(CH_2)_3NH_2$
非离子型		烃油类 C_nH_{2n+2}
		硫氨酯类 ROCSNHR′
		硫氮腈酯类 $R_2NCSSR'CN$
		双硫化物类 $(ROCSS)_2$
离子可变型	两性捕收剂	胺基羧酸
		胺基磺酸…

4.2.2 捕收剂的亲固基

捕收剂是最重要的浮选药剂，种类繁多。现以丁黄药为例，对它的各部分加以命名，各部分对应名称，如图 4-1 所示。

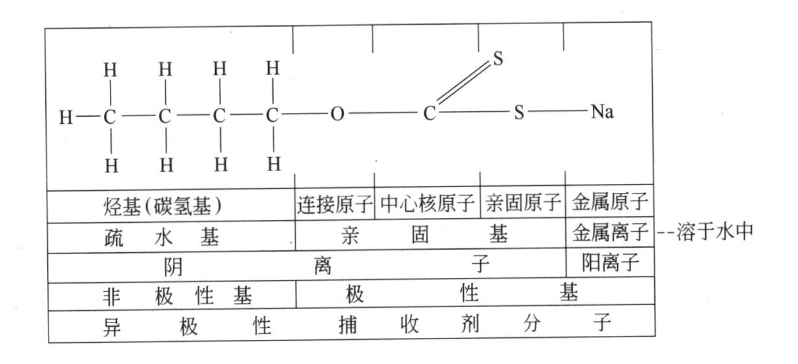

图 4-1 异极性捕收剂分子各部分的名称

黄药中各种元素的电负性如下：

H 2. 1；C 2. 5；O 3. 5；S 2. 5；Na 0. 9

和烃基中的 H. C 电负性差值相比，捕收剂的亲固基中各个元素的电负性相差较大，所以也叫极性基。其组成和结构，决定它所能捕收的矿物类型和选择性。从表 4-1 可以看出各种捕收剂的类型都是由其亲固基决定的。重要的捕收剂在水中离解后，亲固基中的亲固原子，主要是 S、O 和—NH_3^+（对非极性矿物则是—CH_3）。一般地说，当捕收剂的亲固原子和矿物中的某元素同名时，可以对它发生捕收作用。例如以硫为亲固原子的捕收剂，主要用于捕收硫化矿物；以氧为亲固原子的捕收剂，主要用于捕收氧化矿物；以氨基为亲固原子的捕收剂，主要用于捕收硅酸盐矿物。因为药剂的亲固原子和晶格原子同名，就和晶格中的异号离子有较大的亲和力，因而容易穿过固液界面在固相表面吸附和反应。水化胺类捕收硅酸盐或可溶盐类矿物，是靠水化矿物表面的定位 H^+ 离子和 RNH_3^+ 相交换。而且捕收可溶盐类矿物时，要求它和可溶盐矿物的阳离子半径接近。

捕收剂水解后，失去阳离子，而烃基连着亲固基构成阴离子的捕收剂，称为阴离子捕收剂。像黄药阴离子 $ROCSS^-$ 和油酸阴

离子 $RCOO^-$ 都是。它们的捕收作用主要靠阴离子发生。而胺类捕收剂水解后变成带烃基的阳离子，靠阳离子起捕收作用，称为阳离子捕收剂。

捕收剂分子是有一定长、宽、高的实体，可以在矿粒与水分子之间起屏蔽作用。如正戊基黄药宽 0.7nm，长 1.22nm，而水分子的直径不超过 0.276nm。戊基黄药本身的轮廓和它在方铅矿表面作用后的排列状况如图 4-2 所示。捕收剂作用于矿物表面后，使矿物表面好像长了“捕收剂毛”，使矿粒表面疏水性增大，其原因包括：（1）亲固基与矿粒作用以后，抵消了表面一部分残留键力，降低了矿粒表面的亲水性；（2）疏水基能降低矿粒表面水化层的厚度和稳定性。因为矿粒表面质点与水分子的作用力，与距离的高次方成比例。

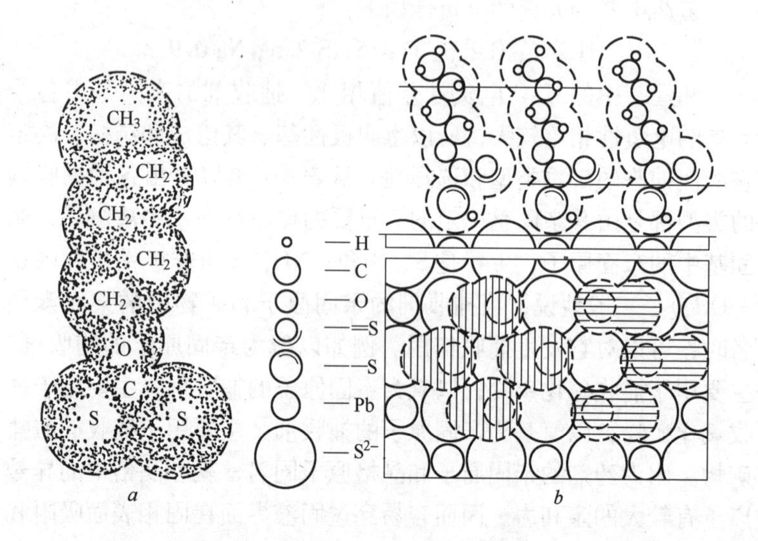

图 4-2　戊基黄药的轮廓及其在方铅矿表面上的排列

a—戊基黄药分子轮廓；*b*—戊黄药在方铅矿上吸附的侧面（上）及平面（下）

4.2.3　亲固基中硫和氧的差别

由于氧的电负性比硫大得多，吸引电子的负诱导效应比硫大，RO—的给电子正共轭效应只比 RS—稍微大一点，使含氧多的极性基的电子云分布比较偏于左侧，含硫的捕收剂，其亲固原子与金属间的电子云分布比较偏于右侧，对硫化矿中金属的键合力更强。对应金属盐的溶度积更小，故其捕收力更强。由于硫和氧与水形成氢键的能力不同，含氧多的捕收剂其离子的亲水性更大。下面以几种药剂为例来说明亲固基中硫和氧的影响。

（1）羧酸皂

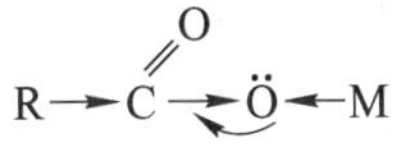

$$R \rightarrow \overset{\overset{O}{\|}}{C} \rightarrow \ddot{O} \leftarrow M$$

（2）烃基一硫代碳酸盐

$$R \rightarrow \ddot{O} \leftarrow \overset{\overset{O}{\|}}{C} \leftarrow \ddot{S} \leftarrow M$$

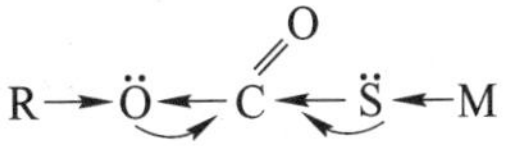

（3）烃基二硫代碳酸盐（黄药）

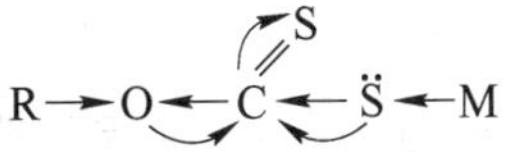

$$R \rightarrow O \leftarrow \overset{\overset{S}{\|}}{C} \leftarrow \ddot{S} \leftarrow M$$

（4）烃基三硫代碳酸盐

$$R \rightarrow S \leftarrow \overset{\overset{S}{\|}}{C} \leftarrow \ddot{S} \leftarrow M$$

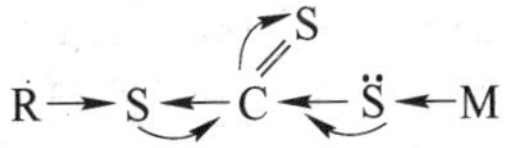

烃基中碳原子数相同时疏水性和捕收力：(4) > (3) > (2) > (1)

（1）式中的羧酸皂类捕收剂，其极性基的亲水性，比（3）式黄药类捕收剂极性基的亲水性要大得多。所以黄药类捕收剂烃中的碳原子数只要 2 ~ 6 个碳原子就够了，而羧酸类的捕收剂，烃基中至少要 10 ~ 12 个以上的碳原子，才有足够的捕收力。(4) 式中的三硫代碳酸酯只用于浮选辉钼矿，而且少用。

电负性 $X_O = 3.5$，$X_S = 2.5$。诱导效应是指邻近的原子，由于电负性不同，电子沿分子中的价键向电负性大的元素依次传递的作用，如图中键上的箭头所示，共轭效应是指共轭体系中，相邻 π 电子和 P 电子相互影响使共轭体系中各键上的电子云密度发生平均化的现象。图中 O、S 顶上的两个点表示未键合的 P 电子对，弯箭头表示电子转移的方向。本书在捕收剂讨论中涉及的三个基团，给电子的正共轭效应递减序为：$R_2N > RO > RS$。请参考俞凌羽编《基础理论有机化学》第三章。

4.2.4 捕收剂的疏水基

捕收剂的疏水基是非极性的烃基，由电负性相差不大的 C 和 H 组成，彼此以共价键相结合，正负电中心偏离不明显，所以是非极性基。通常用 R—表示，链状的烃基可以 C_nH_{2n+1}—表示，式中的 n 表示烃基中的碳原子数，如戊基的碳原子数为 5，$n=5$。由于烃链有直链和支链之分，一般以 n-C_nH_{2n+1}，表示正某基，以 i-C_nH_{2n+1}表示异某基。当然 R—也可以代表芳香基或者包含烯基。许多药剂研究工作者，为了制造出捕收性和选择性性能略有差异的捕收剂，在烃基的碳原子个数或芳基与烷基的成分或结构上略加变换，可以制成不同的捕收剂。有的捕收剂可以有几个烃基，如酯类捕收剂。

一般说来，同系列的捕收剂，其烃基越长，疏水性越大，捕收力越强。但由于其捕收力强，可以将比较难浮而不希望它浮的矿物也浮出来，所以选择性会下降，这是选矿工作者所不愿见到的。所以选择捕收剂时总希望它能浮选目的矿物而不会浮起非目的矿物。如黄药的烃基一般为 2～6 个碳原子。许多事实证明，有支链的捕收剂，其捕收性比同碳数的直链捕收剂捕收力更强。这是因为捕收剂在矿物表面吸附的时候，靠烃基破坏矿物表面的水化层，增大矿物表面的疏水性。而烃基支链位于更接近矿物表面的地方，可以破坏矿物表面附近更牢固的水化层，所以矿物更变得疏水。此外，支链也能增大矿物的疏水面积。如果烃基中含有烯基，则能降低药剂的凝固点，增大药剂的溶解度和选择性。

4.3 硫氢基（巯基）捕收剂

4.3.1 黄药与双黄药

黄药是浮重金属硫化物和自然金属矿物最重要的捕收剂。

4.3.1.1 黄药的成分、命名和合成

黄药学名烃基黄原酸盐，可将它看作烃基二硫代碳酸盐：

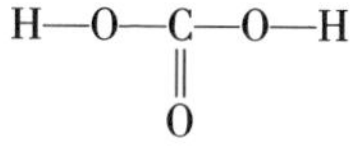

$$\underset{\text{碳 酸}}{H—O—\underset{\underset{O}{\|}}{C}—O—H} \qquad \underset{\text{烃基二硫代碳酸盐}}{R—O—\underset{\underset{S}{\|}}{C}—S—M}$$

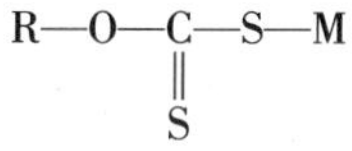

在 ROCSSM 的通式中，R 一般为烷基 C_nH_{2n+1}，$n=2\sim6$，极少数情况下含有芳香基。M 为 Na 或 K，工业品多为 Na。黄药全名为 X 基黄原酸钠。简称为 X 黄药。如：

$C_2H_5OCSSNa$ 乙基钠黄药 $C_4H_9OCSSNa$ 正丁基钠黄药（n-$C_4H_9OCSSNa$）

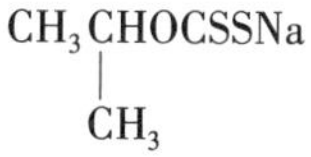

$$\underset{\text{异丙基钠黄药（}i\text{-}C_3H_7OCSSNa\text{）}}{CH_3\underset{\underset{CH_3}{|}}{C}HOCSSNa} \qquad \underset{\text{异戊基钾黄药（}i\text{-}C_5H_9OCSSK\text{）}}{CH_3\underset{\underset{CH_3}{|}}{C}HCH_2CH_2OCSSK}$$

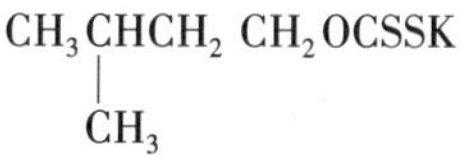

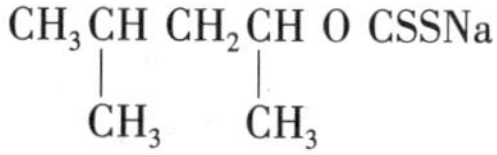

$$\underset{\text{甲基异丁基甲黄药（Y-98）}}{CH_3\underset{\underset{CH_3}{|}}{C}H\,CH_2\underset{\underset{CH_3}{|}}{C}H\,O\,CSSNa} \qquad \underset{\text{胺醇黄药}}{(R)_2NCH_2CH_2OCSSK}$$

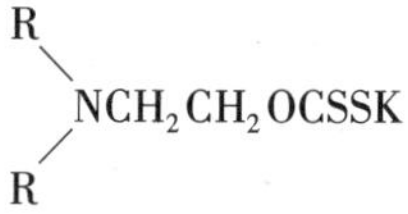

与 Y-89 相似有甲基异戊基复合黄药。习惯上也把乙基黄药称为低级黄药，把丁基以上的黄药称为高级黄药。

4.3.1.2 黄药的性质

黄药为黄色固体粉末，有的压成条状，有臭味。钾黄药比较稳定，钠黄药则易吸水分解。黄药受潮可以分解成 CS_2、ROH、NaOH、$NaCO_3$、Na_2CS_3（三硫代碳酸钠）分解出的气体 CS_2等对神经系统有害，应注意防护；黄药在空气中或溶液中能氧化成双黄药。

$$\underset{\text{黄药阴离子}}{2ROCSS^-} \longrightarrow \underset{\text{双黄药}}{(ROCSS)_2} + 2e$$

黄药易溶于水，水溶液呈弱碱性在水中按下式解离：

$$ROCSSNa + H_2O \longrightarrow ROCSSH + Na^+ + OH^-$$

$$ROCSSH + OH^- \longrightarrow ROCSS^- + H_2O$$

几种黄药的解离常数为：

乙黄药	2.9×10^{-2}	丙黄药	2.5×10^{-2}
丁黄药	2.3×10^{-2}	戊黄药	1.9×10^{-2}
异丙基黄药	2.0×10^{-2}	异丁基黄药	2.5×10^{-2}

烃基越长的黄药，其疏水性越大，解离常数越小，对应的金属黄原酸盐溶解度越小，捕收力越强。由图4-3所示可见一斑。

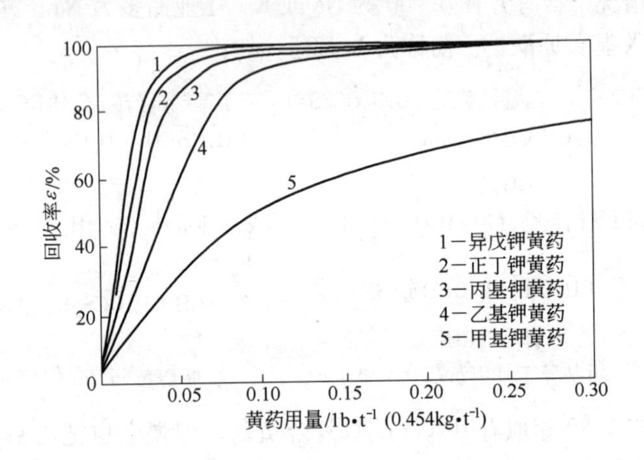

图4-3　各种黄药浮方铅矿的指标

（粒度 -0.15~0.28mm，松油25g/t，碳酸钠25g/t，黄药如图示，用量454g/t）

这里需要指出：广州有色金属研究院推出的新黄药Y-89（甲基异丁基甲醇制品），经过十多年的生产证明是非常优异的捕收剂，目前已经发展成为系列产品，它对于含金硫化矿和硫化铜矿的浮选，有明显的经济效益，毒性比丁黄药小。在某些情况下，不仅有较强的捕收力，而且有良好的选择性，价格只比普通黄药高一点。

矿浆中OH^-浓度适当，可以产生较多的有效黄药阴离子，使黄药充分发挥作用，但过量的OH^-，将因它与黄药阴离子在矿物表面竞争吸附，而使黄药的捕收力下降。矿浆酸性过大，可以产生黄原酸分子 ROCSSH，甚至使黄药分解失效。

$$ROCSSH \longrightarrow CS_2 + ROH$$

例如：25℃，pH =5.6 时，乙黄药的半衰期为 1023min；pH =4.6 时，半衰期为 115.5min，而 pH 值为 3.4 时，半衰期为 10.5min。故黄药在酸性介质中容易失效。

黄药与重金属和贵金属离子作用能生成金属黄原酸盐沉淀，如

$$2ROCSS^- + Cu^{2+} \longrightarrow (ROCSS)_2Cu\downarrow（或写成 CuX_2）\downarrow$$

乙黄药与常见的金属盐的溶度积见表 4-2。

表 4-2　金属乙基黄酸盐与对应硫化物的溶度积

金属阳离子	乙基黄原酸盐	金属硫化物
Hg^{2+}	1.15×10^{-38}	1×10^{-52}
Ag^{+}	0.85×10^{-18}	1×10^{-49}
Bi^{3+}	1.2×10^{-31}	—
Cu^{+}	5.2×10^{-20}	$10^{-38}\sim10^{-44}$
Cu^{2+}	2×10^{-14}	1×10^{-36}
Pb^{2+}	1.7×10^{-17}	1×10^{-29}
Sb^{3+}	$\sim10^{-15}$	—
Sn^{2+}	$\sim10^{-14}$	—
Cd^{2+}	2.6×10^{-14}	3.6×10^{-29}
Co^{2+}	6×10^{-13}	—
Ni^{2+}	1.4×10^{-12}	1.4×10^{-24}
Zn^{2+}	4.9×10^{-9}	1.2×10^{-23}
Fe^{2+}	0.8×10^{-8}	—
Mn^{2+}	$<10^{-2}$	1.4×10^{-15}

黄药对各种矿物的捕收能力和选择性，与其金属盐的溶解度有密切的关系。按乙基黄酸盐的溶度积大小和实际浮选情况，可把常遇到的金属矿物分为三类：

（1）金属黄酸盐溶度积小于 4.9×10^{-9} 的金属有：金、银、汞、铜、铅、镉、铋等。黄药对它们的自然金属和硫化矿物捕收力最强，如金、铜矿物和方铅矿。

(2) 金属黄酸盐的溶度积大于4.9×10^{-9}，小于7×10^{-2}的金属有锌、铁、锰等。黄药对它们的矿物有一定的捕收能力，但比较弱，使它们在某些条件下，容易与前一类矿物分离。必须指出钴、镍等金属的黄酸盐，溶度积虽然属于第一类，但在自然界中它们常混在铁的硫化矿物中，与铁的硫化矿物一起浮游。

(3) 金属黄酸盐的溶度积大于1×10^{-2}的金属有钙、镁、钡等。由于它们的黄酸盐溶解度太大，在一般浮选条件下，它们的矿物表面不能形成有效的疏水膜，黄药对它们无捕收作用。所以在选别碱土金属矿物、氧化矿物和硅酸盐矿物时都不用黄药。黄药只用于浮选硫化矿物和自然金属矿物。

从表4-1可以看出，一般硫化矿物的溶度积比对应的黄酸盐溶度积小，按化学原理，黄药的阴离子X^-是不可以与硫化矿物反应取代其硫离子S^{2-}的。只有金属硫化矿轻微氧化后，S^{2-}被OH^-、SO_4^{2-}、$S_2O_3^{2-}$、SO_3^{2-}等取代后，黄药金属盐的溶度积小于对应金属氧化物的溶度积时，黄药才能取代对应的阴离子。

4.3.1.3 黄药与硫化矿的作用机理

A 氧的作用

试验证明，方铅矿在无氧的水中磨矿时，与黄药无任何的作用能力，不能用黄药浮游。在有氧的情况下，黄药是方铅矿的优良捕收剂。氧的作用有两个方面：

(1) 生成可以和黄药作用的半氧化物。由于黄酸铅的溶度积小于硫化铅的溶度积，方铅矿表面的硫离子S^{2-}不能直接被黄药阴离子X^-取代。然而试验证明，在一般浮选条件下，溶液中的黄药阴离子X^-会被矿物吸附，而且，水中的各种$S_xO_y^{2-}$离子随着矿物表面吸附的黄药阴离子X^-量的增大而增大，表明存在下列置换反应。

$$PbS]Pb^{2+} \cdot 2A^- + 2X^- \longrightarrow PbS]Pb^{2+} \cdot 2X^- + 2A^-$$

式中的A^-可以是SO_4^{2-}、SO_3^{2-}、CO_3^{2-}等等，可以认为氧使方铅矿表面在吸附X^-之前，一部分S^{2-}先转化成上述的阴离子，然

后黄药阴离子 X^- 再置换它们，生成溶解度较小的 PbX_2；但是实践证明，氧化过深的方铅矿，表面生成很厚的 $PbSO_4$ 皮壳，具备了被 X^- 置换的条件；其回收率却比未经深度氧化的方铅矿还低，故认为这是因为硫酸铅的溶解度太大，矿物表面生成的 PbX_2 容易因为硫酸铅的溶解度太大，随 $PbSO_4$ 溶解而脱落，所以其可浮性差。原生方铅矿，在磨矿、浮选过程中只生成所谓的半氧化物 PbS] $PbSO_4$，其可浮性更好。为了便于理解，现把相关化合物写成下列形式：

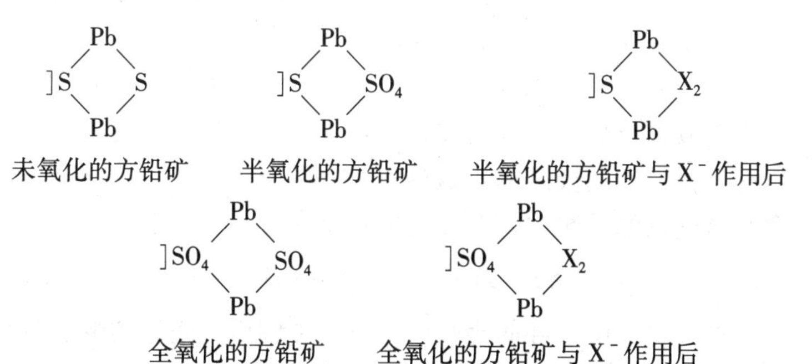

从图 4-4 可以看出，矿浆的含氧量为饱和量的 20% 左右时，黄药的吸附量和分解出的元素硫量都达到了最大值。

研究证明（2004，Mustafa S.）乙黄药在黄铜矿表面的吸附

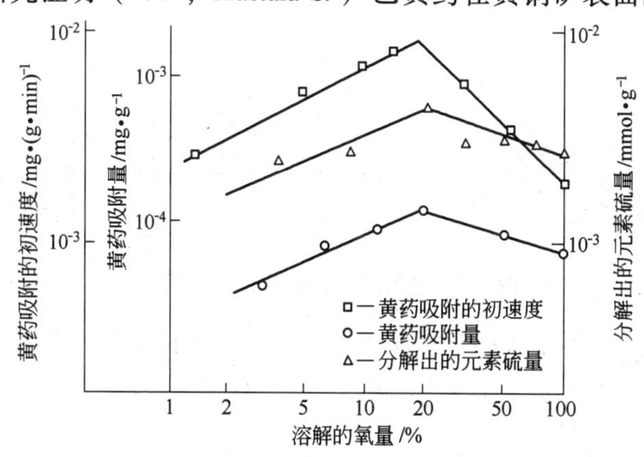

图 4-4　矿浆被氧饱和度对黄药作用的影响

分为两步：

第一步，黄铜矿氧化发生下式反应

$$2CuFeS_2 + 6H_2O + 6O_2 \longrightarrow 2Fe(OH)_3 + Cu_2S + 3SO_4^{2-} + 6H^+$$

第二步，乙黄药作用于矿物表面

$$CuS(s) + 2X^- + 2O_2 \longrightarrow 2CuX(s) + SO_4^{2-}$$

这种机理，为黄药 X^- 吸附时放出的 SO_4^{2-} 离子所证实。在温度 293K，浓度为 $5 \times 10^{-5} \sim 1 \times 10^{-3}$ mol/L 的范围内，黄药阴离子 X^- 的吸附量随 pH 值向 8 ~ 10 增大而增大，但到 pH 值为 11 时则减小。吸附一般在 10min 内达到平衡。

（2）消除矿物表面的电位栅促进矿物表面的电化反应。硫化矿物或多或少都含有杂质，存在各种晶格缺陷，使其具有半导体的性质，有阴极区和阳极区。例如，方铅矿中一般都含有银，在有氰化物的矿浆中，会发生下列反应

$$Ag + 2CN^- \longrightarrow Ag(CN)_2 + e$$

产生自由电子并向阴极区输送，使阴极区附近的电子越积越多，产生负的电位栅。如图 4-5 所示。

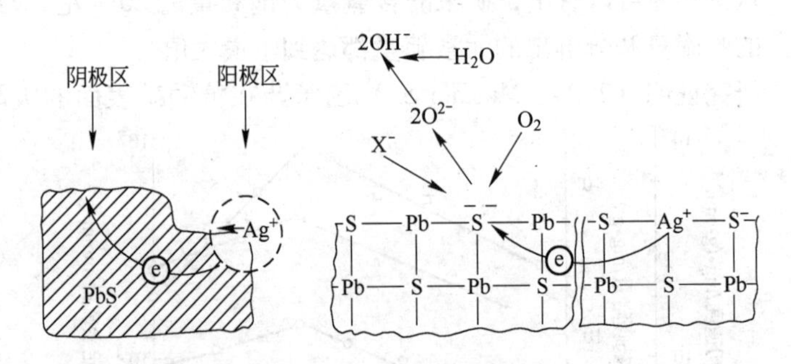

图 4-5　氧消除方铅矿表面的电位栅

势必对靠近它的黄药阴离子 X^- 产生静电斥力，阻碍黄药在矿物表面吸附。由于水中有氧，可以发生下列反应：

$$\frac{1}{2}O_2 + H_2O + 2e \longrightarrow 2OH^-$$

OH^-可以进入溶液，从而消除了负电的排斥作用，有助于黄药与方铅矿的作用。这可以写成：

$$PbS + 2ROCSS^- + \frac{1}{2}O_2 + 2H^+ \longrightarrow Pb(ROCSS)_2 + S^0 + H_2O$$

它由下列反应组成：

阳极反应 $$PbS + 2ROCSS^- \longrightarrow Pb(ROCSS)_2 + S^0 + 2e$$

阴极反应 $$\frac{1}{2}O_2 + 2H^+ + 2e \longrightarrow H_2O$$

B 黄药在矿物表面的作用形式

黄药在矿物表面的作用，可能有五种形式

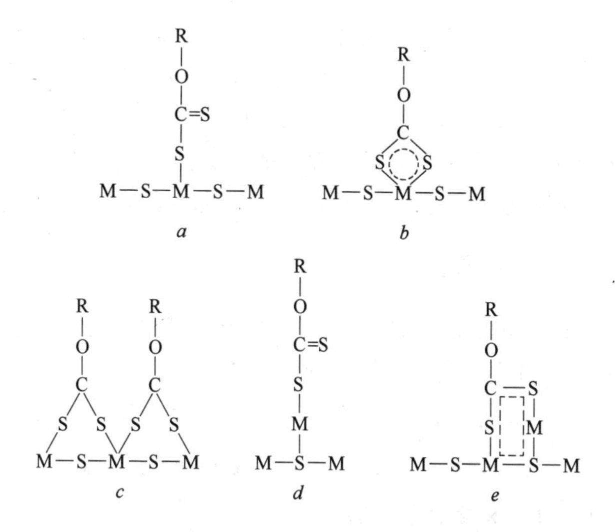

图 4-6 黄药在矿物表面的作用形式示意图

a—单配位式；*b*—螯合式；*c*—桥式；*d*—1∶1 的分子吸附式；*e*—1∶1 的离子吸附式（六员螯合式）

黄药与硫化矿的作用主要是化学吸附和化学反应，在矿物表面除了生成金属黄酸盐以外，过量的黄药也与金属生成沉淀和络阴离子

$$nX^- + M^{n+} \longrightarrow MX_n$$

$$MX_2 + 2X^- \longrightarrow MX_4^{2-}$$

或

$$MX_2 + M^{2-} \longrightarrow 2MX^+$$

乙黄药与方铅矿和斑铜矿作用，主要是生成金属黄酸盐；与黄铁矿、毒砂、黄铜矿和铜蓝等作用主要是生成双黄药见10.7.2节。

用戊黄药浮选辉铜矿时，药剂覆盖矿物的表面积，达到14%～15%，就可以使矿物浮游。但示踪原子和显微射线证明，药剂浓度较大时，也可以生成五个以下的单分子层。

4.3.1.4　双黄药

前面已经提到黄药氧化后变成双黄药。双黄药对于硫化矿和自然金属仍有捕收力，只是捕收力稍弱一点，用于选海绵铜，它比一般黄药更好。常将它与其他硫化矿捕收剂共用，以选别铜、银、金、汞等金属的矿物。本书10.7.2节有证据表明有许多硫化矿物浮选是靠黄药在它们表面生成双黄药而疏水化的，也就是说，对于那些矿物浮游，表面生成双黄药是必须的。

4.3.2　黄原酸酯

为了改善黄药的捕收性能，可以将黄药酯化，制成黄原酸酯。这里说的黄原酸酯，包括下列两类：

ROCSSR′	ROCSSCOOR′
×黄原酸×酯	×黄原酸甲酸×酯

4.3.2.1　×黄原酸×酯

它们的结构式是

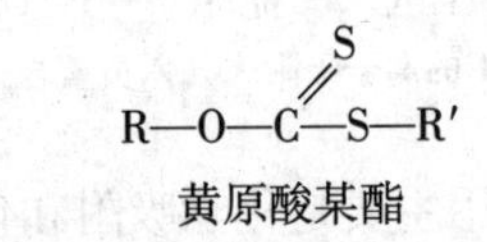

黄原酸某酯

式中，R可以是下列基

乙基；

丙基；

异丙基；

仲丁基；

戊基；

丁基。

R′可以是下列基

乙基；

丙烯基；

丙腈基；

甲氧甲基（$—CH_2OCH$）；

丙烯腈基（$CH═CHCN$）。

它们系由相应的黄原酸盐与氯代某腈缩合而成。如

$$\underset{\text{戊黄药}}{C_5H_{11}O—\overset{\overset{S}{\|}}{C}—SNa} + \underset{\text{氯代丙腈}}{Cl—CH_2CH_2CN} \rightarrow \underset{\text{戊基黄原酸丙腈酯}}{C_5H_{11}O—\overset{\overset{S}{\|}}{C}—SCH_2CH_2CN} + \underset{\text{氯化钠}}{NaCl}$$

它们组合后可以根据组成分别称为乙黄烯酯或丁黄腈酯、异戊黄原酸丙烯酯、丁基黄原酸甲氧基甲酯等。它们多用于选别铜矿、钼矿或碳酸铜矿物。如异丙基黄原酸丙烯腈酯对铜矿捕收力很强。

4.3.2.2　黄原酸甲酸酯

它们的结构式是：

$$R—O—\overset{\overset{S}{\|}}{C}—S—\overset{\overset{O}{\|}}{C}—O—R'$$

式中，R 可以是：

甲基；

乙基；

丁基。

R′可以是：

甲基；

乙基。

它们是由相应的黄原酸和适当的氯甲酸酯合成的，如

$$C_2H_5OCSSM + ClCOOCH_3 \longrightarrow C_2H_5OCSS - COOCH_3 + MCl$$

乙基黄原酸　　氯甲酸酯　　　乙基黄原酸甲酸甲酯　　　氯化物

黄原酸甲酸酯是淡黄色油状液体，透明，密度为1.13～1.18g/cm^3。在水溶液中的溶解度很低，远低于双黄药（低于10mg/L），捕收力强而没有起泡性，贮藏不当，可以分解成 H_2S、CS_2 等有毒的物质。选铜矿能获得良好的指标，有关药剂选冬瓜山铜矿石所得的对比指标见表4-3。

表4-3　乙黄甲酯与几种捕收剂选铜矿物的比较

药　剂	pH	用量/g·t^{-1}	品位/%	回收率/%
丁黄药	10.5	20	15.81	88.82
23硫氨酯（Z-200）	10.5	20	16.32	89.00
丁黄腈酯（OSN-43）	10.5	20	20.46	86.26
乙黄甲酸酯	10.5	20	18.25	88.12
	11.5	24	18.14	88.47

4.3.3　硫代氨基甲酸酯

有几种这类浮选药剂，都可以看作氨基甲酸的衍生物。从下式对比可以看出：

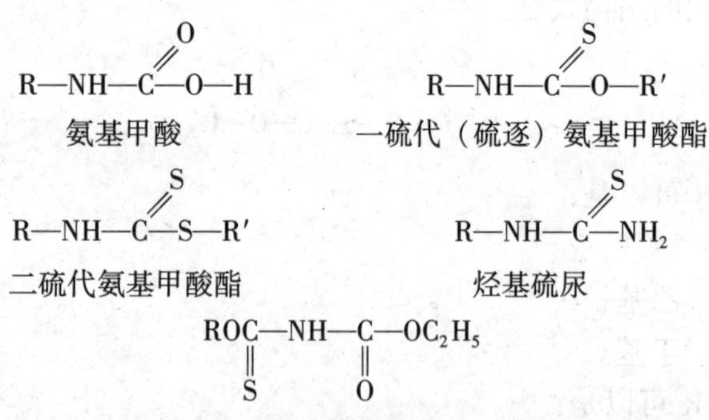

在浮选书中，常见螯合剂的名称，是指与金属离子作用能够

形成环状结构络合物的药剂。这种药剂，一般含有两个或两个以上能够供电子的基团，它们与金属离子结合时，在结合的价键上，一部分是通过一般的价键发生电子交换，另一方面则是通过电场的作用产生“副价键”。两个以上的价键像螃蟹的螯，挟持金属离子，生成环状的产物，称为金属螯合物。环的节数为4、5或6，称为四员、五员或六员环。构成螯合物的原子对很多，如S、S；O、O；S、N；O、N；…。所以螯合物是一个可以包含很多药剂的概念，但硫氮类捕收剂，就是指本节讲的一些捕收剂。

4.3.3.1 一硫代（硫逐）氨基甲酸酯

这类药剂简称为硫氨酯，其通式如下

$$\mathrm{R{-}NH{-}\overset{\overset{\displaystyle S}{\|}}{C}{-}O{-}R'}$$

式中，R可以是乙基、丙基或丁基；R′也是类似的基。在具体的药剂中，R和R′中的基可以相同也可以不同。如简称的丙乙硫氨酯、丙硫氨酯、丁硫氨酯。

乙丙硫氨酯（Z-200）为淡黄色油状透明液体，密度为$0.996g/cm^3$，溶解度为2.6g/L。是选择性良好的铜矿物捕收剂，用量约10~20g/t，但价格比丁黄药高3~4倍。是铜、锌硫化物的有效捕收剂。但实践证明，它在铜矿物表面的吸附并不牢固，多次精选时容易脱落。

混合使用时，黑药对硫化矿的效果比较好，将O—异丙基N—乙基硫代氨基甲酸酯与黑药按1∶1混合使用效果最好。

近年推出名为PAC的捕收剂，其主成分为N—烯丙基O—异丁基硫逐氨基甲酸酯。结构式如下

$$\mathrm{\underset{\underset{\displaystyle CH_3}{|}}{CH_3CH}CH_2{-}O{-}\underset{\underset{\displaystyle S}{\|}}{C}{-}\underset{\underset{\displaystyle H}{|}}{N}{-}CH{=}CHCH_3}$$

它为琥珀色透明液体，不溶于水，溶于醇、酯和醚中，低温下不凝固，加热到120℃不分解，对黄铁矿和磁黄铁矿捕收力

弱，对矿石中伴生的金银捕收力强。凤凰山矿用PAC代替丁黄丙腈酯浮选铜矿石，铜精矿品位提高1.27%，金银在铜精矿中的回收率分别提高7.43%和4.33%。

乙基硫尿（$C_2H_5NHCSNH_2$）是浮选黄铜矿的捕收剂。

4.3.3.2　二苯硫脲（白药）

二苯硫脲是苯胺与二硫化碳缩合的产物

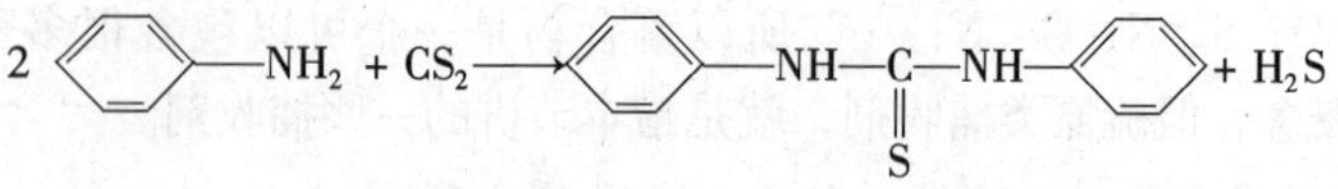

$$2\,C_6H_5{-}NH_2 + CS_2 \longrightarrow C_6H_5{-}NH{-}\underset{\underset{S}{\|}}{C}{-}NH{-}C_6H_5 + H_2S$$

苯胺　　　　　　　　　二苯硫脲

二苯硫脲（$(C_6H_5NH)_2CS$）是白色结晶粉末，使用时可以用甲苯胺配成10%～20%的溶液（叫T-T混合物），也常与25号黑药混合组成31号黑药（25号黑药+6%白药）使用，或直接加入球磨机中。二苯硫脲是方铅矿和贵金属的优良捕收剂，对于铅锌矿有良好的选择性，但价格较贵，很少单独使用。

4.3.3.3　二硫代氨基甲酸酯（硫氮类）

它们的通式是

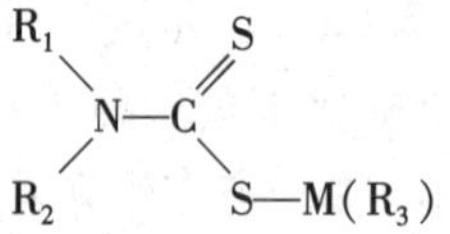

$$\begin{matrix} R_1 & & & & S \\ & \diagdown & & \diagup\!\!\diagup & \\ & & N{-}C & & \\ & \diagup & & \diagdown & \\ R_2 & & & & S{-}M(R_3) \end{matrix}$$

国内常见的有下列两种

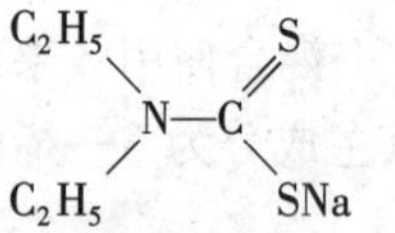

$$(C_2H_5)_2N{-}C({=}S){-}SNa \qquad (C_2H_5)_2N{-}C({=}S){-}SCH_2CH_2CN$$

乙硫氮（SN-9） 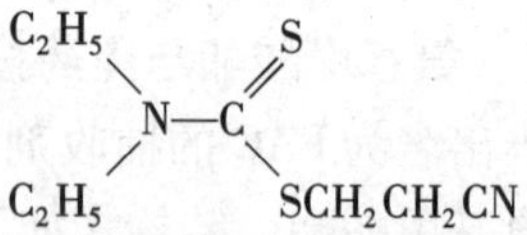　　　硫氮腈酯（酯105）

俄罗斯也用二甲硫氮。

乙硫氮是由二乙胺、硫化碳和苛性钠反应的产品，其反应式为

$$(C_2H_5)_2NH + CS_2 + NaOH \longrightarrow (C_2H_5)_2NCSSNa$$

乙硫氮为白色结晶，无味，易溶于水及酒精，在酸性介质中易分解，在空气中能吸潮分解。对铅、铜等硫化矿物，有良好的选择性及捕收力。比黄药用量低，浮选速度快，可以在较高的pH值下发挥作用，能改善铜-硫、铅-锌的分离效果。是仅次于黄药、黑药而广泛使用的硫化矿捕收剂。

乙硫氮和黄药的比较：

（1）从它们的结构式可以看出，乙硫氮的连接原子为氮，有两个烃基，而黄药的连接原子为氧，只有一个烃基。

硫氮离子　　　　黄药离子

因为 $x_N = 3.0 < x_O = 3.5$，故氮的负诱导效应比氧小。又由于在同一周期中，元素的原子序N为7，O为8，正共轭效应减小，因此 R_2N—的给电子共轭效应比RO—大。这两个因素都使硫氮的电子云更偏于SM一侧。硫氮类对铅、铋、锑、铜等金属的硫化矿物有更强的捕收力，但对硫化铁的捕收力更弱。

（2）乙硫氮在使用上有几个特点：

1）选择性比黄药强，在弱碱性介质中对黄铁矿的捕收力尤其弱。

2）浮铅矿物的适宜pH值比用黄药和黑药高（pH值为9.0~9.5）。

3）用量只是黄药的1/2~1/5。

4）浮选速度快，泡沫不如黑药黏。但对不同矿山的矿石，捕收性差别较大。

硫氮与矿物表面的作用机理：

开始，有人认为硫氮的阴离子，是靠荷负电的硫与氮的孤电子对形成螯状络合物，但后来的光谱研究证明，它与金属离子的作用与黄药相似，是—S—、—S与金属离子作用形成络合物。它与金属离子的反应可以写成

$$2R_2NCSS^- + M^{2+} \longrightarrow (R_2NCSS)_2M\downarrow$$

4.3.3.4　乙氧基羰基硫代氨基甲酸酯（ECTC）

ECTC是选择性良好的硫化铜矿物捕收剂，由于在pH值为8.5时对黄铁矿的捕收力弱，故可以在pH值为8.5时浮黄铜矿。其优点是可节约大量石灰，同时能提高铜和伴生金、银的回收率，工业生产证明：用它和黄药相比，铜品位提高0.674%，铜、金、银的回收率分别提高2.61%、8.33%和9.08%。

另一种含有硫代羰基功能团的捕收剂QF，也是金铜矿的优良捕收剂，其捕收力高于低级黄药和硫氮类。

4.3.4　黑药

4.3.4.1　黑药的成分、命名和性质

黑药是重要性仅次于黄药的硫化矿捕收剂，其成分为烃基二硫代磷酸盐，常见的几种结构式如下：

$(RO)_2P(=S)S—Me$

Me—Na或K，黑药通式

$(CH_3C_6H_4O)_2P(=S)S—Na$

甲酚黑药(二甲酚基二硫代磷酸钠)

$(C_4H_9O)_2P(=S)S—NH_4$

丁铵黑药（丁基二硫代磷酸铵）

$(C_6H_5NH)_2P(=S)S—H$

苯胺黑药（苯胺基二硫代磷酸）

黑药的主要合成反应式为

$$\underset{\text{五硫化二磷}}{P_2S_5} + \underset{\text{醇或酚}}{4ROH} \longrightarrow \underset{\text{醇或酚黑药}}{2(RO)_2PSSH} + H_2S$$

甲酚黑药有三种：

（1）15 号黑药。制造时加入五硫化二磷为原料量的质量分数 15%。由于加入的五硫化二磷较少，成品中未与 P_2S_5起作用的残留甲酚较多，比 25 号黑药的起泡性大，捕收力弱。

（2）25 号黑药。制造时加入的五硫化二磷为原料量的质量分数 25%。其捕收力比 15 号黑药强，是最常用的甲酚黑药。

（3）31 号黑药。是在 25 号黑药中加入质量分数 6% 的白药。其捕收性有较大的变化，可用于捕收闪锌矿和金银矿，也用于浮选硅孔雀石。

甲酚黑药为暗绿色油状液体，有难闻的臭味，密度 $1.1g/cm^3$，难溶于水。因含有游离甲酚，对皮肤有腐蚀性，有起泡性。

丁铵黑药：丁铵黑药 $(C_4H_9O)_2PSSNH_4$

合成反应分两步进行

$$4CH_3CH_2CH_2CH_2OH + P_2S_5 \longrightarrow 2(CH_3CH_2CH_2CH_2O)_2PSSH + H_2S$$

$$(CH_3CH_2CH_2CH_2O)_2PSSH + NH_3 \longrightarrow (CH_3CH_2CH_2CH_2O)_2PSSNH_4$$

丁铵黑药为白色粉末，固体，无味，易溶于水，腐蚀性和臭味比 25 号黑药小。选择性好，有起泡性，可在较低的 pH 值中浮铜、铅，可减少起泡剂、石灰和其他调整剂用量，降低药剂费用。缺点是溶于水后产生黑色沉淀（杂质）容易堵塞管道，使用前水溶液要过滤，除去杂质。

此外，我国也试用过苯胺黑药、甲苯胺黑药和环己胺黑药。

黑药在水中会解离成黑药阴离子 $(RO)_2PSS^-$和阳离子 Na^+或 NH_4^+。其阴离子可以和重金属离子生成沉淀，并通过这种反应起捕收作用

$$\underset{\text{黑药}}{2(RO)_2PSS^-} + M^{2+} \longrightarrow \underset{\text{或记为 } MA_2}{[(RO)_2PSS]_2M\downarrow}$$

4.3.4.2 黑药与黄药的区别

（1）对比它们的分子式可以看出

黄药	R—O—C—SSM	黑药	$(R—O)_2$—P—SSM
连接原子	O 一个		O 两个
中心核原子	C 四价，电负性 2.5 共价半径 0.077nm		P 五价，电负性 2.1 共价半径 0.110nm
烃基 R	一个	烃基 R	两个

（2）黑药与锌、铁等金属盐的溶度积比黄药低很多

$$L_{黄\text{-}锌}=4.9\times10^{-9}\qquad L_{黑\text{-}锌}=1.2\times10^{-5}$$

黑药对于硫化铁矿物的捕收力比黄药低很多。黑药的捕收力低、选择性强，可以作如下解释：

黑药中心核原子 P 与 O 结合时，比黄药的 C 与 O 结合更有利于电子云向氧的方向转移。因为两个成键原子间电子转移的分数与电负性分数有关

$$\delta_{OP}=\frac{X_O-X_P}{X_O+X_P}=\frac{3.5-2.1}{3.5+2.1}=0.25 \tag{4-1}$$

$$\delta_{OC}=\frac{X_O-X_C}{X_O+X_C}=\frac{3.5-2.5}{3.5+2.5}=0.15 \tag{4-2}$$

式中，X_O、X_P、X_C分别为氧、磷、碳三者的电负性。$\delta_{OP}=0.25$和$\delta_{OC}=0.15$说明 O—P 上的电子云比 C—O 上的电子云更偏向氧一侧，有利于极性基共轭体系中电子云向左偏移。虽然黑药中有两个烃基具有正诱导效应，或者说两个烃氧基比一个烃氧基有更多的正共轭效应，都是把电子云向右推的力量，但由于磷的共价半径比碳大得多，阻碍电子云向右偏移。甲酚黑药的苯环还有吸电子的负诱导效应。

总之，黑药的亲固原子与金属的键合力比黄药差。在复杂的硫化矿分离中，因为黑药有较好的选择性，被广泛采用。在抑制硫化铁的场合使用黑药，可以减少石灰用量。在浮选铅、铜等矿物中，也常与黄药共用。在与金、银有关的浮选中，丁铵黑药和苯胺黑药都有较好的纪录。

(3) 由于甲酚黑药有较难溶于水的疏水基，比黄药黏、难溶于水。使用时常把它配成1%的悬浊液加入较远的地点，或将其原液加入球磨机中。

(4) 黑药有一定的起泡性。游离甲酚越多起泡性越强且泡较黏。丁铵黑药则泡厚大而较脆。

(5) 合成黑药产生硫化氢 H_2S，对于轻微氧化的矿石，有硫化作用，对回收有利。

(6) 黑药比黄药稳定性好，较难氧化，但也能氧化成双黑药。在酸性介质中较难分解，在酸性介质中用它较为适宜。

(7) 黑药中有游离甲酚，性质较稳定而有毒，对皮肤有腐蚀性，对环境污染较大。

4.4 羟基捕收剂及胺类捕收剂

4.4.1 非硫化矿捕收剂综述

非硫化矿捕收剂主要用于浮选各种氧化矿物、碱土金属成盐矿物和硅酸盐矿物。如刚玉、石英、萤石、磷灰石、锂辉石、绿柱石等。这类捕收剂的特点是亲固基中不含硫，而含有下列极性基（除了胺以外都有—OH 基）：

—COOH（羧基）　　—HSO_4（硫酸基）　　—HSO_3（磺酸基）

—H_2PO_4（膦酸）　　—H_2PO_3（偏磷酸）　　—COHNOH（羟肟酸）

—AsO_3H_2（胂酸）　　—COH—（PO_3H_2）$_2$（双膦酸）

—NH_2（第一胺）　　=NH（第二胺）　　≡N（第三胺）

4.4.1.1 临界胶束浓度（C_M，CMC）

氧化矿的捕收剂，它们的非极性基多数为长链的烃基，烃基中或多或少含有双键。长链的非极性，由于疏水，在浓度较高时，容易通过彼此间的色散力互相缔合形成二维半胶束或柱状、球状胶束。

羧酸、胺类等长链捕收剂，在低浓度时在固相表面成单个离子吸附（图4-7*a*）；浓度较高时，它们在固相表面，可以成单层

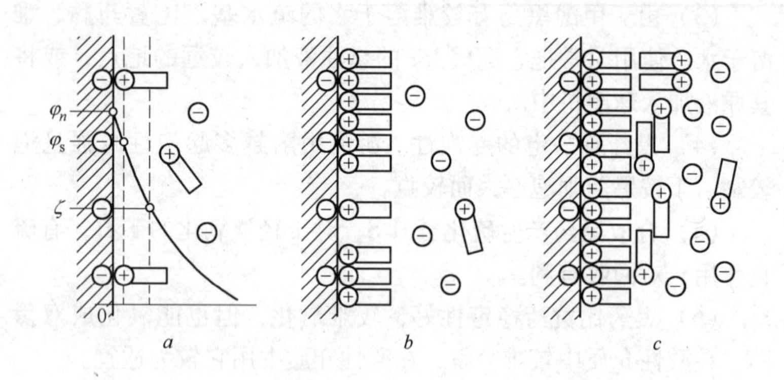

图 4-7　长链药剂离子在矿物表面的吸附状态随浓度升高而变化

a—单个离子；*b*—半胶束；*c*—胶束

离子半胶束吸附（图 4-7*b*）；浓度更高时，它们的吸附量超过单个离子层，就呈多层吸附的胶束（图 4-7*c*）矿物表面带圆圈的负离子为矿物（如石英）的定位离子。异极性长烃链的离子，如胺类，吸附在斯特恩层中。

有机物的离子或分子在水中形成胶束（或叫胶团）时，烃基向着烃基互相穿插在一起，极性基向着水。球状胶束的半径接近分子的链长，柱状胶束的直径约等于两个分子。表面活性剂，在水气界面，则以其极性基向着水，非极性基向着空气。表面活性剂组成的胶束，则被其亲水基组成的壳，将它本身和水隔开。要形成胶束，必须大分子有机物的浓度超过某一临界浓度，即某一最低浓度 C_M（临界胶束浓度别的文献中也常用 CMC 表示）。胶束的大小取决于烃链的长度、组成链的碳原子数以及极性基的性质。典型的胶束约由 50 ~100 个分子组成。表面活性剂在矿物-水的界面的解离度小于在气-水或油-水界面，能减少离子化的作用，促进范德华力的缔合。所以在有机物的浓度低于胶束临界浓度时，也可以在矿物表面形成胶束。

某些长链阴离子捕收剂和阳离子捕收剂形成临界胶束的浓度 C_M，见表 4-4 所列。

表 4-4　长链阴阳离子捕收剂形成胶束的临界浓度

形成胶束临界量浓度 C_M/mol·L^{-1}				
羧酸皂	n	R_nNH_3Cl	$R_nN(CH_2)_3Cl$	R_nSO_4Na
$R_{11}COONa$ 3.6×10^{-2}(20℃)	8	4.5×10^{-1}		1.0×10^{-1}
$R_{11}COOK$ 2.3×10^{-2}(20℃)	10	$(3.2\sim5.4)\times10^{-2}$	6.1×10^{-2}	3.3×10^{-2}
$R_{16}COONa$ 3.4×10^{-3}(70℃)	12	$(1.2\sim1.6)\times10^{-2}$	1.7×10^{-2}	$(5.8\sim9.9)\times10^{-2}$
$R_{17}COONa$ 4.0×10^{-4}	14	$(2.8\sim4.5)\times10^{-3}$	4.5×10^{-3}	$(1.5\sim3.1)\times10^{-3}$
油酸钠 2.7×10^{-3}(20℃)	16	8.0×10^{-4}		$(3.8\sim9.9)\times10^{-4}$
油酸钾 $(0.7\sim1.2)\times10^{-3}$(26℃)	18	3.0×10^{-4}	—	$(1.0\sim3.0)\times10^{-4}$
反油酸 2.5×10^{-3}				

长链（$n>8$）烷基化合物生成胶束的临界浓度 C_M 存在下列公式中的关系

$$\lg C_M \cong A - Bn = \lg a - n\lg b \tag{4-3}$$

$$C_M \cong a/b^n$$

式中　　n——烃基中的 C 原子数；

A、B、a、b——取决于亲水基的性质、数目与温度的常数。对于单离子分子 B 约为 $\lg2=0.3$，表 4-5 列举了某些 A、B 值。

表 4-5　长链化合物 $\lg C_M \cong A-Bn$ 式中的常数 A 和 B

捕　收　剂	温度/℃	A	B
钠　皂	20	2.41	0.341
钾　皂	25	1.92	0.290
	45	2.03	0.292

续表 4-5

捕收剂	温度/℃	A	B
烷基（Alcane）磺酸盐	40	1.59	0.294
	50	1.63	0.294
烷基硫酸盐	25	1.27	0.280
	45	1.42	0.295
氯化烷基铵	25	1.25	0.265
	45	1.79	0.296
烷基溴化三钾基铵	60	1.77	0.292

4.4.1.2 油水度临界胶束浓度和克拉夫第点

油水度（F，HLB）按英文原意为亲水亲油平衡。对于许多兼有极性基和非极性基的表面活性剂，可以利用其极性基和非极性基的强度，按戴维斯（Davis）公式计算出其合力 F，得出表征该药剂亲水和疏水特性的总概念，（在我国浮选文献中常用 HLB 表示油水度，为了便于利用下面有关表中的数据和计算，在此仍用 F 表示油水度）戴维斯公式是：

$$F = \Sigma(\text{亲水基强度}) - \Sigma(\text{疏水基强度}) + 7$$

式中，亲水基和疏水基的强度值也叫基团值，可以从表 4-6 查出。

表 4-6　常见的极性基和非极性基基团值

极性基	基团值	极性基	基团值	非极性基	基团值
$—SO_4Na$	38.7	—O—	1.3	$—CH_2—$	0.475
—COOK	21.1	—COOH	2.1	$—CH_3$	0.475
—COONa	19.1	$—SO_3H$	4.5	—C═C	-0.475
═N(季胺)	9.4	$—PO_3H$	1.1	$—(CH_2—CH_2—O)—$	0.33
$—NH_2$	1.6	$—AsO_3H$	0.6		
—OH	1.9	$—Na^+$	17		
酯	6.8				

由下面的公式，可以看出 F 和 C_M 有密切的关系

$$\lg C_M = \alpha + \beta F \tag{4-4}$$

式中，系数 α，β，A，B 等有下列关系

$$B/\beta = 0.475 \tag{4-5}$$

$$A - \alpha/\beta = \Sigma(\text{疏水基强度}) + 7 \tag{4-6}$$

即是说，对于任何同系物，其 F 值可以从 C_M 值推出。例如就 R_nCOONa 皂而言，其 $A = 2.41$、$B = 0.341$、$\beta = 0.718$、$\alpha = -16.33$

即是

$$\lg C_M = -16.33 + 0.718F \tag{4-7}$$

25℃时，烷基硫酸盐的有关值为

$$\lg C_M \approx -25.73 + 0.590F \tag{4-8}$$

45℃时，烷基硫酸盐的有关值为

$$\lg C_M \approx -26.96 + 0.621F \tag{4-9}$$

表 4-7 为烃基羧酸钠皂和烷基硫酸盐在 25℃和 45℃的 C_M 与 F 值。

表 4-7　烃基羧酸钠皂和烷基硫酸盐的 C_M(mol/L)与 F 值

C_n	R_nCOONa(20℃时)		R_nSO_4Na(20℃时)		R_nSO_4Na(45℃时)		t_k
	C_M	F	C_M	F	C_M	F	℃
8	—	—	1.07×10^{-1}	41.9	1.0×10^{-1}	41.9	
10	1.0×10^{-1}	21.35	2.95×10^{-2}	41.0	2.9×10^{-2}	40.9	
12	2.4×10^{-2}	20.40	8.13×10^{-3}	40.0	7.5×10^{-3}	40.0	8
14	4.4×10^{-3}	19.45	2.24×10^{-3}	39.2	1.9×10^{-3}	39.0	20
16	9.0×10^{-4}	18.50	6.16×10^{-4}	38.1	5.0×10^{-4}	38.1	31
18	1.8×10^{-4}	17.55	1.70×10^{-4}	37.4	1.3×10^{-4}	37.1	41

溶液的当量电导率（The equivalent conductivity of a solution）在胶束生成的临界浓度点突然中断。温度对临界浓度的影响明显，溶解度在某一温度——克拉夫第（t_k-Krafft）点之前慢慢增加，过了该点，发生急剧变化，情况如图 4-8 所示。在 t_k点，分子分散和胶束分散相沿 C_M线的平衡被打乱，过了 t_k有利于形成胶束。$R_{12}NH_3Cl$ 和 $R_{18}NH_3Cl$ 的克拉夫第点分别在 23℃和 55℃

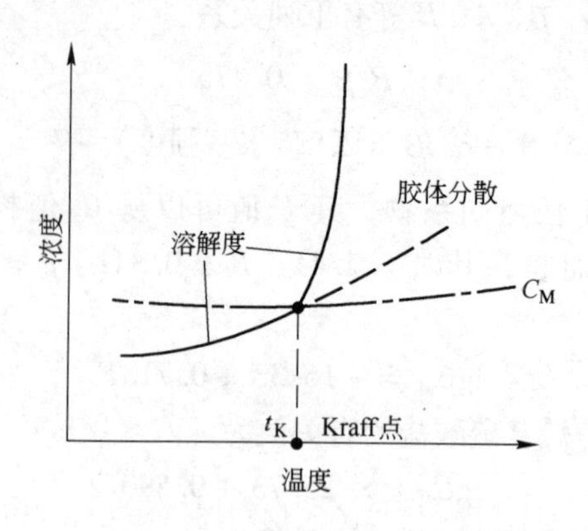

图 4-8　克拉夫第点附近药剂的浓度与温度的关系

附近。某些正烷基硫酸钠的克拉夫第点列于表 4-7 中。碳链中含奇数碳原子的R_nSO_4Na,其克拉夫第点在下一个偶数的烷基硫酸钠之附近。

水溶液的表面张力在临界浓度点 C_M 最低，向低浓度迅速增加，向高浓度变化缓慢。与此类似，矿粒表面吸附捕收剂在 C_M 点最大，在 C_M 点以上，矿物的可浮性减弱或迅速停止。例如油酸浮方解石的上限约为 $3C_M$。用阳离子（胺）或阴离子（皂）浮选某些硅酸盐，其上限实际上可以低到一个 C_M 附近。像浮选 Mg、Fe 或 M_n 的金属硅酸盐 M_2SiO_4，它们与油酸作用反应如下：

$$\overset{\diagup OH}{M_2SiO_4} + Ol^- \longrightarrow \overset{\diagup Ol}{M_2SiO_4} + OH^-$$

式中，M_2 上方之 OH，表示与金属作用的羟基；后面的 Ol^- 及 Ol 表示油酸离子 $C_{17}H_{33}COO^-$ 及其反应后。

当 pH 值为 8.5 时，油酸浓度为 0.07 ~ 0.77mol/L 时可以浮镁橄榄石，油酸浓度为 0.10 ~ 0.86mol/L 可以浮铁橄榄石；油酸浓度为 0.58 ~ 0.77mol/L 可以浮锰橄榄石。pH 值为 8.5 时，油酸的 C_M 为 0.86mol/L，当 pH 值较低时，C_M 下降，但可浮的浓度上限仍然升高。例如，当 pH 值为 6 时，上述三个硅酸盐的可浮

浓度分别为 $C = 0.07 \sim 1.00$mol/L、$0.10 \sim 1.20$mol/L；$0.65 \sim 1.15$mol/L。按上述三种矿物浮选所需的油酸浓度，Mg 矿物 < Fe 矿物 < Mn 矿物，可浮浓度低者表示其可浮性好。

形成临界胶束的浓度，可以因无机离子和中性长链有机分子的吸附而减少，无机盐的离子可以成为胶态离子的抗衡离子，并减少 ζ 电位；而中性长链有机分子被吸附于胶束中，减少了异极性离子极性基的斥力。例如，加入 NaCl 0.05mol/L 或癸醇 2.8×10^{-4}mol/L，可使氯化十二烷基胺的临界胶束浓度由 1.3×10^{-2} 降到 6.8×10^{-3}mol/L。

异极性分子，如醇类 $C_nH_{2n}OH$ 和石蜡 C_nH_{2n+2}，与异极性捕收剂的相互作用如图 4-9 所示。

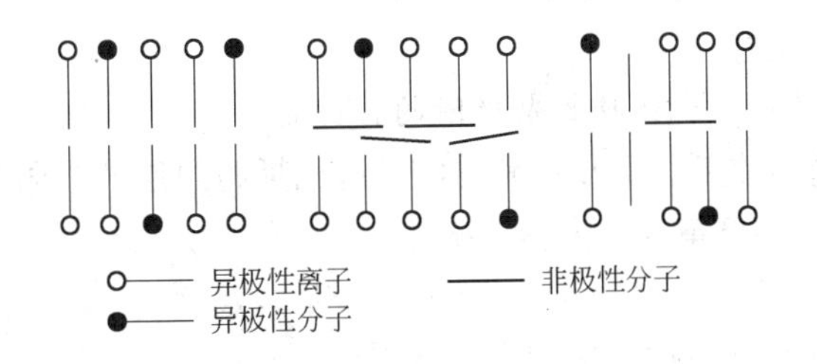

图 4-9　异极性捕收剂离子、分子和非极性分子的缔合

抗衡离子浓度 C_i 和形成胶束临界浓度 C_M 的关系是

$$C_M \cong K/C_i^P \tag{4-10}$$

式中　K、P——常数；

$P = 0.4 \sim 0.6$。

4.4.1.3　双键的影响

烃基中的双键具有较大的极性，减少了链的疏水性，结果使其溶解度和 C_M 都升高。这就是不饱和脂肪酸的水解倾向小于相应的饱和酸的原因。非极性基缔合的倾向也是如此。弱电解质水解形成中性分子的溶解度，也取决于烃链的长度。表 4-8 列出了几种捕收剂及磺酸金属化合物在水中的溶解度（mol/L），其中包括氯化第一铵（RNH_3Cl）分子、未解离的饱和羧酸分子和正

烷基磺酸的钠、镁、钙盐。

表 4-8　几种捕收剂及烷基金属化合物在水中的溶解度

C_n	RNH_3Cl 溶解度 /$mol \cdot L^{-1}$	RCOOH 溶解度 /$mg \cdot kg^{-1}$		RSO_3M 溶解度/$g \cdot kg^{-1}$ 25℃		
	25℃	20℃	60℃	Na^+	Mg^{2+}	Ca^{2+}
10	$5 \times 10^{-4} \sim 3 \times 10^{-4}$	155	270	45.5	2.68	1.55
12	$2 \times 10^{-5} \sim 1.2 \times 10^{-5}$	55	87	2.53	0.33	0.11
14	$1 \times 10^{-6} \sim 1 \times 10^{-6}$	20	34	0.41	0.033	0.014
16	—　6×10^{-7}	7.2	12	0.073	0.012	0.005
18	—　3×10^{-7}	2.9	5	0.010	0.010	0.006

烃基中的双键对熔点有明显的影响，双键越多熔点越低，浮选的效果越好。

4.4.1.4　长链捕收剂吸附的自由能

长链捕收剂在氧化矿和硅酸盐表面斯特恩层的吸附密度，可以用斯特恩-格雷厄姆方程式描述

$$\Gamma_{\delta} = 2rC\exp(-\Delta G_{吸附}/RT) \tag{4-11}$$

式中　Γ_{δ}——斯特恩层的吸附密度；

r——吸附离子的有效半径；

C——捕收剂的溶液浓度；

$\Delta G_{吸附}$——吸附的标准自由能，它可以分解成下列各项：

$$\Delta G_{吸附} = \Delta G^{\circ}_{静电} + \Delta G^{\circ}_{化学} + \Delta G^{\circ}_{CH_2} + \Delta G^{*}_{CH_2} + \Delta G^{\circ}_{溶剂化} + \cdots \tag{4-12}$$

式中　$\Delta G^{\circ}_{静电}$——矿物表面与捕收剂以静电相互作用的自由能；

$\Delta G^{\circ}_{化学}$——捕收剂离子与矿物表面形成共价键的自由能；

$\Delta G^{\circ}_{CH_2}$——界面上吸附的捕收剂离子烃链相互缔合的自由能；

$\Delta G^{*}_{CH_2}$——烃链与疏水矿物表面相互作用的自由能；

$\Delta G^{\circ}_{溶剂化}$——捕收剂极性基与矿物溶剂化作用对吸附影响的自由能。

前式除了静电相互作用自由能一项以外，都可以合并为特性吸附自由能，即

$$\Delta G^{\circ}_{特性} = \Delta G^{\circ}_{化学} + \Delta G^{\circ}_{CH_2} + \Delta G^{*}_{CH_2} + \Delta G^{\circ}_{溶剂化} + \cdots \quad (4\text{-}13)$$

因而有

$$\Delta G^{\circ}_{吸附} = \Delta G^{\circ}_{静电} + \Delta G^{\circ}_{特性} \quad (4\text{-}14)$$

特性吸附的表达式表明它包括了化学吸附，也包括了非静电以外的疏水缔合。这里的化学吸附是指捕收剂离子与矿物离子间由共价键形成的吸附。如果说捕收剂离子与矿物的吸附作用，只是由静电力和疏水缔合而产生。则这种吸附称为物理吸附。

迄今，认为因静电作用产生的吸附可以表达为

$$\Delta G^{\circ}_{静电} = ZF\psi \quad (4\text{-}15)$$

式中，Z、F 和 ψ 的意义同3.2.2相关部分。

当捕收剂浓度高于临界胶束浓度时，捕收剂离子在范德华力的作用下生成二维的聚合体，称为半胶束。其生成自由能为

$$\Delta G^{\circ}_{CH_2} = n\phi \quad (4\text{-}16)$$

式中，n 为捕收剂烃基中 CH_2 基团数；ϕ 为经缔合作用从水中排除1mol CH_2 基团的标准自由能，其值约为 $-1.0RT$。

4.4.2 脂肪酸类捕收剂综述

4.4.2.1 脂肪酸的命名与成分

脂肪酸的重要来源是天然植物油脂。一分子油脂经过水解处理后，产生一分子甘油和三分子脂肪酸（又称羧酸，RCOOH）。天然的脂肪酸所含烷基中的碳原子数都是偶数，并且所含的绝大多数烷基都是直链。脂肪酸按其碳链 R 的饱和程度可分为饱和脂肪酸和不饱和脂肪酸两大类，在浮选工业上，不饱和酸更为重要。

在动植物油脂中，常见的饱和脂肪酸有己酸（C_6）、辛酸（C_8）、癸酸（C_{10}）、月桂酸（C_{12}）、豆蔻酸（C_{14}）、软脂酸（C_{16}）及硬脂酸（C_{18}）等。自癸酸以下的，习惯上称为低级脂肪酸；月桂酸以上的通称高级脂肪酸。一些饱和酸的物理化学常数见表4-9。

表 4-9　一些饱和脂肪酸(RCOOH)的物理化学常数

名　称	己　酸	辛　酸	癸　酸	月桂酸	豆蔻酸	软脂酸	硬脂酸
烷基 R	C_5H_{11}—	C_7H_{15}—	C_9H_{19}—	$C_{11}H_{23}$—	$C_{13}H_{27}$—	$C_{15}H_{31}$—	$C_{17}H_{35}$—
分子量	116.09	144.12	172.16	200.19	228.22	256.25	284.28
凝固点/℃	−3.2	16.3	31.2	43.9	54.1	62.8	69.3
熔点/℃	−3.4	16.7	31.6	44.2	53.9	63.1	69.6
密度/$g \cdot cm^{-3}$(80℃)	0.8751	0.8615	0.8477	0.8477	0.8439	0.8414	0.8390
水溶度/$mol \cdot L^{-1}$	8.3×10^{-2}	4.7×10^{-3}	8.7×10^{-4}	2.7×10^{-4}	8.8×10^{-5}	2.8×10^{-5}	1.0×10^{-5}
临界胶团浓度/$mol \cdot L^{-1}$	1.0×10^{-1}	1.4×10^{-1}	2.4×10^{-2}	5.7×10^{-2}	1.3×10^{-2}	2.8×10^{-3}	4.5×10^{-4}
临界胶团浓度(钠盐)/$mol \cdot L^{-1}$	7.3×10^{-1} 20℃	3.5×10^{-1} 25℃	9.4×10^{-2} 25℃	2.6×10^{-2} 25℃	6.9×10^{-3} 25℃	2.1×10^{-3} 50 ℃	1.8×10^{-3} 50℃
临界胶团浓度(钾盐)/$mol \cdot L^{-1}$	1.49×10^{-3}	0.4×10^{-3}	0.97×10^{-4}	0.24×10^{-4}	0.6×10^{-5}		
HLB(亲油水平衡)	6.7	5.8	4.8	3.8	2.9	2.0	1.0
钙盐溶度积(K_{SP})上 C356		2.7×10^{-7}	3.8×10^{-10}	8.0×10^{-13}	1.0×10^{-15}	1.6×10^{-16}	1.4×10^{-18}

在动植物油脂中常见的不饱和脂肪酸包括油酸（$C_{17}H_{33}COOH$）、异油酸（$C_{17}H_{33}COOH$）、亚油酸（$C_{17}H_{31}COOH$）、亚麻酸（$C_{17}H_{29}COOH$）和蓖麻酸（$C_{17}H_{22}OHCOOH$）。它们的物理化学常数列于表4-10，结构式如下

$$\begin{array}{c} \mathrm{H}\ \ \mathrm{H} \\ |\ \ \ \ | \\ CH_3(CH_2)_7C{=}C(CH_2)_7—COOH \\ | \\ \mathrm{H} \end{array} \quad \text{油酸}$$

$$\begin{array}{c} CH_3(CH_2)_7C{=}C(CH_2)_7—COOH \\ \phantom{CH_3(CH_2)_7C{=}}| \\ \phantom{CH_3(CH_2)_7C{=}}\mathrm{H} \end{array} \quad \text{异油酸}$$

$$CH_3(CH_2)_4CH{=}CHCH_2CH{=}CH(CH_2)_7—COOH \quad \text{亚油酸}$$

$$CH_3CH_2CH{=}CHCH_2CH{=}CHCH_2CH{=}CH(CH_2)_7—COOH \quad \text{亚麻酸}$$

$$\begin{array}{l} CH_3(CH_2)\underset{\underset{\displaystyle OH}{|}}{C}HCH_2CH{=}CH(CH_2)_7—COOH \end{array} \quad \text{蓖麻酸}$$

油酸中有一个双键，异油酸是油酸的异构体，亚油酸有两个双键，亚麻酸有三个双键，蓖麻酸分子中除了有一个双键外，还有一个羟基。从表4-9和表4-10可以得到以下的规律：

（1）饱和脂肪酸的烃基越长，其凝固点越高，脂肪酸的凝固点和熔点是相近的；

（2）饱和脂肪酸的烃基越长，其水溶度和临界胶束浓度越小；

（3）饱和脂肪酸的钠盐的临界胶团浓度比对应钾盐的临界胶团浓度大；

（4）饱和脂肪酸钙盐的浓度积，也随烃链长度增大而减小；

（5）对于不饱和脂肪酸，双键对熔点和临界胶团浓度的影响比链长的影响大。而且双键越多，熔点越低，临界胶团浓度越大，对于浮选越有利。

表 4-10　一些不饱和酸的物理化学常数

常数名称	油　酸	异油酸	亚油酸	亚麻酸	蓖麻酸
烯烃基 R—	$C_{17}H_{33}$—	$C_{17}H_{33}$—	$C_{17}H_{31}$—	$C_{17}H_{29}$—	$C_{17}H_{22}$—OH—
分子量	282.44	282.44	280.44	287.42	298.45
熔点/℃	13.4	43.7	−5 ~ −5.2	−11 ~ −11.3	5
烃基断面积/nm^2	0.566		0.599	0.682	
酸　值	198.63	198.63	200.06	201.51	187.98
理论碘值	89.87	89.87	181.03	273.51	85.04
水溶度/$mol \cdot L^{-1}$					
临界胶团浓度/$mol \cdot L^{-1}$	1.2×10^{-3}	1.5×10^{-3}			
临界胶团浓度/$mol \cdot L^{-1}$(钠盐)	2.1×10^{-3}	1.4×10^{-3}	0.15g/L	0.20g/L	0.45g/L
	2.7×10^{-3}	2.5×10^{-3}			
	25℃	40℃			
临界胶团浓度/$mol \cdot L^{-1}$(钾盐)	8.0×10^{-4}(25℃)				
HLB(亲水亲油平衡)	$19^{4.5}$(Na)				
pL_{Ca}(20℃)	12.4	14.3	12.4	12.2	

4.4.2.2　羧酸的性质

低级羧酸是有臭味的无色液体，高级羧酸是无色无味的蜡状固体。羧酸在水中解离，放出羧基中的 H^+ 使溶液呈弱酸性。

$$RCOOH \rightleftharpoons RCOO^- + H^+$$

其解离常数

$$K_a = \frac{[RCOO^-][H^+]}{[RCOOH]}$$

今以 A 表示 $RCOO^-$，以 HA 表示 RCOOH，则有

$$K_a = \frac{[A^+][H^-]}{[HA]}$$

$$\frac{K_a}{[H^+]} = \frac{[A^-]}{[HA]}$$

上式两边取对数，可得

$$pH - pK_a = \lg \frac{[A^-]}{[HA]}$$

解离常数的负对数常用 pK_a 表示，即 $pK_a = -\lg K_a$。从表面看 pK_a 的值大小与 K_a 相反，pK_a 的值越小，其酸性越强。对于阴离子捕收剂，解离常数、离子浓度、分子浓度和 pH 值存在下列关系，即

$$pH = pK_a + \lg \frac{[A^-]}{[HA]}$$

式中，$[A^-]$ 表示已解离的捕收剂阴离子浓度，$[HA]$ 表示未解离的捕收剂分子浓度。如果 $[A^-]$ 和 $[HA]$ 相等，则有

$$pH = pK_a \tag{4-17}$$

这就是说，在此 pH 值时捕收剂的一半已解离，而另一半未解离；

如果：$pH - pK_a = 1$，$[A^-]/[HA] = 10$，$[A^-]$ 所占比例为 10/11% ~91%；

反之，$pH - pK_a = -1$，$[A^-]/[HA] = 0.1$，$[A^-]$ 所占比例为 1/11% ~9.1%；

如果阴离子捕收剂是以静电力和矿物相作用，需要两方面的条件，一方面药剂在水中解离有足够量的阴离子，它受 pH 值的控制；另一方面矿物表面必须荷正电，它与矿物表面的零电点 *ZPC* 或等电点 *IEP* 有关。要满足前一条件，就要求 $pH > pK_a$，要满足后一条件，就要求 $pH < ZPC$

即 $$pK_a < pH < ZPC$$

羧酸解离以后，原来与氢相连的氧带负电荷，此负电荷推斥电子，有将电子云与羰基共享的趋势，即将电子云平均分摊在两个氧和一个碳之间，这可以表示为：

R—C(=O)—Ö:⁻ 或 R—C(⋯O)⋯O

羧酸解离电子云的平均化

左式箭头表示电子的移动方向，黑点表示氧外层的孤电子

对，“ - ”表示阴离子的负电荷。右式表示荷负电的氧的电子云转移以后，两个氧上的电子云分布非常接近，但强度并不完全相等。由于这种转移，它负电荷在矿浆中与 H^+ 的作用减弱，使负离子能处于较稳定的状态，有利于药剂的溶解和分散。

羧酸在不同的 pH 值溶液中，能以多种形式存在，各种离子、分子的 lgC 与 pH 值的关系如图 4-10 所示。

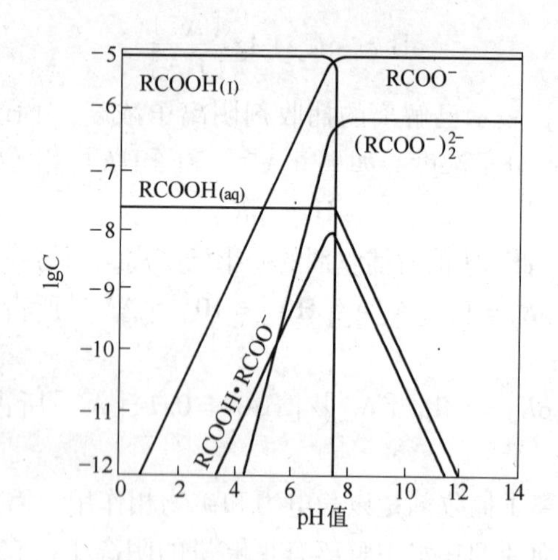

图 4-10 油酸的 lg*C*-pH 值图

图 4-10 说明：在不同的 pH 值和不同的浓度下，羧酸可以以分子 RCOOH、单个离子 $RCOO^-$、离子分子缔合体（$(RCOO)_2H^-$）和缔合离子（$(RCOO)_2^{2-}$）（二聚体）的形式存在。其浓度超过临界胶束浓度时，可以生成前面所说的胶束（团）。

羧酸的皂，如 RCOONa，是强碱弱酸的盐，在水中水解并呈碱性反应

$$RCOONa + H_2O \rightleftharpoons RCOOH + Na^+ + OH^-$$

因为 $$RCOOH \rightleftharpoons RCOO^- + H^+$$

显然 pH 值越高，羧酸阴离子越多。但当 pH 值过高时，OH^- 又会从矿物表面排斥羧酸阴离子 $RCOO^-$。

某些 $C_{16} \sim C_{18}$ 的高级羧酸金属皂的溶度积的负对数 pL 的值

列于表4-11。

表4-11　一些脂肪酸的金属皂的溶度积的负对数pL

金属阳离子	棕榈酸	硬脂酸	油　酸	反油酸	亚油酸	亚麻酸
H^+	11.9	12.7	11.2	10.9	11.0	11.5
Na^+	5.1	6.0	—	—	—	—
Ag^+	11.1	12.0	10.5	9.4	9.5	9.4
Pb^{2+}	20.7	22.2	—	16.8	—	16.9
Cu^{2+}	19.4	20.8	—	16.4	—	17.0
Fe^{2+}	15.6	17.4	—	12.4	—	—
Mn^{2+}	16.2	17.5	—	12.3	—	12.6
Ca^{2+}	15.8	17.4	14.3	12.4	12.4	12.2
Be^{2+}	15.4	16.9	—	11.9	11.8	11.6
Mg^{2+}	14.3	15.5	—	10.8	—	—

表4-11和表4-12（二表制成条件不同，后表中的对应数值比前表中的数值大1~2个单位）表中的数据是相关金属脂肪酸皂浓度积的负对数值，其值越大，对应的化合物的溶解度越小。

表4-12　某些高级羧酸金属皂的pL（溶液无限稀，20℃）

项　目	H^+	K^+	Ag^+	Pb^{2+}	Cu^{2+}	Zn^{2+}	Cd^{2+}	Fe^{2+}
棕榈酸	12.8	5.2	12.2	22.9	21.6	20.7	20.2	17.8
硬脂酸	13.8	6.1	13.1	24.4	23.0	22.2		19.6
油　酸	12.3	5.7	10.9	19.8	19.4	18.1	17.3	15.4
氢氧化物 OH^-			7.9	15.1	18.2			

项　目	Ni^{2+}	Mn^{2+}	Ca^{2+}	Ba^{2+}	Mg^{2+}	Al^{3+}	Fe^{3+}
棕榈酸	18.3	18.4	18.0	17.6	16.5	31.2	34.3
硬脂酸	19.4	19.7	19.6	19.1	17.7	33.6	
油　酸	15.7	15.3	15.4	14.9	13.8	30.0	34.2
氢氧化物 OH^-	14.8	13.1	4.9				

金属脂肪酸皂的pL值和其氢氧化物的pL值相对大的其化合物会优先生成。表中数据表明：

脂肪酸金属皂的溶解度：

油酸皂 > 棕榈酸皂 > 硬脂酸皂

一价金属皂 > 两价金属皂 > 三价金属皂

碱土金属皂 > 重金属皂

温度升高能使金属盐的溶解度迅速升高，它们的关系对于各个化合物都不相同。浮选的选择性和结果都因温度升高而变好。所以常在使用前加温或在0℃左右滤去高凝固点的脂肪酸后使用。

4.4.2.3　*羧酸在钙、镁、铁等矿物表面的作用*

它们的作用可以简单地表示为：

$$nRCOO^- + M^{n+} \longrightarrow (RCOO)_nM\downarrow$$

但为了解释某些现象，人们设想了许多反应途径，例如

$$]MOH^+ + RCOO^- \longrightarrow RCOOHOM[\qquad (1)$$

$$]MOH + RCOOH \longrightarrow RCOOM[+ H_2O \qquad (2)$$

$$]MOH + RCOO^- \longrightarrow RCOOM[+ OH^- \qquad (3)$$

(1) 表示羧酸离子与矿物表面的第一羟基络合物作用；(2) 表示矿物表面金属离子羟基化但不荷电，羧酸主要以分子形式参加反应，反应后表面不荷电；(3) 反应产物不增大矿物表面负电位。羧酸在低浓度时，在矿物表面发生单分子层的化学吸附或化学反应；高浓度时，在矿物表面生成多分子层羧酸及其胶团。

羧酸及其皂可用于浮选下列氧化矿物及硅酸盐：

(1) 碱土金属盐类矿物，如白钨矿、萤石、磷灰石、重晶石；

(2) 黑色和稀有金属氧化矿物，如赤铁矿、软锰矿、锡石、黑钨矿、钛铁矿等；

(3) 钙、铁、铍、锂、锆等金属的硅酸盐矿物，如绿柱石、锂辉石、锆英石、石榴石等；

(4) 铜、铅、锌的难选氧化矿不经硫化直接浮选，如孔雀石、硅孔雀石，硅锌矿等；

(5) 可溶盐矿物，如钾、钠的氯化物、硝酸盐、镁的硫酸

盐等。

总之，它们的捕收对象很广，所以选择性很差，用量也比黄药大。但在萤石、磷灰石、白钨矿、黑钨矿、锡石、赤铁矿等等矿物的浮选中用得仍然很广泛，是氧化矿的重要捕收剂。

4.4.3 浮选中常用的脂肪酸类捕收剂

4.4.3.1 工业油酸

工业油酸一般不纯，由于原料和生产工艺不同，成分相差较远。有人用色谱的方法抽查了九个样本，其组成见表4-13。

表4-13 工业油酸组成概貌

酸 类	组成(质量分数)/%	酸 类	组成(质量分数)/%
月桂酸(12℃)	0.0～0.4	豆蔻酸(14℃)	0.6～4.0
十四碳一烯酸	0.1～3.2	软脂酸(16℃)	1.6～4.8
十六碳一烯酸	5.9～13.0	十七碳一烯酸	0.2～1.9
硬脂酸(18℃)	0.0～1.8	油酸(17℃,一烯)	68.6～77.8
亚油酸(18℃,二烯)	1.9～12.6	亚麻酸(18℃,三烯)	0.0～3.4
不皂化物	0.25～0.44	过氧化物	0.0～11.0
碘值①	87.6～94.0 (理论碘值为89.8)		

①碘值是第100g试样中的双键或三键，与氯化碘发生加成反应所消耗的碘的克数。

在前面的表中，曾见到过反油酸的名称。反油酸又叫做异油酸，它和一般油酸的结构式的一点不同是双键两侧两个氢的排列方位不同。

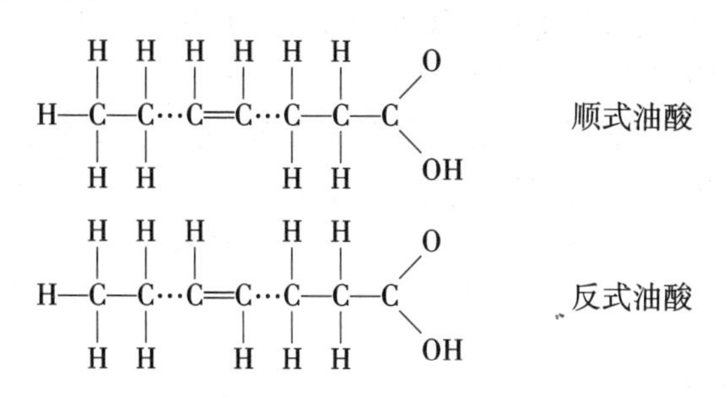

反油酸的两个氢分别排在双键的两侧，使它的一些性质发生变化，浮选方解石的效果下降50%左右。

4.4.3.2　塔尔油

塔尔油系硫酸造纸法纸浆废液经酸化的产物，是脂肪酸和松脂酸的混合物。含脂肪酸约40%（脂肪酸中油酸约45%，亚油酸约48%），松脂酸约40%，其他见表4-14所列。

表4-14　粗制塔尔油的一般数据

名　称	数　值	名　称	数　值
密度/g·cm^{-3}	0.95~1.024	不溶于石油醚的物质含量/%	0.1~8.5
酸　值	107~179	脂肪酸含量/%	18~60
皂化值	142~185	松脂酸含量/%	28~65
碘　值	135~216	非酸性物质/%	5~24
灰分/%	0.39~7.2	黏度(18℃)/Pa·s	(0.76~15)×10^3

作为捕收剂，塔尔油的应用范围与脂肪酸是一样的。可用于选别氧化铁矿、锰矿、磷灰石、萤石、重晶石、锂辉石及铀矿。

其价格远比油酸便宜，缺点是选择性不强。所以常研究它与磺酸盐等药剂配合使用以提高其选择性的方法。

4.4.3.3　氧化石蜡及其皂

将石蜡以人工催化氧化制成C_{10}~C_{22}的混合脂肪酸，称为氧化石蜡，它的钠皂即为氧化石蜡皂。20世纪60年代，我国曾用大豆脂肪酸浮选东鞍山的贫铁矿，因为脂肪酸用量太大，与社会需要相矛盾，后来用氧化石蜡皂代替大豆脂肪酸获得成功，但近年其用量在萎缩。

所谓的“731”氧化石皂系用大连石油化工七厂常压三线一榨蜡为原料制成的氧化石蜡皂。氧化石蜡的馏程为262~350℃，熔点39.7℃，含烃油量20.07%，正构烷烃含量84.10%，异构烷烃含量14.8%，该氧化石蜡加工成的氧化石蜡皂的主要指标见表4-15。

表 4-15　氧化石蜡皂的质量指标　（质量分数/%）

成　分	指　标	成　分	指　标	成　分	指　标
羧　酸	31.5	羟基酸	10.22	不皂化物	16.71
游离碱	0.397	水　分	22.0	碘　值	3.46

氧化石蜡皂中各成分对赤铁矿的捕收力见图 4-11。由图可见，羟基酸和异构酸比正构酸的捕收力强，这与它们较易分散和溶液有关。二元酸有两个羧基，亲水性更强，捕收力较弱。氧化石蜡皂的各个成分都有一定的起泡性。

731 氧化石蜡皂是酱色膏体，成分欠稳定。733 氧化石蜡皂是粉状固体，成分更稳定。

自氧化石蜡皂在我国应用以来，曾广泛用作脂肪酸的代用品，用于选别赤铁矿、萤石、重晶石、磷灰石、氧化钛锆矿物（钛铁矿、金红石、锆英石）、氧化钼矿、黑白钨矿等等。但近年来随着螯合剂及某些选择性更好阴离子捕收剂的推广，氧化石蜡皂渐被取代。

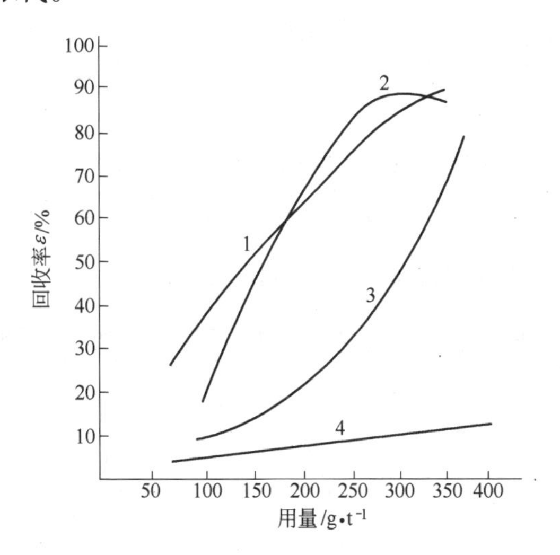

图 4-11　氧化石蜡皂中各种成分对赤铁矿的捕收力

1—羟基酸钠；2—异构酸钠；3—正构酸钠；4—二元酸钠

4.4.3.4　环烷酸及其他脂肪酸衍生物

A　环烷酸

环烷酸是石油工业的副产品，石油工业的不同馏分用苛性钠洗涤精炼时，碱洗液（碱渣）中含有的石油酸性成分，即所谓的环烷酸，其代表性的结构式为：

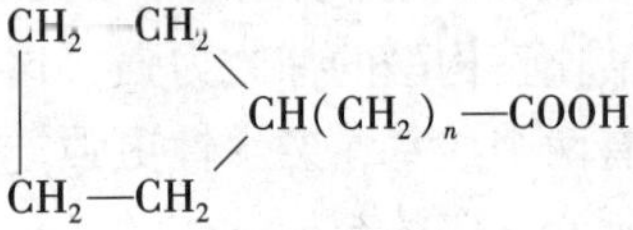

$$\begin{matrix} CH_2 & -CH_2 & \\ | & & \searrow \\ | & & CH(CH_2)_n—COOH \\ | & & \nearrow \\ CH_2 & —CH_2 & \end{matrix}$$

环烷酸可以作为油酸的代用品，但供应量有限，兼有捕收性和起泡性。

B　米糠油皂脚

米糠油皂脚是精制米糠油时所得的液体脂肪酸，主成分为油酸，另含有约20%的亚油酸，可作脂肪酸的代用品，如用它浮选萤石。

C　癸二酸下脚料

癸二酸下脚料是裂解蓖麻油制造癸二酸的副产物，含羧酸，曾用于浮选萤石及钴土矿。

D　山苍子油酸

山苍子油酸是用山苍子提取挥发油后的残液经蒸馏所得的混合脂肪酸，含有十二烯酸，捕收白钨矿的效果比油酸好。

4.4.4　烃基硫酸盐及烃基磺酸盐

烃基硫酸盐及烃基磺酸盐可以视为硫酸的衍生物，结构式为：

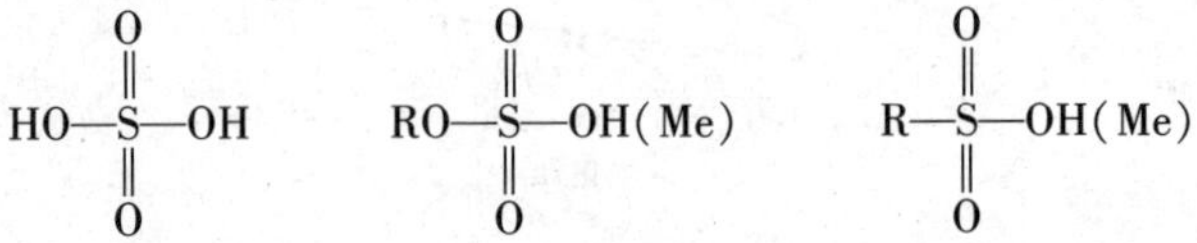

$$\begin{matrix} & O & \\ & \| & \\ HO— & S & —OH \\ & \| & \\ & O & \end{matrix} \qquad \begin{matrix} & O & \\ & \| & \\ RO— & S & —OH(Me) \\ & \| & \\ & O & \end{matrix} \qquad \begin{matrix} & O & \\ & \| & \\ R— & S & —OH(Me) \\ & \| & \\ & O & \end{matrix}$$

即　　H_2SO_4 硫酸　　RSO_4H（Me）烃基硫酸（盐）　　RSO_3H（Me）烃基磺酸（盐）

4.4.4.1　烃基硫酸盐

烃基硫酸盐通式为 RSO_4Na。浮选中常用的烃基硫酸盐，其 R 中的 C 原子数为 12 ~ 16。它们的主要性质见表 4-16 所列。

表 4-16　常用的烷基硫酸盐的性质

名　　称	分子式	溶解度/g · L^{-1}	CMC/mmol · L^{-1}
十二烷基硫酸钠	$C_{12}H_{25}SO_4N$	280（25℃）	6.8
十四烷基硫酸钠	$C_{14}H_{29}SO_4N$	160（35℃）	1.5
十六烷基硫酸钠	$C_{16}H_{33}SO_4N$	525（55℃）	0.42
十八烷基硫酸钠	$C_{18}H_{37}SO_4N$	50（60℃）	0.11

烷基硫酸盐由于制造原料为长链烷醇，所以价格远比相应的烷基磺酸盐高。它是弱捕收剂，有起泡性。可用于浮选硝酸钠、硫酸钠、氯化钾、硫酸钾、萤石、重晶石、磷酸盐、黑钨矿、锡石等，有报道说用量 30g/t 也可以从黄铁矿中浮选黄铜矿。

4.4.4.2　烃基磺酸盐

简单的烃基磺酸盐 RSO_3Me 中的 R 可以是烷基或芳香基。工业烃基磺酸盐包括烷基磺酸盐和芳香基磺酸盐的混合物，浮选用的常称为石油磺酸盐。它可以包括下列几种药剂：

α-磺化脂肪酸钠

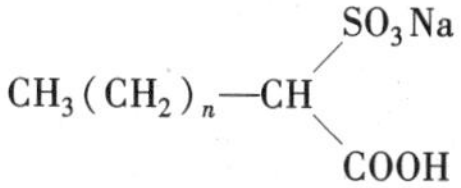

$$CH_3(CH_2)_n-CH(SO_3Na)(COOH)$$

氧化铁矿的捕收剂，缺点是成本高

209 洗涤剂（即伊基朋 T）

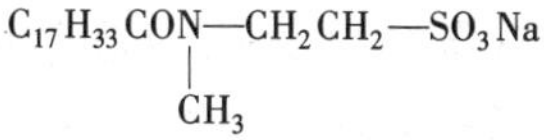

$$C_{17}H_{33}CON(CH_3)-CH_2CH_2-SO_3Na$$

赤铁矿强捕收剂

A-22(磺化丁二酰胺酸四钠盐)

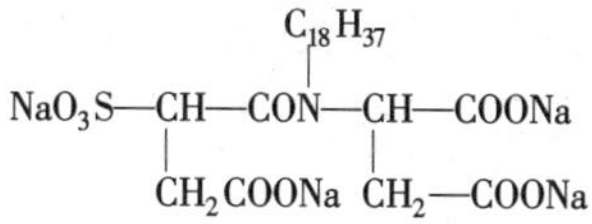

$$NaO_3S-\underset{CH_2COONa}{CH}-CON(C_{18}H_{37})-\underset{CH_2-COONa}{CH}-COONa$$

相当于 Aerosol 22

钨锡矿捕收剂

磺化丁二酸-2-乙基已酯

$$\begin{array}{l} NaO_3S-CH_2COOCH_2-CH(C_2H_5)-(CH_2)_3CH_3 \\ \quad\quad\quad\;\; | \\ \quad\quad\quad\;\; CHCOOCH_2-CH(C_2H_5)-(CH_2)_3CH_3 \end{array}$$

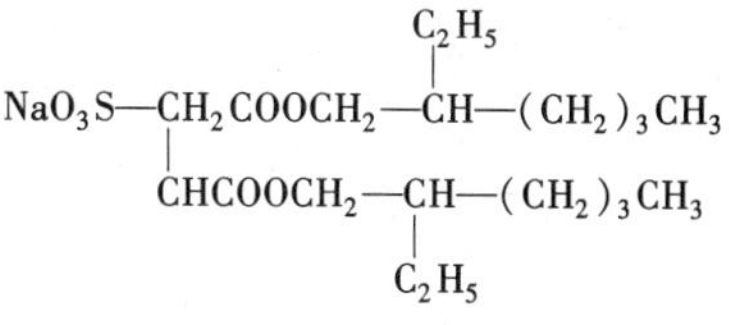

相当于 Aerosol OT

铬铁矿捕收剂，氧化铁矿活化剂

十二烷基苯磺酸钠	$C_{12}H_{25}C_6H_4SO_3Na$	捕收萤石、石英、重晶石、钾盐
二丁基萘磺酸	$(C_4H_9)_2C_{10}H_4SO_3Na$	从石盐中分出钾盐 从石膏中选水方硼石

石油磺酸类捕收剂来源广、成本低，制造容易，但捕收力不如脂肪酸强，而选择性则更好，所以人们为了改变脂肪酸类捕收剂的选择性，常常将磺酸基或硫酸基引入油酸类的捕收剂中。

4.4.5 羟肟酸类捕收剂

4.4.5.1 烷基羟肟酸

羟肟酸，有下列两种互变异构：

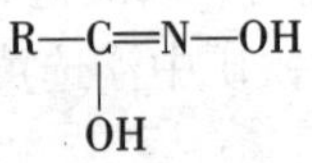

$$R—C(OH)=N—OH \qquad R—C(=O)—NH—OH$$

烃基羟肟酸 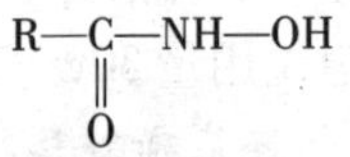　　　　烃基氧肟酸

烃基可以是 $C_{7\sim9}$ 的烷基，也可以是苯甲基。前者称为 7 ~ 9 烷基羟肟酸，后者称为苯甲羟肟酸。

7 ~ 9 羟肟酸为黄白色固体，易溶于热水，有腐蚀性、有毒。$pK_a=9$，可和 Cu^{2+}、Fe^{3+} 等离子生成螯合物。浮选氧化铜矿时将它与黄药共用，能获得好的指标。也可用于浮选氧化铁矿、白钨矿、铌铁金红石、稀土矿物和钛铁矿等。

红外光谱研究证明，烷基氧肟酸离子与铌铁金红石表面的活性质点 Nb^{5+}、Fe^{3+}、Ti^{4+} 结合，能生成稳定的五元螯合环。

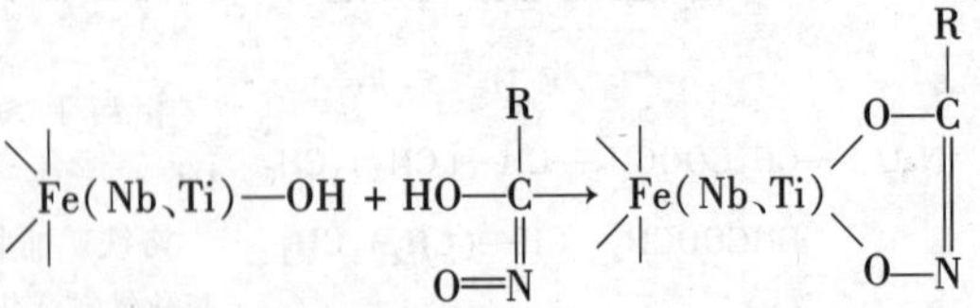

$$\text{Fe(Nb、Ti)—OH} + \text{HO—C(R)=N=O} \longrightarrow \text{Fe(Nb、Ti)}\begin{matrix}\diagup O—C—R \\ \diagdown O—N \end{matrix}$$

铌铁金红石与烷基氧肟酸的反应

4.4.5.2　水杨羟肟酸

水杨羟肟酸结构式为：$HO—C_6H_4—\overset{\overset{\displaystyle O}{\|}}{C}—NHOH$

水杨羟肟酸是粉红色粉末，性质稳定，溶于乙醇、丙酮等有机溶剂。在酸性介质中使用时，可将其先溶于酒精，在碱性介质中使用时，可将其先溶于苛性钾钠溶液，它是稀土矿物、钨锰铁矿及锡石的捕收剂。有一定的起泡性，毒性比胂酸小得多。

4.4.5.3　萘酚基羟肟酸

在我国稀土矿选矿中使用萘酚基羟肟酸，其结构式为

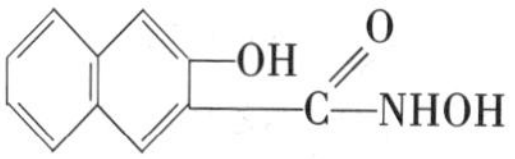

2-羟基-3萘甲羟肟酸（H205） 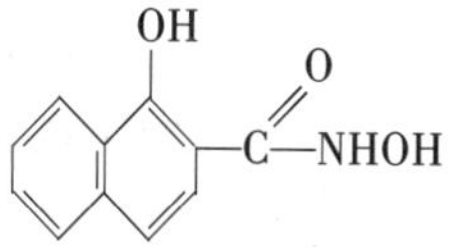　　1-羟基-2-萘甲羟肟酸（H203）

H203 合成的基本反应如下

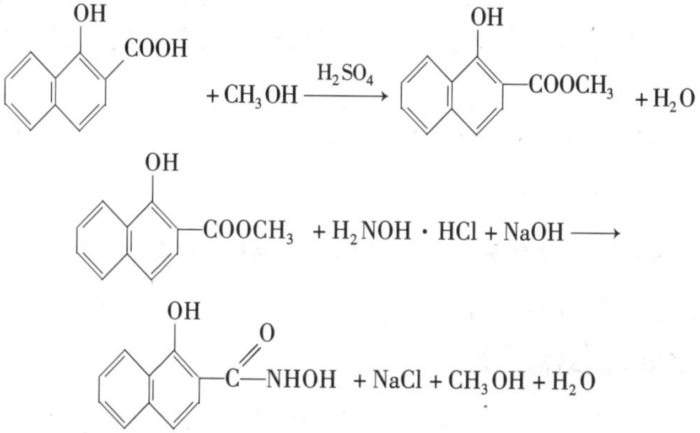

$$\text{1-OH-2-COOH-萘} + CH_3OH \xrightarrow{H_2SO_4} \text{1-OH-2-}COOCH_3\text{-萘} + H_2O$$

$$\text{1-OH-2-}COOCH_3\text{-萘} + H_2NOH \cdot HCl + NaOH \longrightarrow$$

$$\text{1-OH-2-}\overset{O}{\overset{\|}{C}}—NHOH\text{-萘} + NaCl + CH_3OH + H_2O$$

H203 和 H205 是同分异构体。H205 在包钢稀土选矿中已使用多年，后者也是很有希望的捕收剂。

Ren H 等（2004，任）曾经研究过几种氧化矿捕收剂对于合成铌钙矿的捕收作用，得到图4-12 的几组曲线。从图4-12 可以

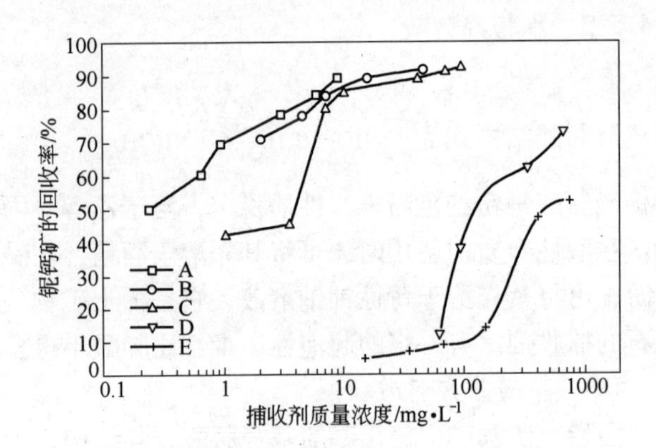

图 4-12　几种捕收剂的用量与铌钙矿物的浮选回收率关系（在最佳 pH 值时）

A—环烷羟肟酸，pH 值为 7.0；B—$C_{7\sim9}$烷基羟肟酸，pH 值为 6.0；C—双膦酸，pH 值为 5.0；D—苯乙烯膦酸，pH 值为 5.0；E—苯胂酸，pH 值为 5.0

看出两种羟肟酸都对铌钙矿(Ca,Ce,Na)(Nb,Ta,Ti)$_2$(O,OH,F)$_6$有很强的捕收力，而烷基羟肟酸还有较高的选择性。环烷羟肟酸则选择性差，对于铌钙矿的伴生矿物捕收力较接近。捕收力的大小顺序是：

环烷羟肟酸 > 烷基($C_{7\sim9}$) 羟肟酸 > 双膦酸 > 苯乙烯膦酸 > 苯胂酸

选择性的大小顺序是：

双膦酸 > 苯基胂酸 > 苯乙烯膦酸 > 烷基羟肟酸 > 环烷羟肟酸

4.4.5.4　COBA（带羧基的羟肟酸）

COBA 的结构式如下：

```
          COOH
         /
R—CH    O
         \  //
          C—NHOH
```

式中，R 为烃基。在 COBA 的极性基中羧基中的氧原子（O），羟肟基中的 CO 和 NHOH 中的氧原子均含未成键的电子，这三个

O 原子可以通过化学键与矿物表面的铁等金属离子生成螯合物。

研究表明 COBA 对于黑钨矿和水铝石都有捕收作用。

4.4.6 铜铁灵

铜铁灵的结构式为：

$$
\begin{array}{l}
C_6H_5\text{—}N\text{—}ONH_4 \\
\qquad\quad\ \ | \\
\qquad\quad N{=}O
\end{array}
$$

N-亚硝基 β-苯胲铵

北京矿冶研究总院用它浮选柿竹园的黑白钨获得了很好的效果，并命名为 CF 捕收剂，创造了 CF 法浮选新工艺。该工艺以硝酸铅作钨矿物的活化剂，用水玻璃和羧甲基纤维素作脉石抑制剂，实现了钨矿物的常温浮选。当给矿品位为 $\alpha_{WO_3}0.57\%$ 时，得到品位为 $\beta_{WO_3}71.8\%$、回收率为 $\varepsilon_{WO_3}56.23\%$ 的白钨精矿和品位为 $\beta_{WO_3}66.61\%$、回收率为 $\varepsilon_{WO_3}27.30\%$ 的黑钨精矿。总回收率达 83.5%。

4.4.7 胂酸类捕收剂

胂酸类捕收剂主要是对甲苯胂酸的几个同分异构物。它们的结构式如下：

p-CH_3-$C_6H_4AsO_3H_2$

对-甲苯胂酸（也常用它表示混合甲苯胂酸）

m-$CH_3C_6H_4AsO_3H_2$　　o-$CH_3C_6H_4AsO_3H_2$

间-甲苯胂酸　　邻-甲苯胂酸

$C_6H_5CH_2AsO_3H_2$　　$CH_3C_6H_4AsO_3H_2$

苄基胂酸　　甲苄胂酸

后两者是朱建光教授根据同分异构原理先后研制成功的。其中苄基胂酸按迈耶法合成，过程如下：

$$C_6H_5\text{—}CH_2Cl \xrightarrow{As_2O_3\ +\ NaOH} C_6H_5\text{—}CH_2AsO_3Na$$

$$\xrightarrow{H_2SO_4} C_6H_5\text{—}CH_2AsO_3H_2$$

国内多年来的实践表明，它们都可以浮选黑钨和锡石细泥。苄基胂酸的捕收性能和甲苯胂酸极为接近，但苄基胂酸合成工艺简单，成本低，已在我国推广使用多年。

苄基胂酸是白色晶体，在常温下稳定，溶于热水，难溶于冷水。在196~197℃熔化且分解。苄基胂酸是二元酸，在水中分两步电离，pK_1和pK_2分别为4.43和7.51，水溶液呈酸性，可溶于碱，配制苄基胂酸，可用碳酸钠作溶剂。

苄基胂酸和甲苯胂酸都能与Fe^{2+}、Fe^{3+}、Mn^{2+}、Sn^{2+}、Sn^{4+}、Cu^{2+}、Pb^{2+}、Zn^{2+}等离子生成沉淀，对Ca^{2+}、Mg^{2+}反应不敏感。因此两种胂酸能捕收锡石、黑钨矿和铜、铅、锌、铁的硫化物（但对金属硫化物的浮选没有实际意义），而对钙、镁的矿物捕收力弱，对要浮的矿物有较好的选择性。苯胂酸类也可捕收铌钙矿，但效果不如羟肟酸类。

国内外矿山使用胂酸和膦酸浮选锡钨的试验表明：多数矿山使用胂酸的效果好一些，少数矿山使用膦酸的效果好一些。如南非金矿有限公司浮锡试验的优劣是：

对-甲苯胂酸>乙基苯膦酸>A-22（磺化丁二酰胺四钠盐）>油酸钠和异己基膦酸混用

我国大厂长坡选矿厂选锡的实践结果是：

胂酸>膦酸>A-22>油酸>烷基硫酸钠

试验表明，甲苯胂酸的选别指标优于或近似于苄基胂酸，且用量更低。

胂酸类捕收剂的最大缺点是毒性比较大，见表4-17。

表4-17　几种捕收剂的毒性

捕收剂名称	小白鼠口服急性中毒LD50
混合甲苯胂酸/mg·kg^{-1}	32.2
铜铁灵/mg·kg^{-1}	185.31
苯甲羟肟酸/mg·kg^{-1}	1318.45
水杨羟肟酸/mg·kg^{-1}	1883.17

小白鼠口服急性中毒 LD50 的值越小者毒性越大，为了减轻胂酸的污染，可以在废水中加入三氯化铁使其沉淀。

4.4.8 膦酸类捕收剂

这类捕收剂包括烃基膦酸及双（二）膦酸，它们的结构式如下

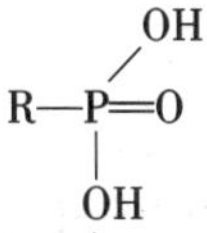

$$R-P(=O)(OH)_2 \qquad\qquad R-C(X)(PO(OH)_2)_2$$

烃基膦酸（如苯乙烯膦酸）
R 为苯烯基 $C_6H_5-C_2H_2-$

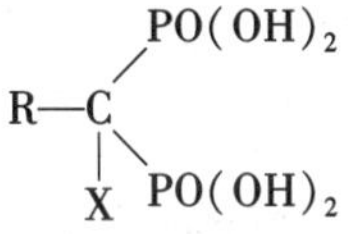

某基双膦酸
X 为 OH 或 NH_2，R 为烷基

4.4.8.1 苯乙烯膦酸

苯乙烯膦酸是这类捕收剂中较重要的一员。我国用它选钨、锡细泥都取得过较好的效果。黄茅山工业试验中，用它作锡石捕收剂，碳酸钠和氟硅酸钠为调整剂，松油作起泡剂，pH = 6.5 左右。选别结果是给矿品位 α_{Sn}0.72% ~ 0.67% Sn，锡精矿品位 β_{Sn} 24.26% ~ 26.40% Sn，回收率为 44.79% ~ 52.14%；富中矿品位 β_{Sn}3.56% ~ 3.02% Sn，回收率为 33.48% ~ 34.38%。两个精矿总回收率为 82.27% ~ 86.51%。锡精矿为合格精矿，富中矿可烟化处理以回收锡。

4.4.8.2 烷基—α-羟基-1.1-双膦酸 $RCOH(PO_3H_2)_2$

有人用它和 ИМ-50、A-22、甲苯胂酸等选锡作对比，结果表明它是浮选天然锡石的最佳捕收剂。

4.4.8.3 烷基亚氨基二次甲基膦酸 $RN(CH_2PO_3H_2)_2$

英国苛米希锡矿（Comish Tin）一个选矿厂，曾用这种捕收剂浮选锡石矿泥，连续 19 个月，可以从含锡 0.28% ~ 0.33%，−45μm 的给矿中回收 70% ~ 80% 金属，富集比为 75∶1。捕收剂用量 300 ~ 400g/t，不用分散剂和抑制剂，经济效益比苯乙烯膦酸显著。

我国选矿工作者曾经合成烃基为C_{14}的这类药剂——浮锡灵，研究它对锡石的作用机理，认为浮锡灵在锡石表面是发生化学吸附。

4.4.8.4　α-羟基-亚辛基-1.1-双膦酸

其结构式为

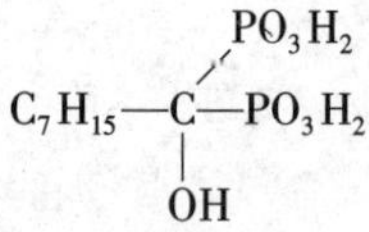

$$C_7H_{15}-\overset{\overset{PO_3H_2}{/}}{\underset{\underset{OH}{|}}{C}}-PO_3H_2$$

以上的二膦酸通常又叫做双膦酸。从含有大量氢氧化铁和电气石的矿泥中回收锡石，组合使用双膦酸和异构醇，能得到较高的浮选指标。有关捕收剂的捕收力增大顺序是

苯乙烯膦酸 < 羟基亚辛基双膦酸 <

α-氨基亚己基-1.1-双膦酸

H Ren 等人在对铌钙矿的研究中，根据所得的数据以及红外光谱和 X 射线光电子光谱的研究，得到以下几点结论：

（1）双膦酸是铌钙矿最有选择性的捕收剂。

（2）用双膦酸 20mg/L，pH 值为 2.5 ~ 5.0，浮选铌钙矿的回收率可达 83.27% ~85.1%。

（3）XPS 分析得出双膦酸在铌钙矿表面的吸附是化学吸附的结论。因为双膦酸的键合能 P2p 移动了 3.85eV。

4.4.9　胺类捕收剂

4.4.9.1　胺的成分和命名

胺可以看作氨的衍生物。根据 NH_3 中被烃基取代 H 的个数不同，分别命名为第一胺（伯胺）、第二胺（仲胺）和第三胺（叔胺）

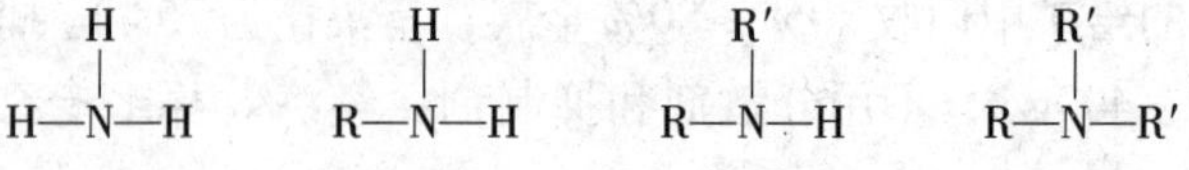

$$\underset{\text{氨}}{H-\overset{\overset{H}{|}}{N}-H}\qquad \underset{\text{第一胺}}{R-\overset{\overset{H}{|}}{N}-H}\qquad \underset{\text{第二胺}}{R-\overset{\overset{R'}{|}}{N}-H}\qquad \underset{\text{第三胺}}{R-\overset{\overset{R'}{|}}{N}-R'}$$

式中的烃基 R，原则上可以是烷烃、芳香烃或杂环。浮选中最常用的是烷基第一胺 $C_nH_{2n+1}NH_2$ 和混合胺，R 中碳原子数为 10 ~ 18。混合胺在常温下为琥珀色膏状物，有刺激性臭味。

叔胺与盐酸作用则成季铵盐

$$R_3N + HCl \longrightarrow R_3NHCl\text{（三个 R 可以不同，季铵盐）}$$

胺的合成方法较多，其中之一是

$$\underset{\text{脂肪酸}}{RCOOH} \xrightarrow{NH_3} \underset{\text{脂肪酸铵}}{RCOONH_4} \xrightarrow{-H_2O} \underset{\text{酰胺}}{RCONH_2} \xrightarrow{-H_2O} \underset{\text{腈}}{RCN}$$

将腈在 2000 ~ 2500kPa 气压用活性镍催化加氢，即得混合脂肪第一胺（脂肪胺）

$$RCN + 2H_2 \xrightarrow[Ni, 170 \sim 20℃]{2000 \sim 2500kPa} RCH_2NH_2$$

4.4.9.2　胺的化学性质

胺类因氮原子的外层电子有一对孤电子，取代基 R 有推斥电子作用，使氮原子呈现出很大的负电场，容易与水中的 H^+ 离子结合，具有一定的亲水性，短链胺易溶于水，长链胺易成胶团，见表 4-18 所列。

表 4-18　脂肪胺（RNH_2）的物化性质

胺的名称	碳原子数	凝固点（醋酸盐）/℃	临界胶团 C_M 浓度 /mol · L^{-1}
月桂胺（季胺盐）	12	68.5 ~ 69.5	（盐酸盐）9.38×10^{-2}
肉豆蔻胺	14	74.5 ~ 76.5	2.8×10^{-3}
软脂胺	16	80.0 ~ 81.5	8.0×10^{-4}
硬脂胺	18	84.0 ~ 85.0	3.0×10^{-5}

胺在水中溶解时呈碱性，并生成起捕收作用的阳离子 RNH_3^+

$$RNH_2 + H_2O \longrightarrow RNH_3^+ + OH^-$$

胺的碱性可以用其离解常数 K_b 的负对数 pK_b 表示，pK_b 越小碱性越强。

$$K_b = \frac{[RNH_3^+][OH^-]}{[RNH_{2(aq)}]} = 4.3 \times 10^{-4} \tag{4-18}$$

即

$$\frac{[RNH_3^+]}{[RNH_{2(aq)}]} = \frac{K_b[H^+]}{10^{-14}}$$

于是有

$$\lg[RNH_3^+] - \lg[RNH_{2(aq)}] = 14 - pK_b - pH \tag{4-19}$$

RNH_3^+离子又可以产生酸式解离

$$RNH_3^+ = RNH_2 + H^+$$

$$K_a = \frac{[RNH_2][H^+]}{[RNH_3^+]} \tag{4-20}$$

此外，胺类在溶解时也有溶解平衡，即

$$RNH_{2(s)} = RNH_{2(aq)}$$

$$K_s = [RNH_{2(aq)}] = 2 \times 10^{-5}$$

$$K_s \times K_b = [RNH_3^+][OH^-] = 8.6 \times 10^{-9}$$

因为 $$[H^+][OH^-] = 10^{-14}$$

由上述关系可得

$$\frac{[H^+]}{[K_a]} = \frac{[RNH_3^+]}{[RNH_{2(aq)}]} \tag{4-21}$$

当 $pH = 10.65$ 时，$[RNH_3^+] = [RNH_{2(aq)}]$

式4-21取对数可得

$$pH - pK_a = \lg\frac{[RNH_{2(aq)}]}{[RNH_3^+]} \tag{4-22}$$

以B和BH^+分别代表RNH_2和RNH_3^+，则pH值和pK_a的相对大小分别表示三种情况：

当 $pH = pK_a$ 时，$[B] = [BH^+]$，各占50%；

当 $pH - pK_a = 1$ 时，$[B]/[BH^+] = 10$，$[BH^+]$所占比例为 $1/11 \sim 9.1\%$；

当 $pH - pK_a = -1$ 时，$[B]/[BH^+] = 0.1$，$[BH^+]$ 所占比例为 10/11 ~91%。

和阴离子捕收剂不同，胺类捕收剂与矿物作用是以静电力和矿物相吸引时，其有效浮选的条件是

$$pK_a > pH > ZPC \tag{4-23}$$

但长链脂肪胺在一定的浓度下，将有 $RNH_{2(s)}$ 沉淀生成，这又可分为几种情况讨论：

（1）$pH = pH_s$　此处的 pH_s 为将要生成而尚未生成 $RNH_{2(s)}$ 沉淀的临界 pH。

设添加的胺总浓度为 $C_t = [RNH^+_{2(s)}] + [RNH_{2(aq)}]$

设胺的溶解度为 C_s，而且 $C_s = [RNH_{2(aq)}]$

故 $$[RNH_3^+] = C_t - C_s$$

$$pH_s = 14 - pK_b + \lg C_s - \lg(C_t - C_s) \tag{4-24}$$

（2）$pH < pH_s$　$RNH_{2(s)} \doteq 0$，$\lg[RNH_3^+] \approx \lg C_t$，其值可用图 4-13 的水平直线表示。

由式 4-19 可得

$$\lg[RNH_{2(aq)}] = pH + pK_b - 14 - \lg C_t \tag{4-25}$$

这是斜率为 1 的直线，它与 pH_s 相交的交点为

$$C_s C_t/(C_t - C_s) \tag{4-26}$$

（3）$pH > pH_s$　$\lg[RNH_{2(aq)}] = \lg C_s$ 为一水平直线

$\lg[RNH_3^+] = 14 - pK_b - pH + \lg C_s$ 为斜率 $= -1$ 的直线

当 $pH > pH_s$ 时，$[RNH_3^+] = 0$

$$C_t = [RNH_{2(s)}] + [RNH_{2(aq)}]$$

$$[RNH_{2(s)}] = C_t - C_s$$

（4）重要的是当 $pH = 14 - pK_b$ 时

$$[RNH_3^+] = [RNH_{2(aq)}]$$

即解离 50%　　$[RNH_3^+] = 0.5C_t$

利用图解法，有了 C_t、pK_b的值，就可以确定组分分布图（图 4-13）。

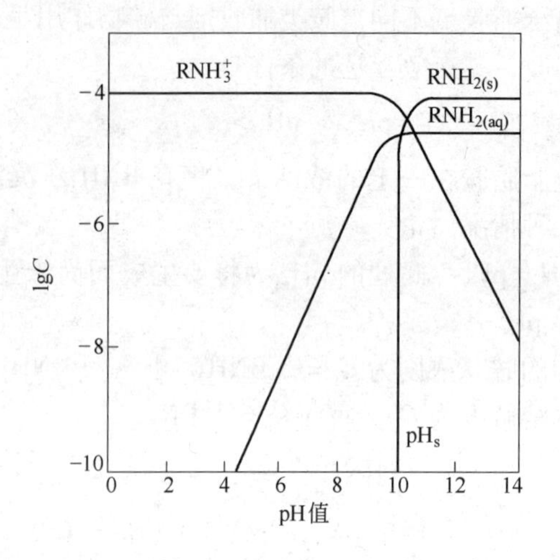

图 4-13　十二胺的 lg$C$-pH

对于浮选来说，长链脂肪胺在高 pH 值下容易生成沉淀，各组分的赋存状态，除了受 pK_b控制以外，更受其临界沉淀 pH_s的约束。矿浆 $pH > pK_s$时，不但 RNH_3^+离子急剧减少，而且溶解的 RNH_2分子的浓度也不再提高。即是说，长链脂肪胺浮选的 pH 值应该小于 pH_s，其有效的浮选 pH 值可以表示为

$$pH \leqslant 14 - pK_b + \lg C_s - \lg(C_t - C_s)$$

胺离子在矿物表面的吸附主要是靠彼此之间的静电引力，当胺在矿物表面的吸附到一定的密度以后，就可以通过烃基间的分散效应互相缔合，加快吸附。

胺在石英表面的吸附可以用下列示意图表示

（1）　O　OH / Si / O　$O^- H^+$　$+RNH_3^+ \rightarrow$　O　OH / Si / O　$O \cdot RNH_3$　$+H^+$（RNH_3^+ 置换 H^+）

$$\text{(2)}\quad \begin{matrix} \diagdown & & \\ O & & OH \\ & Si & \\ O & & O\cdot RNH_3 \\ \diagup & & \end{matrix} + RNH_2 \rightarrow \begin{matrix} \diagdown & & \\ O & & OH\cdot RNH_2 \\ & Si & \\ O & & O\cdot RNH_3 \\ \diagup & & \end{matrix}$$

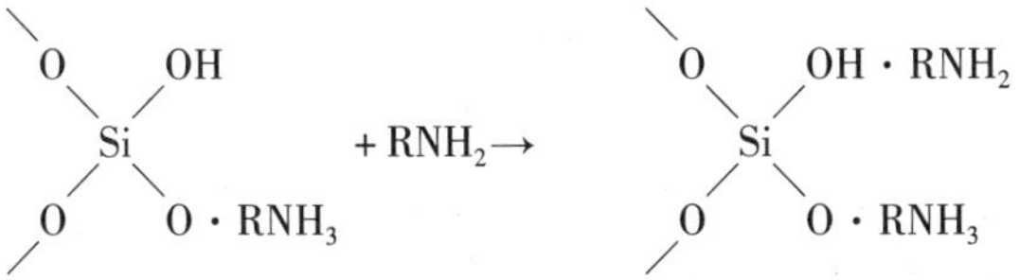

（O，H，N 间氢键作用，NH_3^+ 置换 H^+ 作用）

$$\text{(3)}\quad \begin{matrix} \diagdown & & \\ O & & OH \\ & Si & \\ O & & O\cdot RNH_3 \\ \diagup & & \end{matrix} + RNH_2 \rightarrow \begin{matrix} \diagdown & & \\ O & & OH \\ & Si & \\ O & & O\cdot RNH_3\cdot RNH_2 \\ \diagup & & \end{matrix}$$

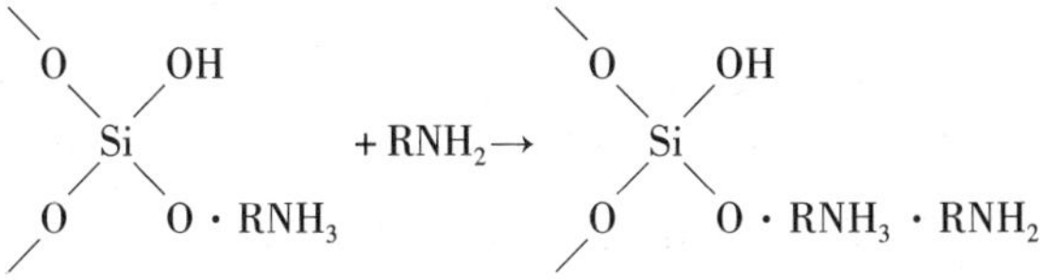

（置换和缔合作用）

由于胺类与矿物的作用以物理吸附为主，所以附着不牢固，容易脱落和洗去。使用胺类时，需要的调整时间较短。

胺类捕收剂比脂肪酸类有更强的起泡性，用它时一般不再另加起泡剂，而且用量不能太大。矿泥多时，胺类捕收剂吸附在矿泥上，能形成大量黏性泡沫，使过程失去选择性，这样一来既降低精矿质量也增大了药剂消耗，所以使用胺类捕收剂常要预先脱泥。

胺类捕收剂用于浮选石英、硅酸盐、铝硅酸盐（红柱石、锂辉石、长石、云母等），菱锌矿和钾盐等矿物，用量为 0.05 ~ 0.25kg/t。为了获得优质铁精矿，可以从含硅较高的铁精矿中，用胺类浮选其中的硅质矿物（反浮选），这时可以单独使用烷基第一胺，也可以将它和醚胺一起使用。

4.4.10 醚胺

醚胺类药剂，具体品种不少，都可以看作胺的衍生物，可分为醚一胺和醚二胺两组，它们的结构式和胺的对应关系如下：

胺的种类	结构式	简 式
第一胺	$R'CH_2CH_2CH_2\cdots NH_2$	RNH_2
醚一胺	$ROCH_2CH_2CH_2\cdots NH_2$	$ROR'NH_2$
醚二胺	$RO(CH_2)_3\cdots NH(CH_2)_3\cdots NH_2$	$ROR'NHR''NH_2$

醚胺中的烃基是直链或支链的，含 8 ~ 14 个碳原子。工业

用的醚一胺，分子量约为216～264，醚二胺分子量约为167～193。对比它们的结构式可知，胺中R的一节CH_2被O取代，即得醚一胺。醚一胺仍然只是含一个胺基的一元胺。当醚一胺有一节CH_2再被一个亚氨基取代，即得醚二胺，它是含一个亚氨基、一个氨基的二元胺。烃基中的CH_2被O或N取代以后，和水分子间的氢键增大，亲水性增加，O的亲水性比N更大，故醚一胺和醚二胺的溶解度和分散性比相应的胺好，熔点也低一点，但常常制备成醋酸盐使用。纯品为琥珀色，有痕量的残留镍时呈微绿色。

试验证明：用第一胺（如十二胺）或醚胺反浮铁矿石中的硅石，铁的回收率相近。但由于醚胺有较好的选择性，将第一胺与醚胺按一定的比例配合，随着醚胺比例增大，进入泡沫的硅减少，如图4-14所示。

图4-14中数据表明：当伯胺的醋酸盐占3/5，醚胺的醋酸盐占2/5时，铁精矿的品位（槽内产物）最高，其硅石含量最低，

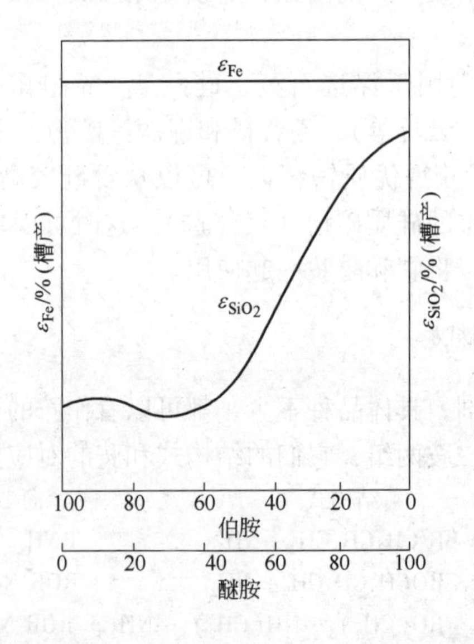

图4-14 胺与醚胺配比（质量分数/%）对槽底硅占有量的影响

而对铁的回收率影响不大。

4.4.11 烷基吗啉

烷基吗啉是吗啉与脂肪醇合成的产物，结构式为

$$\begin{array}{c} H_2C—CH_2 \\ O \quad\quad\quad N—C_nH_{2n+1} \\ H_2C—CH_2 \end{array} \qquad n=12\sim22$$

吗啉的性质与仲胺相似，是选择性良好的阳离子捕收剂。用它作石盐（NaCl）的捕收剂时，它通过氧原子与石盐表面上的钠原子之间的氢键，固着在石盐的表面上。而与光卤石（$KCl\cdot MgCl\cdot 6H_2O$）的作用要弱得多，如图 4-15 所示。

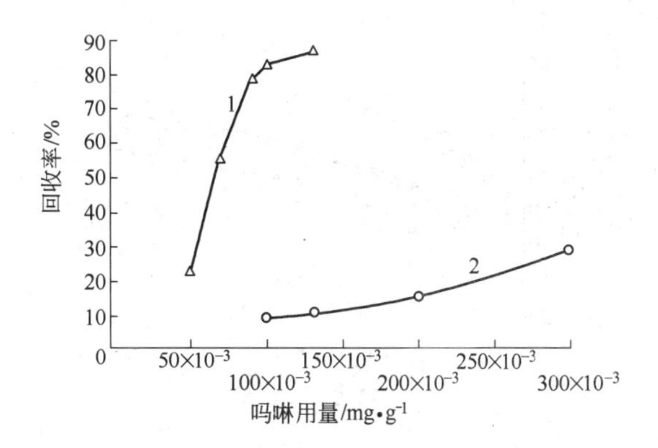

图 4-15 用烷基吗啉捕收石盐和光卤石的结果

1—石盐；2—光卤石

用 C_{14}、C_{16}、C_{18}、C_{20} 和 $C_{16}+C_{18}$ 的烷基吗啉浮选石盐的对比试验说明，在 18～20℃时，十六烷基吗啉浮石盐的捕收结果最好，如图 4-16 所示。图4-17为起泡剂对选脱过泥的矿石的效果。

试验还证明：液相温度在 10℃、18.5℃和 29℃下，29℃的

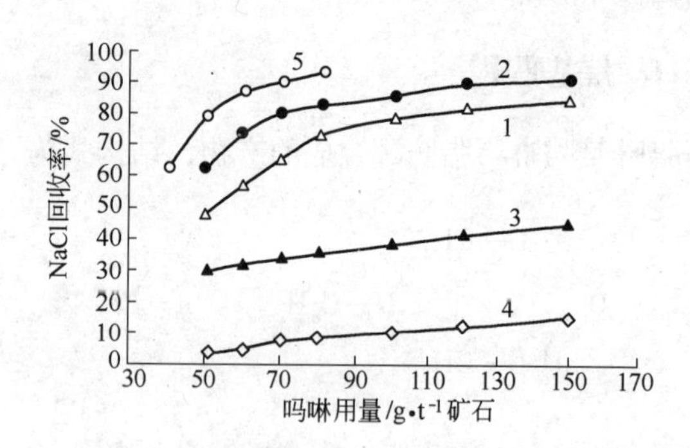

图 4-16　烃基长度对从光卤石中浮选石盐的影响

（液相温度为 18℃）

1—C_{14}；2—C_{16}；3—C_{18}；4—C_{20}；5—$C_{18}+C_{20}$

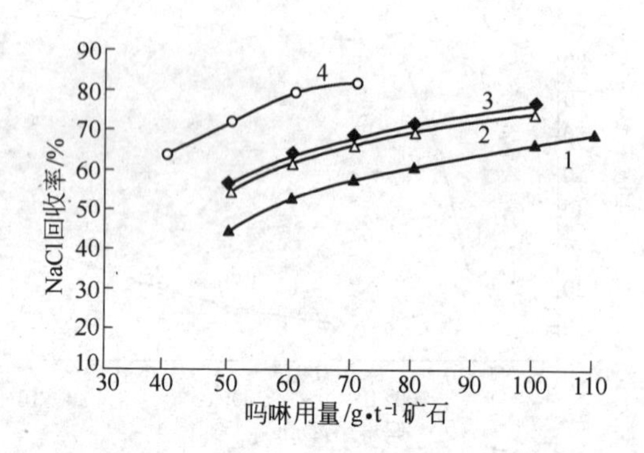

图 4-17　起泡剂对选脱过泥的矿石的效果

1—不用起泡剂，不脱泥；2—不用起泡剂，脱泥；

3—添加二氧杂环己烷醇作起泡剂，脱泥；

4—添加 V-1 起泡剂，脱泥

选别结果最好，如图 4-18 所示。

图 4-19 为不同起泡剂对烷基胺和烷基吗啉吸附性能的影响。

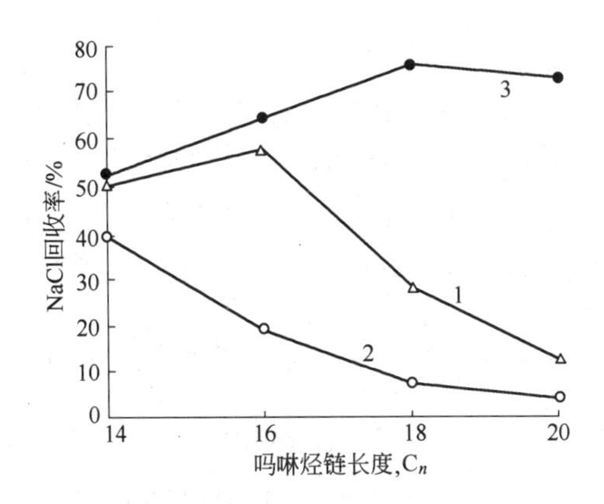

图 4-18　温度对吗啉浮选石盐的影响

1—10℃；2—18.5℃；3—29℃

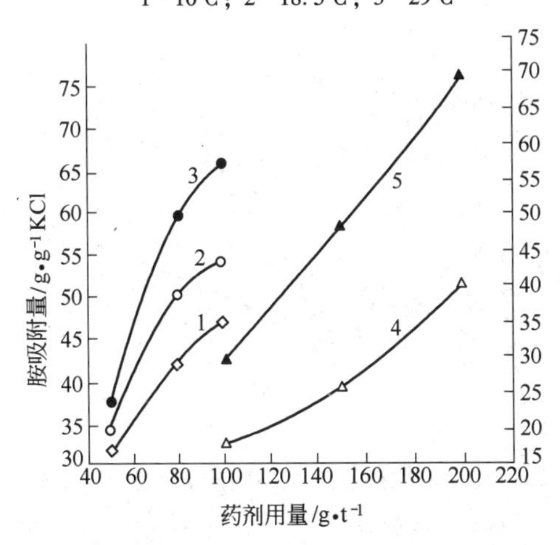

图 4-19　不同的起泡剂对烷基胺和烷基吗啉吸附性能的影响

1—只用胺；2—胺+30%己二醇；3—胺+30%乙二醇酯；

4—只用烷基吗啉；5—烷基吗啉+22%乙二醇酯

4.5　两性捕收剂及非极性捕收剂

4.5.1　两性捕收剂

两性捕收剂可以下列通式表示

$$R_1X_1R_2X_2$$

式中，R_1、R_2代表不同的烃基；X_1 代表 COOH 或 SO_3H……等阴离子极性基；X_2代表 NH 或 NH_3^+……等阳离子极性基。将不同的阴阳极性基组合，可以形成不同的两性捕收剂。在酸性或碱性溶液中可以生成带不同电荷的离子

$$RN^+H_2CH_2COOH \underset{H^+}{\overset{OH^-}{\rightleftharpoons}} RNHCH_2COOH \underset{H^+}{\overset{OH^-}{\rightleftharpoons}} RNHCH_2COO^-$$

溶于酸荷正电　　　　　　等电点溶解度小　　　　　溶于碱荷负电

如十二烷基氨基丙酸钠在不同 pH 值下形成图 4-20 所示的曲线，该曲线呈不对称的 V 形，右边较高，最低点在 pH 值为 4 左右。

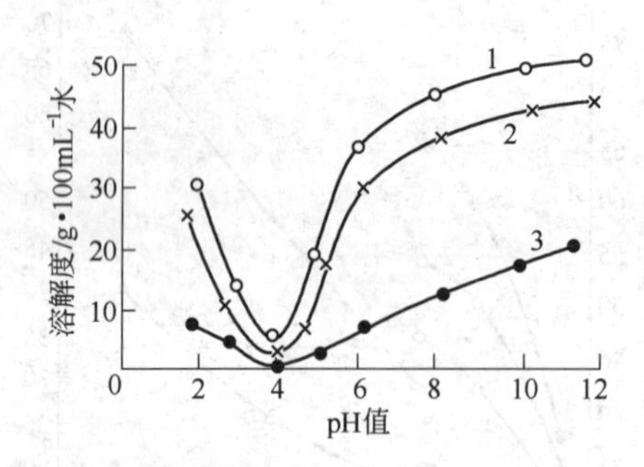

图 4-20　几种两性捕收剂在不同的 pH 值下的溶解度

1—正十二烷基亚氨基二丙酸钠；2—正十二烷基氨基丙酸钠；

3—十八烷基氨基丙酸钠

两性捕收剂以前用作杀菌剂及纤维软化剂，从 1960 ~ 1970 年开始，有人对它们的浮选捕收剂性能作过一些研究。试验用 *n*-十二烷基亚氨基二乙酸钠浮选阿尔巴尼亚铬铁矿，得到过较好的指标；用十八烯（9）氨基磺酸盐浮选重晶石、萤石、菱铁矿回收率都在 10% 左右。但当 pH 值为 8 以上时对锡石回收率达 80% 以上。

4.5.2 非极性烃类捕收剂

烃类捕收剂，其主要成分是石油和煤分馏得的各种烃油。如煤油、柴油、变压器油、纱锭油、重蜡等。它们由分子量适当的脂肪族烷烃 C_nH_{2n+2}、环烷烃 C_nH_{2n}或芳香烃组成。分子式中的 n 常在 12 ~ 18 之间。常温下为液态。化学性质不活泼，难溶于水，在矿浆中受到强烈的搅拌可以分散成细小的油滴，一般在矿物表面主要发生分子吸附。

中性油类主要用作石墨、辉钼矿、辉锑矿、硫磺和煤等非极性矿物的捕收剂，也可作离子型捕收剂的乳化剂和辅助捕收剂，用量大时有一定的消泡作用。

石墨和辉钼矿一类的非极性矿物，表面上只有残留的分子键，可以通过分散效应（瞬间偶极相吸引）与中性油类的分子相作用，属于物理吸附。中性油类分子可以在它表面最疏水的地方呈透镜状黏着，然后逐渐展开。用量大时，可以在矿粒-气泡之间形成第四相，即气、水、固以外的油相，如图 4-21 所示。

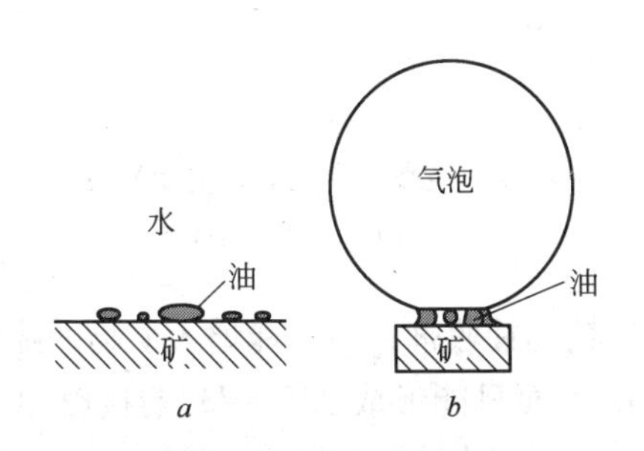

图 4-21 矿粒和矿泡间的油相（滴）
a—水固界面的油滴；*b*—矿泡间的油相

通常，中性油类与硫化矿的作用无明显的选择性，但有多金属矿用柴油和少量的黄药代替丁胺黑药浮铜、铅，使后面的分离较易进行。减少了氰化物的用量。

中性油类还常作脂肪酸类的乳化剂和辅助捕收剂，以减少脂肪酸的用量，增强其捕收力，提高浮选粒度上限，在浮白钨矿、磷灰石等碱土金属矿物浮选中，可将油酸和煤油按（9 ~ 4）：1的比例先混合搅拌成乳浊液，再加热到 60 ~ 80℃ 给入浮选矿浆中。

非极性烃类通过分散效应与脂肪酸的非极性基作用形成图 4-22 所示的聚合体，图中的油即指烃类。有水时，脂肪酸分子的极性基向着水，非极性基向着烃类；在矿泡间脂肪酸的极性基向着矿物，非极性基向着气泡。

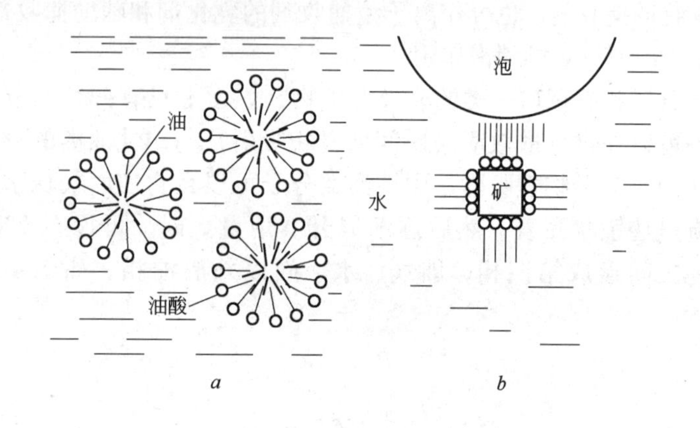

图 4-22　烃类作乳化剂和辅助捕收剂

a—乳化作用；*b*—捕收作用

使用烃类作辅助捕收剂，一般能增大矿物的疏水性。如单用丁黄药在斑铜矿表面只能形成 72° ~ 73° 的接触角，加入烃类作辅助捕收剂以后，可使接触角增加到 80° ~ 85°。这是由于烃类从矿物表面的裂隙和微孔中排除了水分子的结果。

中性油类有消泡作用，这是由于它在气液界面吸附置换了部分起泡剂分子，并使泡壁间的水层不稳定，从而加速了气泡的兼并和破灭，所以在辉钼矿和煤的浮选中，要保持中性油和起泡剂有一个适当的比例关系，才能形成需要的泡沫。在主要捕收剂起泡力过强的情况下，添加中性油，利用其消泡作用，甚至可以得到更高质量的泡沫产物。

近年有人用FX-127浮选剂选煤泥和辉锑矿。从用途和性能分析，FX浮选剂的主要成分应含有烃类和起泡剂。用F药剂也是烃类，用它浮辉钼矿价格比煤油低而效果好。

5 浮选泡沫和起泡剂

5.1 浮选泡沫

5.1.1 浮选泡沫概述

气泡是指里面充满气体外面覆盖着一层水膜的单个气泡。泡沫是气泡的集合体。两相泡沫只由气相和液相构成。三相泡沫则由气相、液相和固相构成。泡沫浮选是用气泡将疏水性矿粒从矿浆深处运到矿浆表面，并在泡沫层中使其进一步净化以提高精矿品位的选矿方法。造成具有适当大小和寿命的泡沫，是提高浮选设备的工效和选矿指标的重要途径。由于气泡是靠它的表面负载矿粒，所以如果气泡的直径太大，比表面太小，一立方米的空气浮起不了多少矿粒，浮选机的工效就会降低。如果气泡太小，表面载满了矿粒，使矿化气泡的平均密度大于矿浆密度，它就浮不起来，影响浮选回收率，甚至根本达不到浮选目的。据观察，浮选机底部刚生成的气泡直径只有 0.1 ~ 1.0mm。升到矿浆表面时，其大小为零点几到几个厘米，后来有的慢慢兼并长大。影响气泡浮选功能的另一个性质是气泡的寿命，即气泡生成后生存的时间。但用简单方法测定时，常常只能测出气泡在液面不消逝的时间。显然，如果矿化气泡刚刚升到矿浆表面就消失了，浮选的矿粒又会沉入矿浆中去；如果矿化气泡过于坚韧，刮板将它刮进泡沫槽中以后还不破裂，就会造成精矿输送系统堵塞，使生产无法继续进行。

5.1.2 浮选泡沫破灭的原因

一般矿石（可溶盐类例外）和水组成的矿浆，不能形成合适的泡沫。在纯水中，导入水中的气泡，浮升到液面以后，立即破裂消失。

从热力学的观点讲，泡沫是一个有大量表面积的体系，和没有气泡的体系相比，它有大量的表面自由能，要使表面自由能最小，体系才能稳定。实际上就是要所有的气泡都破灭了，其表面积最小，体系才最稳定。

如果仔细观察液体表面的气泡（图5-1），就会发现：

（1）气泡刚出液面时，顶部的液面上凸，顶部水层中的水，由于受到重力、液体表面张力和下部水的浮力的挤压，迅速变成薄膜，渐渐变得十分脆弱，再加上蒸发作用，一受到液面微小的冲击，就会立刻破灭。

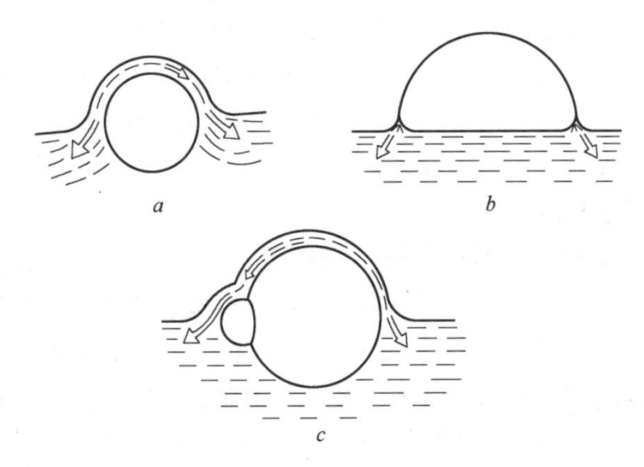

图5-1　液面上几种气泡示意图

a—小气泡 $d=2\sim3$cm；*b*—大气泡 $d=6\sim8$cm；*c*—大小气泡在一起

（2）小的气泡升至液面以后，仍然可以保持圆形。大的气泡下部被液面压缩成半月形，上部水膜更薄。小泡和大泡黏在一起时，两气泡的交界面向大泡一侧凸出，因为气泡内气体的压强 P 与气泡半径 R 和表面张力 σ 三者有如下的关系

$$P=\frac{2\sigma}{R} \tag{5-1}$$

即气泡的半径越小，泡内的压强越大，小泡中的气体有透过泡壁冲入大泡的趋势，最后，可能两个气泡兼并成一个更大的气泡。而且因为小泡中的气体压强较大，所以它的外形可以维持较圆的形状。

5.1.3 浮选泡沫稳定的原因

纯水中的气泡很不稳定。当水中含有很少的起泡性物质时，产生的气泡就很稳定，气泡的兼并和破灭，都会大大减少。这是为什么？开始人们简单地认为加入起泡剂以后，降低了表面张力，从而降低了体系自由能。这种观点至少是片面的。因为降低表面自由能是相对的，表面张力很低的纯起泡剂并不能产生稳定的泡沫。双丙酮醇不是表面活性剂，它与黄药共用时，可以产出优质精矿的矿化泡沫。实际上起泡剂使其溶液泡沫稳定的一个重要原因是，它使气液界面富有弹性。或者说它使气泡表面张力能够随着表面的扩大或收缩相应地增大或减小，从而增强了气泡对外力挤压的抵抗。

为了理解这个问题，先从动的观点来研究液面附近一个气泡，假定其表面上吸附了一定密度 Γ_1 的起泡剂分子，具有表面张力 σ_1（图 5-2），突然，该气泡受到矿浆波浪的冲击，局部发生伸张或压缩，由圆形变成不规则的形状，此时气泡体积没有变化，但是气泡的面积局部增大了，其中的气体受冲击后有向泡外冲出的趋势。由于表面积局部张大了，周围液相内部的起泡剂分

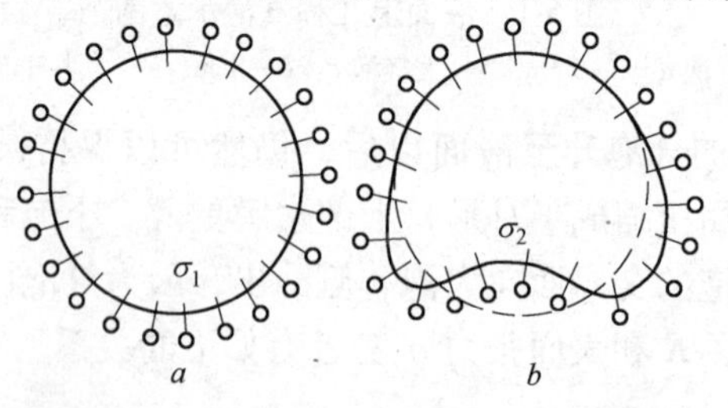

图 5-2 气泡变形前后起泡剂分子密度的变化

a—变形前（Γ_1，σ_1）；b—变形后（$\Gamma_2 < \Gamma_1$，$\sigma_2 > \sigma_1$）

子，一时来不及向面积扩张的区域补充，原来吸附在表面扩张地区的起泡剂分子吸附密度变为 Γ_2，且 $\Gamma_2 < \Gamma_1$，表面张力 σ_2 因此比 σ_1 大，表面张力这种瞬时增大是有利于约束气体分子向外冲出的。稍停片刻，外部矿浆波动消失，气泡恢复原形，起泡剂分子的吸附密度必将恢复到 Γ_1，表面张力也将恢复到 σ_1。这种作用称为吉布斯弹性（Gibbs elasticity）。如果液体中没有起泡剂，表面张力就不可能有这种变化，以消除泡内气体在个别部位冲击造成的危险。一般说来，浮选的矿浆面波动频繁，气泡表面的振动次数很多，气体冲击造成气泡破裂所需的时间很短，所以它比泡层中液体下流，分子蒸发等原因导致的气泡破裂的可能性大很多。至此不难理解：起泡剂使气泡表面具有弹性是使气泡能够延长寿命最重要的因素。

实际上，气泡表面张大时，周围液体中的起泡剂分子，立即通过扩散或对流，向吸附密度稀薄的表面进行补充，矿浆中的起泡剂分子浓度越大，这种补充就越快。浓度达到一定限度以后，弹性渐渐变小，继续增加起泡剂用量，起泡效果反而变坏。所以当起泡剂的用量很小时（如 1mol/L 以下），增大起泡剂用量能增强溶液的起泡性，超过某一用量以后，再增加用量，则作用不大，甚至会使起泡作用下降。必须指出，在一般工业生产的条件下，起泡剂的用量是不容易达到顶点的。因为起泡剂用量达到顶点以前，浮选机早就因泡沫过量无法工作了。

起泡剂使泡沫稳定的第二个因素是起泡剂分子在气-液界面发生定向排列，其极性基指向水并吸引着水分子（极性基水化），所以能降低泡壁中水分子的下流和蒸发速度，使泡壁难以破裂。

起泡剂分子在气泡表面定向排列以后，两个气泡接触碰撞时，中间垫着两层起泡剂分子和它们极性基的水化层，因此较难兼并，容易保存小泡，而小泡比大泡更能经受外力振动。

试验证明，向十二烷基硫酸钠的溶液中加入十二醇以后，溶液的表面黏性增大，薄层中水的排出速度减小，气泡的寿命延长。这个试验说明增大溶液的黏性是使泡沫稳定的原因之一。也说明了同时使用两种以上的表面活性剂，能起协同效应。像烷基硫酸盐这种阴离子洗涤剂，用8~15碳的异极性脂肪系化合物做辅助剂，辅助剂在吸附剂层中占60%~90%时，能形成最稳定的泡沫。与此相反，如果加入消泡剂，它能从界面上置换掉起泡剂，使泡沫的弹性减小，就可以缩短泡沫的寿命。像煤油用量大时，可以减少松油的泡沫，对于油酸钠的溶液，饱和脂肪酸和醇有一定的消泡作用。

浮选过程中所遇到的都是有浮游矿粒的三相泡沫，一般比用单一起泡剂生成的两相泡沫稳定。因为固相有三个作用：

（1）磨细的矿粒形成吸水的毛细管，减小泡壁中水的下流速度；

（2）固相铺砌着泡壁，成为气泡互相兼并的障碍；

（3）固相表面的捕收剂相互作用，增强气泡的机械强度。此外，矿浆的pH值、无机盐离子组成、矿浆的温度与矿泥的多少等，都会影响泡沫的稳定性。例如pH值高、可溶盐含量高、矿泥多、矿浆温度高，一般都会增加泡沫的稳定性。在硫化矿浮选中，硫酸铜用量多，常使泡沫结板而发脆。

5.2 起泡剂

5.2.1 起泡剂概述

虽然某些无机物（如钾盐、硼砂等）的饱和溶液或高浓度溶液能够起泡，但由于其离子对过程有害或者实用效果不佳，即使在可溶盐类浮选中也加起泡剂（见4.4.11节），一般矿石浮选真正有效的起泡剂是有机药剂。有机起泡剂都有异极性结构，其分子的一端为极性基，另一端为非极性基。如己醇（$C_6H_{13}OH$）、甲酚（$CH_3C_6H_4OH$）、萜烯醇（$C_{10}H_{17}OH$）。其$HLB=6\sim8$。在浮选过程中，起泡剂有下列作用：

（1）稳定气泡，其类型和用量影响气泡的大小、黏性和脆性，影响浮选速度；

（2）和捕收剂共吸附于矿粒表面上，并起协同作用；

（3）与捕收剂共存于胶束中，影响捕收剂的临界胶束浓度；

（4）可以用起泡剂使捕收剂乳化或加速捕收剂的溶解；

（5）可以增加浮选过程的选择性。

目前有工业价值的大多数起泡剂，其极性基团中都包含氧的基团，这些含氧基团中，最常见的是羟基—OH 和醚基—O—，其次是羧基—COOH、磺酸基—SO_3H，此外吡啶基 ≡ N、胺基—NH_2和腈基—CN 也有起泡性。醇类和醚类的极性基，既能水化又不解离（分子的起泡性比离子好），没有捕收作用。而带其他极性基的起泡剂，虽有起泡性，但不是理想的起泡剂，因为：

（1）它们中的多数都有一定的捕收性，用它们作起泡剂，常常受到它们捕收力的干扰，只有过程所需捕收的对象与其捕收的对象一致时才能使用。使用得当，当然也可以减少捕收剂的用量。

（2）其起泡能力随 pH 值的变化而变化。因为它们盐类的溶解度常比相应的酸或碱要大得多。例如长链羧酸的碱皂在水中溶解度大，起泡性强，而酸本身的溶解度小，起泡性弱。当 pH 值低时，皂类水解就产生大量非离子化的酸，引起其起泡性波动。

（3）皂类、烃基磺酸盐、烃基硫酸盐、胺类等，常常形成过分坚韧的泡沫，尤其矿石细磨或多泥时，会给操作带来困难。其他有机物或者由于经济上不合算，或者由于对浮游矿物有抑制作用，不能作起泡剂。

极性基固定的情况下，非极性基的长短影响起泡剂的溶解度和表面活性。在一定限度内，非极性基越长，溶解度越小，表面活性大。但醇类起泡剂以 C_5、C_6、C_7、C_8（即戊醇、己醇、庚醇、辛醇）起泡能力最大，其后碳原子数增大，效果变坏，如图 5-3 所示。

在极性基固定的情况下，起泡剂非极性基的长短，影响起泡剂的溶解度和表面活性。在一定限度内，非极性基越长溶解度越

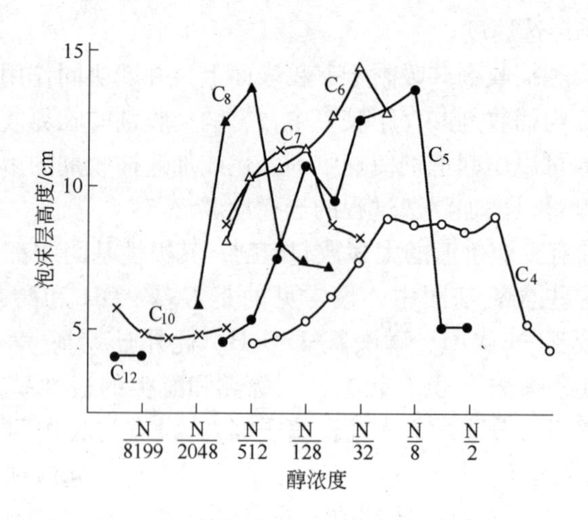

图 5-3　不同碳数的醇类起泡剂起泡能力对比

（横坐标下的 N 为浓度，mol/L）

小，表面活性越大，用量越小。越容易使气泡表面因变形而引起的吸附浓度变化趋于平衡。

正如计算 *HLB* 的观点，分析药剂性质时，必须把起泡剂分子视为整体，而且必须看到非极性基结构带来的差异。例如脂肪醇的烃基为直链，萜烯醇的烃基为环状。有 6 个碳的己醇（$C_6H_{13}OH$）和有10 个碳的萜烯醇（$C_{10}H_{17}OH$），都是良好的起泡性。

用 *HLB* 的观点，几种醇的基团值及 *HLB* 值见表 5-1。

表 5-1　几种醇的基团值及 *HLB* 值

醇的名称	亲水基值	亲油基值	按德维斯（Davis）法算出的 *HLB* 值
戊　醇	1.9	2.375	6.525
己　醇	1.9	2.85	6.05
庚　醇	1.9	3.325	5.575
辛　醇	1.9	3.8	5.1
萜烯醇	1.9	4.3	4.6

实用的起泡剂通常应具备下列条件：

（1）是有机物质；

（2）是分子量大小适当的异极性物质。一般脂肪醇和羧酸类起泡剂，碳数都在 8 ~9 个以下；

（3）溶解度适当，以 0.2 ~0.5g/L 为好；

（4）实质上不解离；

（5）价格低，来源广。

5.2.2　松油及松醇油

浮选工作者曾经就地取材，使用过松油、樟脑油、桉树油等天然起泡剂，它们都是萜类化合物。我国使用最多的是松油制品。松油是松根、松明、松脂等经干馏或蒸馏得到的产物。由于原料和加工方法不同，组成多变（是多种萜类化合物、有机酸、酚类的混合物），性质不稳定，故后来从其中提取有效成分萜烯醇（$C_{10}H_{17}OH$）而抛弃其杂质，性质比较稳定，得到广泛应用。

松醇油（又叫 2 号油），是我国最常用、来源较广的起泡剂。它是以松节油为原料，然后以硫酸做催化剂，使松节油的主成分 α-蒎烯水化而成的产物。反应式为：

CH_3 — C（=CH）— HC — CH — C(CH_3)(CH_3) — CH_2 — H_2C — CH

$$\text{α-蒎烯} + H_2O \xrightarrow[H_2SO_4,\ 50℃]{\text{酒精}} \text{α-萜烯醇}$$

CH_3 — C — H_2C — CH — H_2C — CH_2 — CH — C—OH — CH_3 — CH_3

α-蒎烯　　　　α-萜烯醇

松醇油系亮黄色油状液体，萜烯醇含量大于 44% ~48%，密度 0.9g/cm^3 左右，有松脂香味。捕收力不大，起泡性强，用量适宜时，可生成大小适当、稳定性中等的泡沫，浮选指标基本可靠。但泡沫较黏，不如一些合成起泡剂的泡沫脆，用量也大一些。

后来，改进松醇油的制法，陆续推出一些新品种，如优 53-松油、浓 70 松油、浓 80 松油等，但它们的起泡性能变化不大。

5.2.3 醇类起泡剂

醇类（ROH）起泡剂，多为 $C_5 \sim C_9$ 的脂肪醇。如甲基异丁基甲醇（MIBC）

$$(CH_3)_2CH—CH_2—CH(OH)—CH_3$$

甲基戊醇、2-乙基己醇。此外有各种混合醇。如 $C_6 \sim C_8$ 混合醇，混合六碳醇（P-MPA），$C_5 \sim C_7$ 混合仲醇等。许多工业副产品，常常具有这类成分。

这些醇类起泡剂，比 2 号油的泡沫更脆，用量也比较低。MIBC 在国外用得很多。

5.2.4 醚醇类起泡剂

这类起泡剂有如下代表性的品种

$CH_3OCH_2CH_2OCH_2CH_2—OH$　　二聚乙二醇甲醚

$C_4H_9OCH_2CH_2OCH_2CH_2—OH$　　二聚乙二醇丁醚（Dowfroth-250）

$CH_3O(CH_2CH(CH_3)O)_2CH_2CH(CH_3)—OH$　　三聚丙二醇甲醚（OΠC—M）

$C_4H_9O(CH_2CH(CH_3)O)_2CH_2CH(CH_3)—OH$　　三聚丙二醇丁醚

纯二聚乙二醇甲醚是无色液体，分子量为 120.09，密度为 1.0354g/cm^3，沸点 193.2℃，与水可作任何比例混合；二聚乙二醇丁醚也是无色液体，分子量为 162.14，密度为 0.9553g/cm^3，沸点 231.2℃，易溶于水。

它们适用于多种硫化矿浮选。其特点是用量很低，平均约 25g/t。

甘苄油也是醚醇类起泡剂，主要成分为聚乙二醇苄基醚，实际为一种混合物，外观为棕黄色油状液体，微溶于水，易溶于有机溶剂，起泡性能强，使用成本比松油低，浮选速度快。

5.2.5 醚类起泡剂

此类起泡剂中最突出的是三乙氧基丁烷（称为丁醚油或 4 号油，TEB）。系无色透明液体，密度 0.875g/cm^3，折光率 1.4080，沸点 87℃，20℃时在水中的溶解度为 0.8%，在弱酸性介质中可以水解成羟基丁醛和乙醇。

$$CH_3CH(OC_2H_5)CH_2CH(OC_2H_5)_2 + H_2O \longrightarrow$$

$$CH_3CH(OH)CH_2CHO + 3C_2H_5OH$$

三乙氧基丁烷毒性小，起泡力强。泡沫量大，适用的 pH 值广。其缺点是浮选速度过快，有时不易控制。

5.2.6 酯类起泡剂

不少脂肪酸或芳香酸，经过简单的酯化作用后，可以成为起泡剂。如苯乙酯油，是邻苯二酸二乙酯，毒性低，无臭，起泡力强，对铜矿和铅锌矿浮选都有良好的记录。浮铜矿仅为松油的一半而指标相近。

又如 56 号和 59 号起泡剂，是碳原子数相对应的混合脂肪酸与乙醇酯化而得的产物，适用于铅锌矿的浮选分离，起泡性好，容易操作。

5.2.7 其他混合功能基的起泡剂

此类起泡剂中的代表如730系列起泡剂和RB系列起泡剂。

730系列产品的主要成分有：2，2，4-三甲基-3-环己烯-1-甲醇，1，3，3-三甲基双环［2，2，1］-庚-2-醇；樟脑，$C_6 \sim C_8$碳醇，醚，酮等。可根据不同的矿石性质，通过调节起泡剂中各组分的比例，来调整起泡剂的起泡能力、起泡速度、泡沫黏度和稳定性，形成不同的产品。

730A起泡剂，外观为淡黄色油状液体，微溶于水，与醇、酮等混溶，密度为0.90~0.91g/cm^3，浮选时可直接滴加，属低毒物质。在某铅锌矿用它代替松油，使铅精矿品位提高4.94%，锌回收率提高2.35%；在铜锡矿、氧化铜矿、金矿浮选中用它代替松油，都获得良好的指标。

5.2.8 含硫、氮、磷、硅的起泡剂

20世纪末叶，国际上开始研究含硫、氮、磷、硅和高分子化合物的起泡剂，曾获得引人注目的好效果，开拓了起泡剂的新品种。有人在聚丙烯氧化物分子中引进硫原子，制成$CH_3S(PO)_3H$，由于其与捕收剂的协同作用，大大提高了铜的回收率。

5.2.9 消泡剂

在化工领域消泡剂的应用范围广泛，有许多消泡剂。如活性炭、疏水性石英粉、硅酸铝粉、水玻璃、三聚磷酸钠、六偏磷酸钠、有机硅氧烷聚合物、植物油、动物油、2-乙基己醇、二异丁基甲醇、松醇油、脂肪酸及其皂、脂肪酸酯（Spans）、乳酸烷基酯、磺化塔尔油、磺化油、聚酰类、聚醚、聚氧烷类、聚环氧丙烷、聚胺类、N-烷基酰胺、聚丁烯、高聚乙二醇。

但是，适用于浮选厂的不多见。如浮选过程中泡沫过多出现“跑槽”，使用煤油、松油，难以及时见效。

6 无机调整剂

浮选过程总要分开泡沫产物和槽底产物。必须创造条件使浮游矿物能够最大限度地上浮，不要浮游的矿物尽可能下沉（或者反之）。使用调整剂是为了改善矿物表面和矿浆的状况，最大限度地提高浮选过程的选择性和选矿的指标。用以改变矿物表面性质，从而降低（或阻碍）矿物与捕收作用的药剂，称为抑制剂。用以改变矿物表面性质，从而增强矿物与捕收剂作用的药剂，称为活化剂。用以改变矿浆 pH 值的药剂，称为 pH 值调节剂。用以使细泥分散的药剂，称为细泥分散剂，用以使细泥絮凝的药剂，称为絮凝剂。这几种药剂统称为调整剂。必须指出在活化剂和抑制剂之间常常存在由量变到质变的关系，例如，硫化钠在用量小时，是氧化矿的活化剂，用量大时就变成抑制剂。也可能因为使用的条件不同，发生不同的作用。pH 值的范围不同，所起的作用也不相同。

6.1 pH 值调整剂

6.1.1 pH 值调整剂概述

pH 值对浮选过程的影响有如下几个方面：

（1）pH 值影响矿物表面的电性，因为 H^+ 和 OH^- 是各种矿物的定位离子，故 pH 值影响矿物表面的荷电性质，因而影响有效捕收剂的选择。例如用浮选分离石英和刚玉的混合物时，由于它们的 *PZC* 分别在 pH 值 2 和 9 左右（图 6-1），因此在 pH 值 2 ~9之间，它们表面的电荷相反，用阴离子捕收剂烷基硫酸盐（SDS）可以浮出表面荷正电的刚玉；用阳离子捕收剂烷基胺（DAC）可以浮出表面荷负电的石英，将两者分离。当 pH > 12

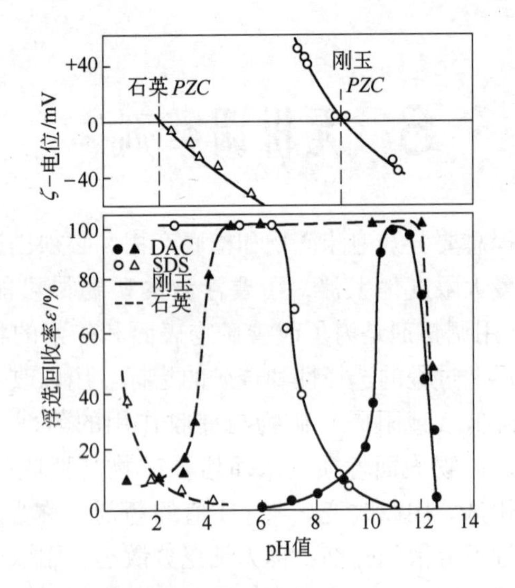

图 6-1　石英、刚玉的零电点与浮选效应的关系

和 pH <2 时，两种矿物表面电荷符号相同，用靠静电引力作用的捕收剂不能实现两者分离。

（2）pH 值对各种浮选药剂活度的影响是由于大多数浮选药剂必须先在矿浆中解离成离子，然后在矿物表面发生作用，有效离子的多少在很大程度上依赖矿浆的 pH 值。当有效离子是阴离子 A^- 时，为了提高阴离子的浓度 $[A^-]$，必须使矿浆呈碱性，因为

$$HA + OH^- \longrightarrow A^- + H_2O$$

黄药、脂肪酸、氰化物、重铬酸盐等药剂，都要在碱性矿浆中才能解离出较多的阴离子 A^-（如 $ROCSS^-$、$RCOO^-$、CN^- 等）。当有效的离子是阳离子时，在低 pH 值的矿浆中才能解离出较多的阳离子

$$RNH_2 + H_2O \Longrightarrow RNH_3^+ + OH^-$$

例如，H_2S 和 HCN 在不同的 pH 值下，分子和离子的分布如

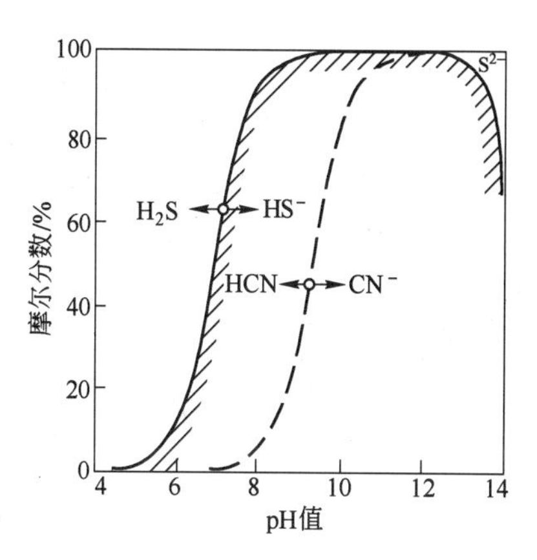

图 6-2　不同 pH 值下硫化氢与氰氢酸的分子与离子分布

图 6-2 所示，图中曲线的左边为分子，右边为离子。

正因为 pH 值影响广泛，所以浮选书中有药剂组分分布-pH 值（Φ-pH）图、药剂浓度对数-pH 值（lg$C$-pH）图、矿浆电位-pH 值图等。下面谈一谈制作组分分布 pH 值图的基础知识，引入质子传递平衡及加质子常数的概念。

设有通式为 H_nA 的弱酸型浮选剂，其解离平衡（或质子传递平衡）分步进行：

$$A^- + H^+ \rightleftharpoons HA,\quad K_1^H = \frac{[HA]}{[A^-][H^+]} = \beta_1^H$$

$$HA + H^+ \rightleftharpoons H_2A,\quad K_2^H = \frac{[H_2A]}{[H^+][HA]}$$

$$\beta_2^H = K_1^H \cdot K_2^H = \frac{[H_2A]}{[A^-][H^+]^2}$$

……

$$H_{n-2}A + H^+ \rightleftharpoons H_{n-1}A,\quad K_{n-1}^H = \frac{[H_{n-1}A]}{[H_{n-2}A][H^+]}$$

$$\beta_{n-1}^{H} = \frac{[H_{n-1}A]}{[A^-][H^+]^{n-1}} = \prod_{i=1}^{n-1} K_1$$

$$H_{n-1}A + H^+ \rightleftharpoons H_nA,\quad K_n^H = \frac{[H_nA]}{[H_{n-1}A][H^+]}$$

$$\beta_n^H = \frac{[H_nA]}{[A^-][H^+]^n} = \prod_{i=1}^{n} K_1$$

式中　K_1^H、K_2^H、…、K_n^H——逐级加质子常数，与解离常数的关系为

$$K_n^H = \frac{1}{K_{a1}},\quad \cdots,\quad K_2^H = \frac{1}{K_{a1}^{n-1}},\quad K_1^H = \frac{1}{K_{a1}^n}$$

β_1^H、β_2^H、…、β_n^H——积累加质子常数。

设 [A]、[A]′分别为游离 A 和含 A 组分的总浓度

$$C_{H_nA} = [A]' = [A] + [HA] + \cdots + [H_nA]$$
$$= [A] + \beta_1^H[A][H^+] + \cdots + \beta_n^H[A][H^+]^n \tag{6-1}$$

并定义副反应系数为

$$\alpha_A = \frac{[A]'}{[A]} = 1 + \beta_1^H[H^+] + \beta_2^H[H^+]^2 + \cdots + \beta_{n-1}^H[H^+]^{n-1} + \beta_n^H[H^+]^n \tag{6-2}$$

则溶液中各组分占 A 的总浓度的分数分别为

$$\frac{[A]}{[A]'},\quad \frac{[HA]}{[A]'},\quad \frac{[H_2A]}{[A]'},\quad \cdots,\quad \frac{[H_{n-1}A]}{[A]'},\quad \frac{[H_nA]}{[A]'}$$

再定义组分分布系数为

$$\phi_0 = \frac{[A]}{[A]'} = \frac{1}{1 + \beta_1^H[H^+] + \beta_2^H[H^+]^2 + \cdots + \beta_n^H[H^+]^n} \tag{6-3}$$

$$\phi_1 = \frac{[HA]}{[A]'} = \frac{K_1^H[H^+][A]}{[A]'} = K_1^H\phi_0[H^+] \qquad (6\text{-}4)$$

$$\phi_2 = \frac{[H_2A]}{[A]'} = \frac{\beta_2^H[H^+]^2[A]}{[A]'} = \beta_2^H\phi_0[H^+]^2 \qquad (6\text{-}5)$$

$$\vdots$$

$$\phi_n = \frac{[H_nA]}{[A]'} = \frac{\beta_n^H[H^+]^n[A]}{[A]'} = \beta_n^H\phi_0[H^+]^n \qquad (6\text{-}6)$$

式中，ϕ_0，ϕ_1，ϕ_2，…，ϕ_n 分别为各组分的分布系数，即各组分占总浓度的百分数。由上式可见，ϕ 与 pH 值有关。

图 6-3、图 6-4 是硫化钠和水玻璃的组分分布图。

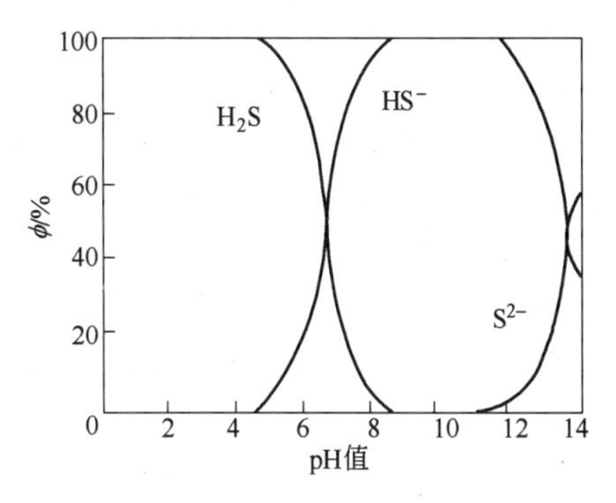

图 6-3　硫化钠 ϕ-pH 值图

（3）水溶液中 OH^- 离子既影响捕收剂的解离程度，即有效的捕收剂离子的数量，也影响捕收剂离子在矿物表面的吸附量。例如乙黄药的浓度为 0.24×10^{-6}mol/L 浮选黄铁矿时，矿粒表面捕收剂的覆盖密度随 pH 值的增加而减少，见表 6-1。

表 6-1　乙黄药在黄铁矿表面的覆盖密度与 pH 值的关系

覆盖密度/%	100	77	44	31	17
pH 值	7	9.5	10.5	11.5	12.5

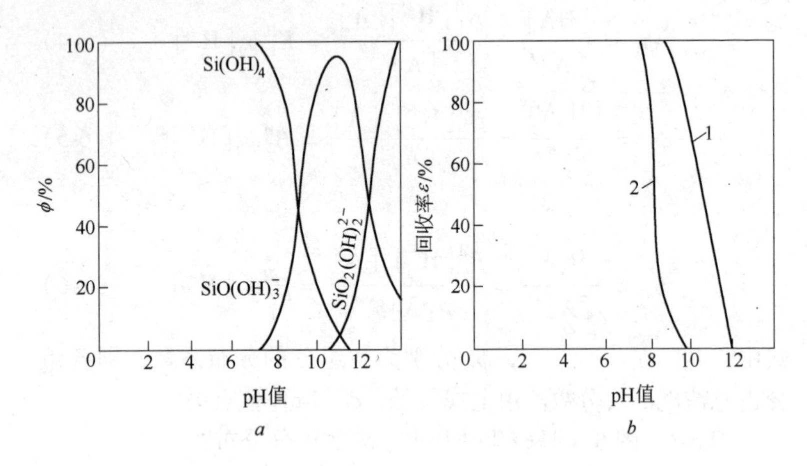

图 6-4　水玻璃 ϕ-pH 值图（a）及其抑制效果与 pH 值的关系（b）

1—萤石，硅酸钠 7×10^{-4}mol/L；2—方解石，

硅酸钠 5×10^{-4}mol/L

（4）当乙基钾黄药用量 0.25mg/t 时，矿物不能与气泡固着的临界 pH 值见表 6-2。

表 6-2　矿物不能与气泡固着的临界 pH 值

矿物	临界 pH 值	矿物	临界 pH 值
闪锌矿	0	磁黄铁矿	6.0
毒　砂	8.4	方铅矿	10.4
黄铁矿	10.5	白铁矿	11.0
黄铜矿	11.8	蓝铜矿	11.3
斑铜矿	13.8	黝铜矿	13.8
辉铜矿	14		

几种硫化矿物用二乙基二硫代磷酸钠为捕收剂时，捕收剂的临界浓度与 pH 值的关系如图 6-5 所示。在斜线的左上方，矿物可以浮游，在斜线的右下方矿物不能浮游。黑药阴离子浓度 $[A^-]$ 与 OH^- 浓度的关系式为

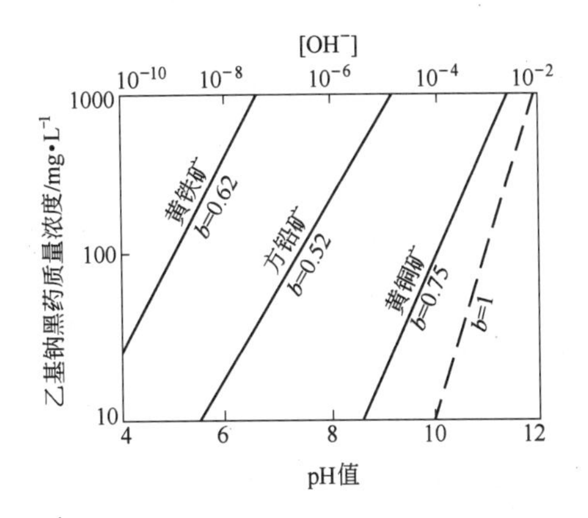

图 6-5　用黑药浮选几种硫化矿的临界浓度-pH 值曲线

$$[A^-]/[OH^-]^b = C(\text{常数})$$

式中，C 为常数；$b \neq 1$，对于黄铜矿、方铅矿和黄铁矿，b 值分别为 0.75、0.52 和 0.62。

从图 6-5 可以看出，二乙基二硫代磷酸钠的浓度（mg/L）见纵坐标，随 pH 值的增大而增大。因为 pH 值大时，$[OH^-]$ 高，为了保持矿物浮游，必须有更大的捕收剂阴离子浓度 $[A^-]$ 和 $[OH^-]$ 竞争。

pH 值能使某些活化离子形成特定羟基络合物时，被活化矿物的浮选回收率最高。例如，用油酸浮选软锰矿（MnO_2）在 pH = 8.5 时回收率最高，此时矿物表面能生成 $MnOH^+$ 最多。浮选铬铁矿（$FeO \cdot Cr_2O_3$），pH = 8.0 时能获得最高的回收率，也与矿物表面生成 $FeOH^+$ 有关。若用金属离子活化石英，以磺酸盐作捕收剂，其最适宜的浮选 pH 值就是金属离子能够形成第一羟基络合物的 pH 值。由图 6-6 可见，用 Fe^{3+} 活化石英，石英开始浮游的边界（最低）pH 值为 2，合适的 pH = 2.9 ~ 3.8。图中各种金属离子活化石英时，回收率达 90% 的 pH 值见表 6-3。

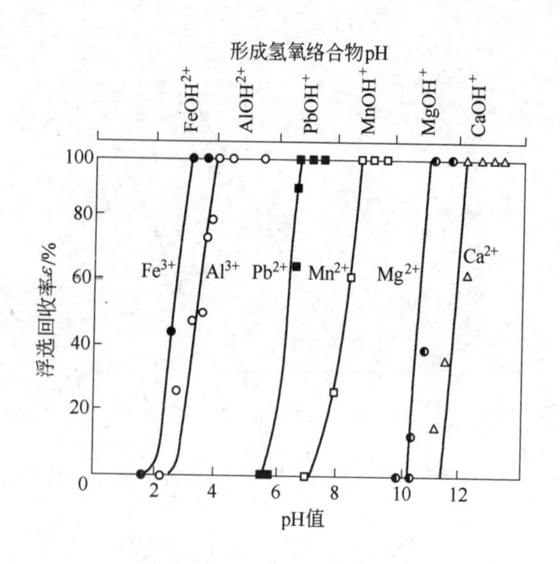

图 6-6　十二烷基磺酸盐（1×10^{-4}mol/L）浮选石英时，金属离子（1×10^{-4}mol/L）起活化作用的 pH 值

表 6-3　各种金属离子活化石英的最佳 pH 值

金属离子	Fe^{3+}	Al^{3+}	Pb^{2+}
最佳 pH 值	2.9～3.8	3.8～8.4	6.5～12
金属离子	Mn^{2+}	Mg^{2+}	Ca^{2+}
最佳 pH 值	8.5～9.4	10.9～11.7	12 以上

上述最佳 pH 值，是有利于形成第一羟基络合物的 pH 值。当然使用别的捕收剂时，浮选的最佳 pH 值会发生变化。

影响矿浆 pH 值的因素有下列几个方面：

（1）各种药剂用量的影响。加入的浮选药剂，特别是无机酸、碱溶于水以后，使水溶液显现一定的 pH 值。药剂用量越大，对溶液 pH 值的影响越大。有时为了防止 pH 值变化太大，要补加 pH 值缓冲剂，如硫酸铵。

（2）矿石中矿物的成分和含量。如成盐矿物，在水中解离或水解，会使矿浆显示一定的酸碱性。这种不加任何药剂矿浆本身呈现出的 pH 值，称为自然 pH 值。如萤石（CaF_2）是强碱强酸的中性盐，在矿浆中显示的自然 pH 值是 7；铅矾（$PbSO_4$）是强酸弱碱的盐，它形成的自然 pH 值是 5；白云石［（Ca，Mg）CO_3］是弱酸强碱的碱性盐，它形成的自然 pH 值是 9。

由于矿物本身的水解以及矿物与酸碱的作用，所以矿物对 pH 值常有缓冲作用。这种作用的存在，使矿浆浓度发生较大的波动或者加入少量的酸碱时，不致引起矿浆 pH 值的剧烈变化。例如，方解石的悬浮液，含 33% 的方解石时，pH 值为 8.23，加水稀释到矿浆中只含 0.07% 的固体时，pH 值仍能保持在 8.15。某些以碳酸盐为主的矿石，即使加很多的酸也不能使其矿浆 pH 值降到 5 以下。这时要改变矿浆的自然 pH 值较困难或者要消耗大量的 pH 值调整剂。

6.1.2 石灰

石灰（CaO）是选硫化矿常用的调整剂。它的主要作用是：调整矿浆的 pH 值，使矿浆呈碱性；抑制黄铁矿等；调整其他药剂作用的活度，并能沉淀一部分对分选有害的离子；对矿泥还有团聚作用。由于石灰易得、价廉，是硫化矿浮选的重要药剂。

石灰与水作用生成氢氧化钙，溶于水的氢氧化钙能电离成钙离子和氢氧离子，使溶液呈强碱性，反应为

$$CaO + H_2O \Longrightarrow Ca(OH)_2$$

$$Ca(OH)_2 \Longrightarrow Ca^{2+} + 2OH^-$$

石灰能有效地抑制黄铁矿，主要由于石灰水解产生的 OH^- 和 Ca^{2+} 起抑制作用，OH^- 与黄铁矿表面的 Fe^{2+} 作用形成难溶而亲水的氢氧化亚铁［$Fe(OH)_2$］和氢氧化铁［$Fe(OH)_3$］薄膜，使黄铁矿受到抑制。当黄铜矿被黄药作用后，黄铁矿表面已形成黄原酸铁的疏水膜时，OH^- 也能取代黄原酸离子在其表面形成亲水的氢氧化亚铁薄膜，使其受到抑制，其反应如下

$$FeS_2]Fe(ROCSS)_2 + 2OH^- \Longrightarrow FeS_2]Fe(OH)_2 + 2ROCSS^-$$

由于 $Fe(OH)_2$ 的溶度积为 4.8×10^{-16}，$Fe(OH)_3$ 的溶度积为 3.8×10^{-33}，都比 $Fe(ROCSS)_2$ 的溶度积 8×10^{-8} 小很多，所以在高碱性矿浆中，OH^- 有排挤黄药阴离子的能力，容易在黄铁矿的表面生成亲水的氢氧化铁薄膜。

用纯黄铁矿做的试验表明（图 6-7）：用石灰抑制黄铁矿的作用比用氢氧化钠对黄铁矿的抑制作用要强得多。用 NaOH 调 pH 值至 9，黄铁矿的回收率仍然有 80%；用石灰调 pH 值至 9 时，黄铁矿的回收率却只有 18%。这说明石灰抑制黄铁矿不只是 OH^- 起作用，Ca^{2+} 也起作用。

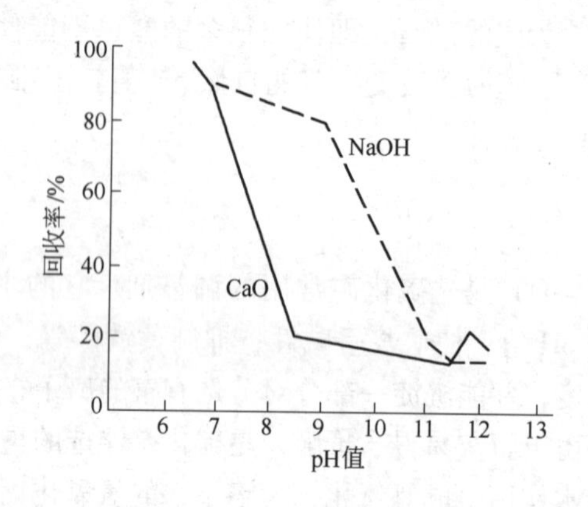

图 6-7　石灰和氢氧化钠对黄铁矿的抑制作用

石灰还能使矿泥团聚，除去矿泥有害的罩盖作用。工业生产中可将它呈粉状或乳浊状添加，最好直接加入磨矿机中。用量大时，测 pH 值反映不出用量，要直接测矿浆的游离碱含量。

6.1.3　碳酸钠

碳酸钠（Na_2CO_3）在水溶液中可以解离为 Na^+ 和 CO_3^{2-}，在水中发生下列反应，使溶液呈中等碱性。

$$Na_2CO_3 + 2H_2O \xlongequal{\quad} 2Na^+ + 2OH^- + H_2CO_3$$

$$H_2CO_3 \xlongequal{\quad} H^+ + HCO_3^- \qquad K_1 = 4.2\times10^{-7}$$

$$HCO_3^- \rightleftharpoons H^+ + CO_3^{2-} \qquad K_2 = 4.8 \times 10^{-11}$$

碳酸钠是浮选中常用的中碱性 pH 值调整剂，用它可将矿浆的 pH 值调成 8 ~ 10，可以沉淀矿浆中的 Ca^{2+}、Mg^{2+} 等有害离子。

$$Ca^{2+} + CO_3^{2-} = CaCO_3 \downarrow$$

$$Mg^{2+} + CO_3^{2-} = MgCO_3 \downarrow$$

碳酸钠对矿浆的 pH 值有缓冲作用，可用它来活化被石灰抑制的黄铁矿。有的工厂用石灰窑排出的废气（主成分为 CO_2）活化被石灰抑制的黄铁矿，以代替硫酸。CO_2溶于水生成碳酸，降低 pH 值并沉淀钙离子。

碳酸钠对矿泥有分散作用，因为 CO_3^{2-}、HCO_3^- 和 OH^- 等吸附在矿泥表面，使矿泥表面电荷处于同性相斥状态。

6.1.4 氢氧化钠

氢氧化钠（NaOH）又称苛性钠或烧碱，是强碱性 pH 值调整剂。因为它价贵，只在要获得高 pH 值而又不能使用石灰时才用。在赤铁矿和褐铁矿进行正、反浮选时常用它调整 pH 值，以防 Ca^{2+}的干扰。

6.1.5 硫酸

硫酸（H_2SO_4）是常用的酸性 pH 值调整剂。黄铁矿在受石灰抑制以后，可加入硫酸使矿浆的 pH 值降到 7 以下，并溶去表面的氢氧化铁，将黄铁矿复活。在浮选锆英石、金红石、烧绿石等稀有金属矿物时，或处理老矿，常预先用硫酸擦洗矿物表面，除去抑制性的薄膜。

6.1.6 其他酸

其他酸如氟氢酸，在浮选绿柱石、长石等硅酸盐矿物时，用它们调整 pH 值并起活化作用；草酸可以活化含镍及贵金属的磁黄铁矿；柠檬酸可抑制萤石和碳酸盐，但不能抑制重晶石。

6.2 无机抑制剂

在多金属矿的浮选中，抑制剂的应用特别重要，尤其是混合精矿分离的成败，主要取决于抑制剂的应用是否得当。抑制剂的种类繁多，有无机化合物，也有有机化合物，下面择要作些介绍。

6.2.1 氰化物

氰化物包括氰化钠（NaCN）和氰化钾（KCN）。在水中呈碱性反应

$$NaCN + H_2O \longrightarrow Na^+ + OH^- + HCN$$

$$HCN \longrightarrow H^+ + CN^-$$

$$K = \frac{[H^+][CN^-]}{[HCN]} = 4.7 \times 10^{-10}$$

在用巯基捕收剂浮选硫化矿的时候，氰化物是铜、锌、铁、镍硫化物的强抑制剂，对方铅矿则无影响（图6-8）。

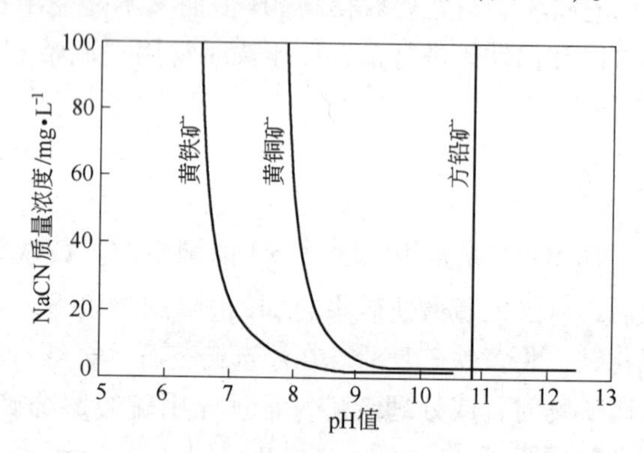

图6-8　氰化钠抑制黄铁矿、黄铜矿，不抑制方铅矿

它对各种铜、铁硫化矿物的抑制作用差异，如图6-9所示。实践证明，它对铅、铋、锡、锑的硫化物都无抑制作用。该图说明黄铁矿最易被抑制，而辉铜矿最难抑制。

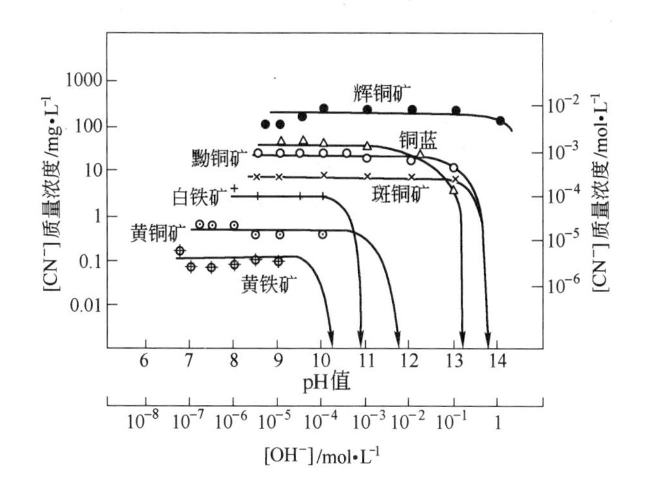

图 6-9　不同的 pH 值下，25mg/L 乙基钾黄药溶液中，为阻止矿泡附着所需的氰离子浓度

从氰化物的水解反应可知，随 pH 值升高，CN^- 的浓度增加，抑制作用增强，氰化物的用量减少。在酸性介质中 $[CN^-]$ 减小，抑制作用减弱，如果酸性太强，会产生毒性很大的氰氢酸，应当避免。

图 6-10 说明随着氰化物用量增加，在闪锌矿表面吸附的铜

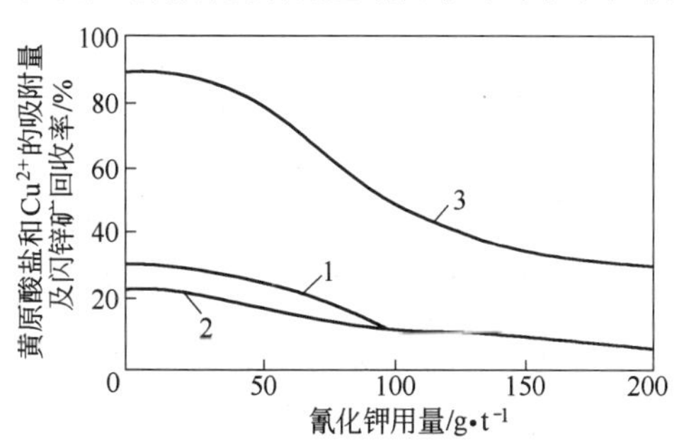

图 6-10　氰化物用量对闪锌矿浮选的影响

1—乙基钾黄药的吸附量；2—铜离子的吸附量；3—闪锌矿的回收率

离子和黄药量减少，回收率随之下降，证明 CN^- 和黄药阴离子 X^- 有竞争吸附的关系。

CN^- 发生抑制作用时，$[X^-]$ 与 $[CN^-]$ 有比例关系，但不是常数。用乙基钾黄药作捕收剂，黄药用量为 5mg/L、25mg/L、625mg/L 时，要阻止黄铜矿与气泡形成接触角，临界氰离子浓度分别为 0.20mg/L、0.43mg/L 和 1.8mg/L，两者之比分别为 4.0、9.4 和 57，如图 6-11 所示。

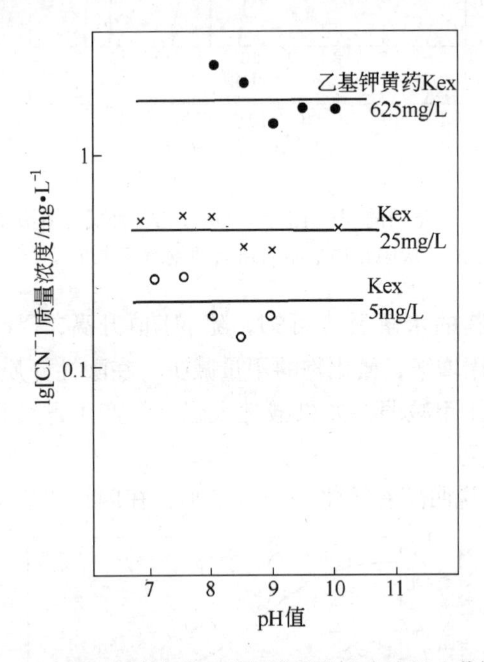

图 6-11　在不同浓度的乙基钾黄药溶液中为阻止黄铜矿与气泡附着所需的氰离子的临界浓度

氰离子浓度低时，它直接在锌、铁等矿物表面生成亲水性的难溶化合物，如 $Zn(CN)_2$、$Fe(CN)_2$、$Cu(CN)_2$，使有关矿物受抑制。当矿浆中离子浓度大时，这些难溶的化合物，会转变为稳定、易溶而亲水的络合物，如 $Zn(CN)_4^{2-}$、$Fe(CN)_4^{2-}$、$Cu(CN)_4^{2-}$。

$$Cu^{2+} + 3CN^- \longrightarrow Cu(CN)_2^- + \frac{1}{2}(CN)_2$$

氰化物对被黄药作用过的矿物的抑制，首先是溶去矿物表面的黄药。氰化物对锌、铁、镍、金、铜的黄原酸盐的溶解能力很强，所以这些矿物即使被浮选过，也可以用氰化物抑制。氰化物还可以消耗矿浆中的 Cu^{2+}，预防它的活化作用。

实际浮选中氰化物的用量可以是每吨矿几克到几百克，一般把 20g/t 以下称为少氰浮选。

氰化物有剧毒，要尽量不用或少用。其废水应在尾矿场存放一定的时间，加漂白粉、液氯等使其氧化。

铁氰化钾（赤血盐）（$K_3Fe(CN)_6$）和亚铁氰化钾（黄血盐）（$K_4Fe(CN)_6$）是次生硫化铜矿物的抑制剂，在铜钼混合精矿分离中用以抑铜浮钼。在铜锌分离中，当闪锌矿被次生铜的矿物活化，不能用氰化物抑制时，可以用亚铁氰化钾在 pH = 6 ~ 8 的矿浆中抑铜浮锌。其抑制作用是铁氰根（或亚铁氰根）在次生铜矿物的表面生成铁氰化铜或亚铁氰化铜的络合物胶体沉淀，使铜矿物表面亲水而被抑制。实验证明，这种胶粒的吸附，并不排除矿物表面的黄药，而是固着在未吸附黄药的表面上，两者呈共存状态，因此铁氰化物是以其强亲水性掩盖黄药的疏水性而表现出抑制作用的。

6.2.2 硫酸锌（皓矾）

硫酸锌（$ZnSO_4 \cdot 7H_2O$）是闪锌矿的抑制剂，但它必须和碱共用才有抑制作用。矿浆的 pH 值愈高抑制作用愈强。硫酸锌在碱性矿浆中和 OH^- 的反应式为：

$$ZnSO_4 + 2OH^- = Zn(OH)_2 + SO_4^{2-}$$

实验表明，氢氧化锌是亲水性胶体，溶解度很小，被吸附在矿物表面，不仅本身有亲水性，还会排挤一部分捕收剂（如黑药），使其受到抑制。氢氧化锌胶体还可以在矿浆中吸附一部分铜离子，预防闪锌矿被它活化。

氢氧化锌是两性化合物，在酸性矿浆中溶于酸，生成硫酸锌失去其抑制作用；在较强的碱性矿浆中，它按下式发生反应：

$$Zn(OH)_2 + OH^- \longrightarrow HZnO_2^- + H_2O$$

$$Zn(OH)_2 + 2OH^- \longrightarrow ZnO_2^{2-} + 2H_2O$$

故吸附在闪锌矿表面的胶体 $Zn(OH)_2$，在 pH 值较高的矿浆中成为 $HZnO_2^-$ 和 ZnO_2^{2-}，被吸附在闪锌矿的表面，能增强闪锌矿的亲水性，使其受到抑制。有人建议用锌酸盐 $Na_2Zn(OH)_4$ 作闪锌矿的抑制剂，除了 $HZnO_2^-$ 和 ZnO_2^{2-} 有抑制作用以外，在弱碱性矿浆中，它会水解生成氢氧化锌增强其抑制作用。

硫酸锌单独使用时，抑制作用较弱，只有与碱、氰化物和亚硫酸钠等联合使用，才有强烈的抑制作用，它与氰化物配用时抑制效果比单独使用其中任何一种都好。两者配用时起抑制作用的成分及其对闪锌矿抑制的强弱顺序是：

$$Zn(CN)_4^{2-} > Zn(CN)_2 > Zn(OH)_2$$

一般配比为：

氰化物∶硫酸锌 = 1∶(2 ~ 8)(质量比)

氰锌组合剂抑制硫化矿物的递减顺序是：

闪锌矿 > 黄铁矿 > 黄铜矿 > 白铁矿 > 斑铜矿 > 黝铜矿 > 铜蓝 > 辉铜矿

6.2.3 亚硫酸（或二氧化硫）、亚硫酸盐和硫代硫酸盐

亚硫酸（H_2SO_3）、二氧化硫（SO_2）、亚硫酸钠（Na_2SO_3）和硫代硫酸钠（$Na_2S_2O_3$）等都是强还原剂，能降低矿浆电位，在矿浆中能使 Cu^{2+} 等高价阳离子的活化作用消失，如按下式使 $Cu^{2+} \rightarrow Cu^+ \rightarrow Cu\downarrow$。

$$SO_3^{2-} + 2Cu^{2+} + H_2O \longrightarrow 2Cu^+ + SO_4^{2-} + 2H^+$$

$$2S_2O_3^{2-} + 2Cu^{2+} \longrightarrow 2Cu^+ + S_4O_6^{2-}$$

亚铜化合物很不稳定，它可再与硫代硫酸根离子作用生成络离子：

$$2Cu^{+} + 2S_2O_3^{-} \longrightarrow Cu_2(S_2O_3)^{2-}$$

或在平衡中沉淀：

$$Cu^{+} + e^{-} \longrightarrow Cu\downarrow$$

在浮选矿浆大量充气的情况下，黄药阴离子受亚硫酸和氧的作用，变成醇和二氧化碳，亚硫酸本身则变成硫代硫酸。

$$C_2H_5OSS^{-} + HSO_3^{-} + SO_3^{2-} + O_2 \longrightarrow C_2H_5OH + CO_2 + 2S_2O_3^{2-}$$

有研究表明，亚硫酸及其盐对闪锌矿和硫化铁矿物有抑制作用，而下列几个条件可以加强其抑制作用：

（1）在 pH 值小于 7（pH =4.5 ~6），闪锌矿受到强烈抵制。

（2）与 Zn^{2+}、Ca^{2+} 等二价离子共存时，抑制作用更明显。

（3）以 Ca^{2+} 代 Zn^{2+} 可以抑制硫化铁矿物，常和石灰共用抑制黄铁矿。

由于它们无毒，对金、银等贵金属无溶解作用，被它们抑制过的矿物易活化。所以越来越广泛地用它代替氰化物抑制闪锌矿和黄铁矿。

亚硫酸及其盐对方铅矿有抑制作用。在 pH 值为 4 左右，方铅矿表面因生成亲水性的亚硫酸铅薄膜而受抑制。将它与硫酸铁、重铬酸盐或淀粉配合，可加强抑制方铅矿的作用。

研究表明 Na_2S 和 Na_2SO_3 以 1∶1 的质量配比（代号 SSO）使用，可以抑制高砷铅锌矿石中的砷。

这类抑制剂对硫化铜不起抑制作用，甚至有一些活化作用。

使用这类药剂的优点是无毒，不溶解金、银。缺点是抑制作用不太强烈，用量和使用条件要严加控制。为了防止它氧化失效，常采用分段添加方法。

6.2.4 重铬酸盐和铬酸盐

重铬酸盐（$M_2Cr_2O_7$）和铬酸盐（M_2CrO_4），式中 M 为 Na

或K。其中钾盐用得较广。它们对方铅矿的抑制作用是和氧化了的方铅矿表面的硫酸铅作用，生成亲水性的铬酸铅。因为硫酸铅、铬酸铅和硫化铅三者的溶度积大小顺序是

$$PbSO_4 > PbCrO_4 > PbS$$

根据化学反应总是向生成溶度积小的化合物方向进行的原理，铬酸铅不能直接由方铅矿生成，只能由硫酸铅生成。故反应应为

$$Cr_2O_7^{2-} + 2OH^- \longrightarrow 2CrO_4^{2-} + H_2O$$

$$PbS]PbSO_4 + CrO_4^{2-} \longrightarrow PbS]PbCrO_4 \downarrow + SO_4^{2-}$$

为了使反应进行，要加长搅拌时间（如30min以上），使方铅矿表面氧化。

以上讨论的是在碱性介质中用铬酸盐抑制方铅矿的机理。在中性介质中，它们可以抑制未氧化的方铅矿，此时是在方铅矿表面生成亲水性的氧化铬。

由于重铬酸盐对方铅矿的抑制作用很强，方铅矿一旦被抑制，就难以活化。在多数情况下就不活化了。

重铬酸盐难以抑制被Cu^{2+}活化过的方铅矿，因此，当矿石中含有氧化铜矿物或次生铜矿物时用它效果不佳。

重铬酸盐可用于抑制重晶石，如萤石矿中含有重晶石时，可向矿浆中加入重铬酸盐，在重晶石表面生成铬酸钡的亲水性薄膜，使重晶石受到抑制。

6.2.5 高锰酸钾

高锰酸钾（$KMnO_4$）在碱性、中性或微酸性溶液中都是氧化剂，其本身被还原成二氧化锰。在氧化剂（或还原剂）的使用中都应该考虑矿物的氧化大小顺序，即：白铁矿 > 辉银矿 > 黄铜矿 > 铜蓝 > 黄铁矿 > 斑铜矿 > 方铅矿 > 辉铜矿 > 闪锌矿。在该顺序中，位于前面的矿物先受氧化剂氧化而被抑制。

氧化剂可以提高矿浆电位。选矿中有时用它代替氰化物抑制毒砂、黄铁矿，甚至用于抑制黄铜矿和闪锌矿。

6.2.6 漂白粉和次氯酸钾（KClO）

氯的氧化物都是强氧化剂，二氧化氯（ClO_2）、三氧化二氯（Cl_2O_3）、七氧化二氯（Cl_2O_7）、高氯酸（$HClO_4$）氧化性都很强。而漂白粉[$CaCl_2 \cdot Ca(ClO)_2 \cdot H_2O$]，其主成分是次氯酸钙，是选矿中较常用的氧化剂，如有的工厂在锌硫分离中加漂白粉抑制黄铁矿浮闪锌矿，同时也使方铅矿因过氧化而被抑制，降低了锌精矿中的铅硫品位，提高了锌精矿品级。

6.2.7 双氧水

双氧水（H_2O_2）可用于提高矿浆电位，提高因矿浆电位过低而不能浮游的矿物的可浮性。用双氧水也可以抑制易氧化的矿物。

6.2.8 硫化钠、硫氢化钠和硫化钙

硫化钠（$Na_2S \cdot 9H_2O$）、硫氢化钠（NaHS）和硫化钙（CaS）是常用的硫化剂。它们属于弱酸盐，易溶于水。硫化钠在水中按下式水解和解离，并显示较强的碱性

$$Na_2S + 2H_2O \longrightarrow 2Na^+ + 2OH^- + H_2S$$

$$H_2S \longrightarrow H^+ + HS^- \qquad K = 3.0 \times 10^{-7}$$

$$HS^- \longrightarrow H^+ + S^{2-} \qquad K = 2.0 \times 10^{-15}$$

硫化钠在水中解离的情况与 pH 值有关，pH 值愈高，HS^-离子浓度愈高，而S^{2-}的量则在各种 pH 值下都很小（见图6-3）。

在有色金属矿物浮选中，硫化钠的作用是多方面的。它可以用来抑制金属硫化矿物，脱除混合精矿表面的捕收剂，活化（硫化）铜、铅氧化矿，沉淀矿浆中的金属离子和提高 pH 值。

（1）抑制作用。大量的硫化钠对许多硫化矿物都有抑制作用。它对常见多金属矿物的抑制强弱顺序为

方铅矿 > Cu^{2+} 活化过的闪锌矿 > 黄铜矿 > 斑铜矿 > 铜蓝 >

黄铁矿 > 辉铜矿

硫化钠对于硫化矿物的抑制作用，是由于它在矿浆中水解生成大量亲水性的 HS^- 和 S^{2-} 吸附在矿物表面的缘故。据研究，在矿物刚能被硫化钠抑制的条件下，硫化氢离子浓度和黄药阴离子浓度之比（$[HS^-]/[X^-]$）为一常数，这是因为 HS^- 和 X^- 在矿物表面发生竞争吸附的缘故。当 $[HS^-]/[X^-]$ 大于临界条件下的常数时，硫离子在矿物表面的吸附占优势，能阻止捕收剂阴离子在矿物表面上吸附，使矿物受抑制。反之，黄药阴离子在矿物表面的吸附占优势，矿物可以浮游。图 6-12 是硫化钠用量对方铅矿浮游和黄药吸附的影响。

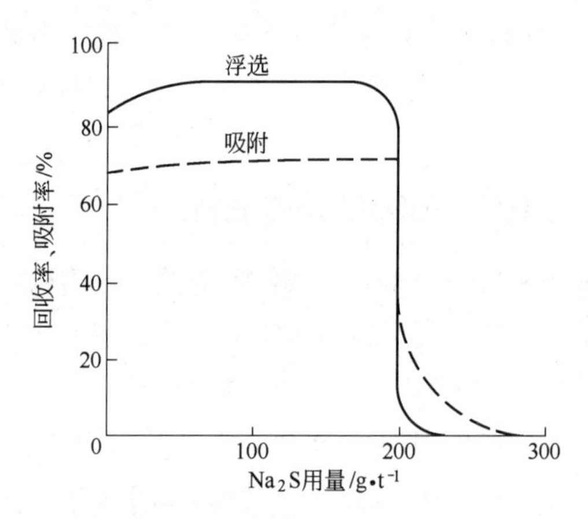

图 6-12　硫化钠用量对方铅矿（-125 ~ +10μm）浮游和黄药吸附的影响

由图 6-12 可知，硫化钠在矿浆中的浓度达到一定值（如 200g/t）时，HS^-、S^{2-} 自方铅矿表面排除黄药阴离子，占据黄药表面的活性中心，使方铅矿受到抑制。

可见硫化钠用量不同，效果显著不同，在硫化矿浮选中其用量不易控制，故常常配合其他药剂使用。如将硫化钠与硫酸锌配用以抑制锌、铁硫化矿物；将硫化钠与重铬酸钾酸配用以抑制方铅矿；将硫化钠和活性炭配用，可以利用活性炭吸附被硫化钠从矿物表面排挤下来的捕收剂。只是在用非极性捕收剂浮辉钼矿时，常常单独使用硫化钠抑制其伴生硫化矿物，因为其用量容易控制。

硫化钠对于硫化矿物的抑制作用，可能因为长时间的充气搅拌或再磨中的氧化而消失，或者因为加入能与硫化钠生成难溶盐的化合物而失效，使被其抑制过的矿物活化。常见矿物恢复浮游活性的顺序

黄铁矿 > 方铅矿 > 黄铜矿 > 闪锌矿

（2）脱药作用。在混合精矿分离之前，常常用硫化钠作解吸剂，利用 HS^- 和 S^{2-} 在矿物表面的吸附作用，排除混合精矿表面的捕收剂离子。如用脂肪酸浮出的白钨粗精矿再精选前，有时加入大量的硫化钠并升温至 80 ~ 90℃脱药。由于 S^{2-} 可与不少金属离子生成难溶的硫化物沉淀，所以硫化钠有消除矿浆中的活性离子、调整矿浆中的金属离子组成和净化水的作用。

（3）活化作用。浮选铜、铅的氧化矿，常用硫化钠做硫化剂，使氧化矿物表面生成一层类似于硫化矿物的硫化物薄膜，再用黄药类捕收剂浮选。例如硫化钠对白铅矿的硫化反应为

$$\underset{\text{白铅矿}}{PbCO_3}]\underset{\text{未硫化的表面}}{PbCO_3} + Na_2S \longrightarrow \underset{\text{白铅矿}}{PbCO_3}]\underset{\text{硫化后的表面}}{PbS} + Na_2CO_3$$

用硫化钠硫化矿物的硫化速度和硫化效果与硫化钠的用量、矿浆 pH 值、矿浆温度、调浆时间等因素有关，应严格加以控制。图 6-13 表明硫化钠用量对白铅矿浮选的影响。硫化钠用量太小，不能保证在氧化矿物表面形成一定厚度的硫化膜，黄药的吸附剂量小，浮选的回收率低。在低用量范围内（100 ~ 500g/t），黄药的吸附剂量及浮选回收率均高，Na_2S 用量过大时，矿浆中的 HS^-、S^{2-}、OH^- 浓度过大，与黄药阴离子在矿物表面发生竞争吸附，甚至排斥黄药阴离子，矿物虽已硫化但受抑制而不能浮游。

各种矿物进行硫化的最佳 pH 值是不同的。白铅矿的硫化在

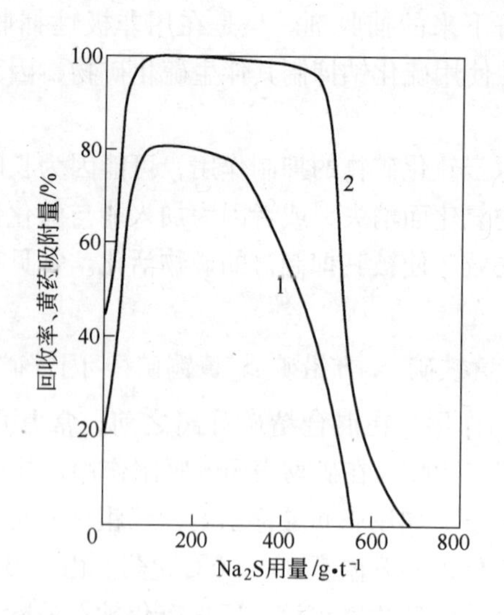

图 6-13　硫化钠用量对白铅矿浮选的影响

1—黄药吸附剂量；2—白铅矿的回收率

pH 值为 9～10 时速度最快，孔雀石在 pH 值为 8.5～9.5 时硫化效果最佳。在需要较高的硫化钠用量时，为了避免 pH 值过高，可在硫化时适当添加 H_2SO_4 或（NH_4）$_2SO_4$，能使硫化过程进行得更为迅速有效。

温度对硫化反应有明显的影响，硫化速度通常随温度的升高而加快，菱铁矿甚至在 70℃ 的条件下才能很好地被硫化。

加硫化钠后，如果搅拌时间不足，会使硫化深度不够，但是搅拌时间过长，矿浆中残存的硫化钠及矿物表面的硫化膜会被氧化。同时氧化矿物表面的硫化薄膜，也可能会被擦落，所以搅拌时间过长或过短对于硫化都有害。使用硫化钠时，为了避免局部浓度过高及搅拌时间过长，常常采用分段、分批的添加方法。

此外，硫化钠水解时能产生大量的 OH^-，使矿浆的 pH 值升高，给浮选过程带来影响。

6.2.9 硅酸钠（水玻璃）

硅酸钠（$Na_2O \cdot mSiO_2$）是偏硅酸钠（Na_2SiO_3）和水合SiO_2胶体的混合物，由石英砂和碳酸钠烧制而成。

$$SiO_2 + Na_2CO_3 \xrightarrow{\triangle} Na_2SiO_3 + CO_2 \uparrow$$

硅酸钠的成分与制作时的用料比例有关，一般用 SiO_2 : Na_2O 的重量比值（称为模数）来表示。不同用途的水玻璃，模数相差很远。浮选中用的硅酸钠，模数为2.4～2.9。模数过低含二氧化硅低，效果差，模数过高难以溶解。

它在水中水解使溶液呈碱性

$$Na_2SiO_3 + 2H_2O \longrightarrow 2Na^+ + 2OH^- + H_2SiO_3$$

$$H_2SiO_3 \rightleftharpoons H^+ + SiO_3^- \qquad K_1 = 10^{-9}$$

$$HSiO_3^- \rightleftharpoons H^+ + SiO_3^{2-} \qquad K_2 = 10^{-15}$$

矿浆中 Na^+、OH^-、$HSiO_3^-$、SiO_3^{2-} 等离子及 H_2SiO_3分子的含量多少，视溶液的浓度和 pH 值而定。硅酸钠的有效成分与 pH 值的关系见图6-4（水玻璃溶液的 Φ-pH 值分布图）。硅酸在水中常成硅酸胶束。

水玻璃的 $HSiO_3^-$ 和硅酸胶粒，与石英、硅酸盐和铝硅酸盐矿物有相似的成分，可以吸附在它们的表面，形成亲水的水化层，对它们产生很强的抑制作用。

用脂肪酸浮选萤石的过程中，常常用水玻璃抑制伴生的方解石和重晶石。图6-14 可以看出其用量变化的影响。

由图可以看出三种矿物中，萤石比较特殊，少量水玻璃反而使其回收率有所增加（此时浮它最合适），但用量过大也会受水玻璃抑制。

水玻璃抑制成盐矿物，与它从矿物表面排挤捕收剂离子有关。这在白钨粗精矿加温（60～80℃）处理法（见12.8.2 节）中看得很清楚。

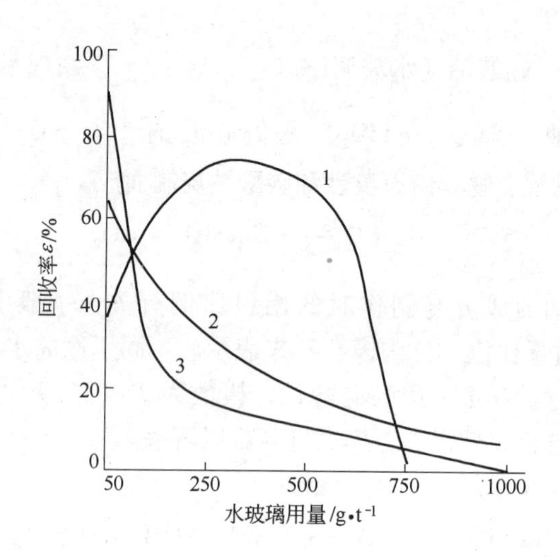

图 6-14　水玻璃对用油酸浮选矿物的影响

1—萤石；2—方解石；3—重晶石

水玻璃对硫化矿物也有抑制作用，有的工厂不用氰化物而用水玻璃抑铅浮铜进行铜、铅分离，获得成功。

为了提高硅酸钠的抑制作用可以采用三种方法：

（1）与碳酸钠配合使用，碳酸钠水解产生的 OH^-、HCO_3^-、CO_3^{2-} 离子与水玻璃水解产生的 OH^-、$HSiO_3^-$、SiO_3^{2-} 都能排挤脂肪酸离子，但碳酸钠水解出的离子，优先吸附在萤石和磷灰石上，可以防止硅酸离子对萤石、磷灰石的抑制。可以提高水玻璃作用的选择性。

（2）配合使用高价阳离子 Al^{3+}、Ni^{3+}、Cr^{3+}、Zn^{2+}、Cu^{2+} 等，以提高其选择性。例如分离方解石、萤石时，加入硫酸铝能使方解石受抑制而浮游萤石。在较复杂的白钨矿、硅灰石、方解石分选中，加入金属离子，能生成 $M(OH)_n$ 和 SiO_3^{2-} 的混合物，可以在被抑制矿物的表面选择地吸附，使它们受抑制。

（3）彼得罗夫法精选白钨粗精矿。先将白钨粗精矿浓缩脱水脱药，按每吨粗精矿加入 40～100kg 水玻璃，加温至 60～

80℃，搅拌 30～60min，使方解石等脉石矿物表面的脂肪酸解吸而被抑制，白钨矿却保持良好的可浮性，从而得到高质量的白钨精矿。

矿浆的 pH 值越高，温度越高，可以适当增大水玻璃的选择性，减少用量。实际使用时将水玻璃配成 5%～10% 的新鲜水溶液添加，用量因其作用而异，作抑制剂时，用量为 0.2～2kg/t；作细泥分散剂时用量为 1kg/t，精选白钨矿时，用量是每吨粗精矿 40～50kg 以上。

6.2.10 氟硅酸钠

氟硅酸钠（Na_2SiF_6）由氟硅酸和氯化钠作用生成

$$H_2SiF_6 + 2NaCl \longrightarrow NaSiF_6 \downarrow + 2HCl$$

纯氟硅酸钠是无色结晶，难溶于水，在碱性介质中，按下式解离

$$Na_2SiF_6 \longrightarrow 2Na^+ + SiF_6^{2-}$$

$$SiF_6^{2-} \longrightarrow SiF_4 + 2F^-$$

$$SiF_4 + 2H_2O = SiO_{2(水化)} + 4HF$$

氟硅酸钠解离的产物对浮选有以下的作用：

（1）氟化硅的水化物，能抑制硅酸盐和脉石矿物，其作用与水玻璃相似。图 6-15 说明用盐酸月桂胺浮石英时，氟硅酸钠的抑制作用比水玻璃更强，仅次于六偏磷酸钠。

（2）用油酸做捕收剂，氟硅酸抑制钛铁矿，可使矿物表面吸附的油酸减少，表明它的解离产物与油酸阴离子在矿物表面发生竞争吸附。

（3）用黄药作捕收剂浮硫化矿，黄铁矿等硫化矿物被 Ca^{2+} 抑制时，F^- 离子可以沉淀钙离子，使黄铁矿活化。

（4）氟硅酸钠解离出的氟硅酸离子 SiF_6^{2-}，可以在硅酸盐矿物的铝或铍位置上吸附。增大其表面的负电荷，促进胺类捕收剂的作用。如：

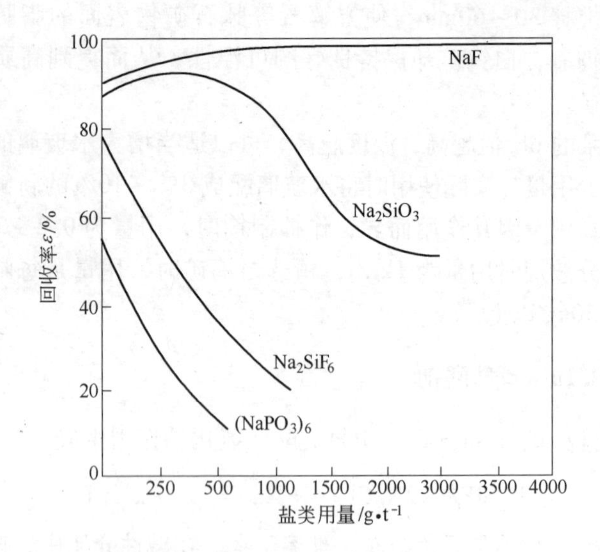

图 6-15 氟硅酸钠等对石英的抑制作用

（其他药剂：盐酸月桂胺 100g/t，松油 20g/t）

$$]Al\text{-}OH + SiF_6^{2-} \longrightarrow]Al\text{-}SiF_6^- + OH^-$$

$$]Al\text{-}SiF_6^- + RNH_3^+ \longrightarrow]Al\text{-}SiF_6 - NH_3R$$

但当用量过大，pH 值的抑制作用超过活化作用时，氟硅酸钠对矿物的活化作用便转为抑制作用。

6.2.11 偏磷酸钠

偏磷酸钠（$NaPO_3$）$_n$ 浮选中有时用三偏、四偏磷酸钠，但最常用的是六偏磷酸钠，即 n 为 6。六偏磷酸钠可以由磷酸二氢钠加热而成：

$$\underset{\text{磷酸二氢钠}}{2NaH_2PO_4 \cdot H_2O} \xrightarrow{\triangle} 2NaH_2PO_4 \xrightarrow{\triangle}$$

$$\underset{\text{焦磷酸钠}}{Na_2H_2P_2O_7} \xrightarrow{\triangle} \underset{\text{偏磷酸钠}}{2NaPO_3} \xrightarrow{\triangle} \underset{\text{六偏磷酸钠}}{(NaPO_3)_6}$$

六偏磷酸钠为玻璃状固体，溶于水溶液 pH 值约为 6，易水解成正磷酸盐。六偏磷酸钠是磷灰石、方解石、重晶石、碳质页岩和泥质脉石的抑制剂。因为它在水中解离后，与矿浆中的矿物表面的 Ca^{2+} 生成亲水而稳定的络合物

$$Na_6P_6O_{18} \longrightarrow Na_4P_6O_{18}^{2-} + 2Na^+$$

$$Na_4P_6O_{18}^{2-} + Ca^{2+} \longrightarrow CaNa_4P_6O_{18}$$

六偏磷酸钠在方解石表面所生成的络合物，不完全滞留在方解石表面，也可能被其他矿物吸附，而使它们受抑制。其次，六偏磷酸钠的水解产物为亲水的磷酸盐离子，能直接吸附在矿物表面或解吸矿物表面的捕收剂，从而使矿物受到抑制。实验证实，吸附在菱镁矿表面的六偏磷酸钠，能全部被脂肪酸类捕收剂取代，因此六偏磷酸钠不能抑制菱镁矿，菱镁矿可用它从方解石、白云石中浮出。

用油酸浮选锡石时，常用六偏磷酸钠抑制含钙矿物。浮选含铌、钽、钛的烧绿石和含锆的锆英石时，常用六偏磷酸钠抑制长石、霞石、高岭土等脉石矿物。六偏磷酸钠在阳离子捕收剂浮选时，能抑制石英和硅酸盐矿物。

六偏磷酸钠有吸湿性，在空气中易潮解，并渐渐变成焦磷酸钠和正磷酸钠，抑制作用因此下降。故在使用时应该当天配制当天使用。

6.2.12 组合抑制剂

将几种抑制剂按一定的比例组合在一起使用，是提高抑制剂功效的一种方法。有的组合剂仍然有毒，有的无毒或低毒。

（1）诺克斯试剂。

诺克斯试剂有两种，其中磷诺克斯是五硫化二磷与氢氧化钠的混合物，两者混合发生如下反应

$$P_2S_5 + 10NaOH = Na_3PO_2S_2 + Na_3PO_3S + 2Na_2S + 5H_2O$$

硫代磷酸钠再与硫化矿表面的金属离子作用生成亲水而难溶的硫代磷酸盐，使硫化矿受到抑制。此外反应中生成的 Na_2S 进一步水解和解离生成 HS^- 和 S^{2-}，则能增强它对硫化矿的抑制作用。

砷诺克斯试剂，是由硫化钠和氧化亚砷组成的药剂，两者混合后，发生如下的反应

$$As_2O_3 + 3Na_2S + 2H_2O \longrightarrow Na_3AsO_2S_2 + Na_3AsO_3S + 4H^+$$

$$As_2O_3 + 3Na_2S + 2H_2O \longrightarrow Na_3AsO_4 + Na_3AsOS_3 + 4H^+$$

最后在硫化矿表面生成亲水而难溶的硫化砷酸盐，使硫化矿受到抑制。用它将钼与硫化矿物分离时，矿浆的 pH 值应为 8 ~ 11，铜、铅、锌、铁的硫化矿物都受到抑制，某厂的实践证明，用诺克斯试剂抑制方铅矿比重铬酸盐更好。诺克斯试剂抑制次生铜矿也很有效。

这类药剂有毒是显然的，使用过程和废水应妥善处理。

（2）锌氰络合剂和铁氰络合剂。

前面已经提到过一种锌氰络合剂。这里再补充一些，有如下几种

$$w(ZnSO_4) : w(NaCN) = (2 \sim 8) : 1$$

$$w(Zn(OH)_2) : w(NaCN) = 1 : 1$$

$$w(ZnO) : w(NaCN) = 1 : 1$$

$$w(FeSO_4) : w(NaCN) = (2 \sim 5) : 1$$

它们可用于抑制闪锌矿，起抑制作用的是 $Zn(CN)_6^{2-}$ 和 $Fe(CN)_6^{4-}$。对于风化的铜锌矿石，使用锌氰络合剂的有效 pH 值范围为 6.8 ~ 7.5；使用铁氰络合剂的有效 pH 值范围较宽，为 3 ~ 10 都可以。使用了氰当然有毒，应慎重处理。

（3）无毒或低毒组合抑制剂。

研究无毒或低毒高效抑制剂是当今选矿工作者十分重视的问题。下面介绍三类：

1）锌碱混合剂。将硫酸锌与碳酸钠或石灰等组合使用，能

代替氰化物抑制闪锌矿和黄铁矿。硫酸锌与碳酸钠配合时起抑制作用的成分与矿浆 pH 值有关。在 pH 值为 8 ~9 时，闪锌矿表面上形成 $ZnSO_4$ 和 $Zn(OH)_2$ 起抑制作用；pH ≥10 时，局部形成 $Zn(OH)_2$，主要形成 $Zn_4(CO_3)(OH)_6 \cdot H_2O$ 起抑制作用；当 pH <10 时，在个别闪锌矿颗粒上观察到与 $Zn(CO_3)(OH)_6 \cdot H_2O$ 相一致的晶质衍生物。

2）亚硫酸类组合剂。亚硫酸类和硫酸亚铁是还原剂，可降低矿浆电位。广泛地应用于铜、铅分离和铜、锌分离浮选中。例如浮铜抑铅常用的组合药剂方案有：

$$H_2SO_3 + FeSO_4 + H_2SO_4$$

$$Na_2S_2O_3 + FeSO_4 + H_2SO_4$$

$$Na_2S_2O_3 + FeCl_3$$

$$H_2SO_3 + Na_2S$$

浮铜抑锌的药剂方案有：

$$Na_2SO_3 + ZnSO_4 + Na_2S$$

$$Na_2SO_3 + Na_2S$$

$$CaO + FeSO_4 + Na_2SO_3$$

$$CaO + ZnSO_4 + Na_2SO_3$$

$$CaO + Na_2SO_3 + Na_2S + ZnSO_4$$

使用这些组合药剂的关键是严格控制矿浆的 pH 值及药剂的用量。浮铜抑铅常在 pH =5 ~6 的弱酸性矿浆中进行，浮铜抑锌、铁的硫化物，常在 pH =8 ~11 的碱性矿浆中进行。

3）水玻璃混合剂。

水玻璃是硅酸盐和碳酸盐矿物的抑制剂，常用于氧化矿的分离中。生产实践证明，水玻璃对方铅矿有一定的抑制作用，将它与重铬酸钾配用，$w(Na_2SiO_3) : w(K_2Cr_2O_7) = 1:1$ 抑铅浮铜进行铜铅分离效果好，并可降低有毒的重铬酸盐的用量。

在氧化矿的分离浮选中，使用的水玻璃无机组合剂有

$w(NaSiO_3):w(Al_2(SO_4))=(0.7\sim1):1$ 用于抑制重晶石浮萤石

$$w(Na_2SiO_3):w(FeSO_4)=10:1$$

$w(NaSiO_3):w(MgO)=10:1$ 用于抑制石英、方解石和云母

水玻璃与有机药剂组成的抑制剂有：

用 Na_2SiO_3 + CMC（羧甲基纤维素）或 H_2SO_3 + 淀粉等代替重铬酸钾抑铅浮铜。用 Na_2SiO_3 + 草酸（或柠檬酸）抑制碳质脉石和白云石。关键是要通过试验寻找合适的比例。某多金属矿浮铜抑铅以 $w(Na_2SiO_3):w(CMC)=100:1$ 的配比最好。在辉钼矿的浮选中，用巯基乙醇、巯基乙酸钠和硫化丙三醇等有机抑制剂，代替有 S^{2-} 污染的 Na_2S 及有 CN^- 污染的 NaCN，抑制非钼硫化矿物。这类药剂分子中都有一个极易吸附在硫化矿物表面上的极性基，常常是巯基（—SH），还有一个或多个亲水基，常常是羟基、羧基等。烃基很短，亲水性大，疏水性小，因而具有抑制硫化矿物的功能。由于它们具有高效低毒的优点，引起人们广泛的重视。

6.3 活化剂

活化剂一般能使矿物表面更好地吸附捕收剂，原因有三：（1）引进使捕收剂更易在斯特恩层吸附的外来离子；（2）改变矿物电动电位的大小和符号；（3）分散或弱化无捕收剂表面的水化壳。氧原子是一般硫化矿物和许多非硫化矿物的活化剂，但一般讨论的活化剂是指它以外的药剂。它们能改变矿物表面的成分和电性，除去矿物表面的抑制性薄膜或减少矿浆中的有害离子。

在金属硫化矿浮选中，硫化铜矿及硫化铅矿一般容易浮游，无需活化。在某些情况下混合精矿分离才要抑铅或抑铜。这时被抑制的矿物往往可以作为槽底精矿，也不再活化。硫化矿中要活化的矿物是硫化锌、硫化铁和硫化锑。活化硫化锌矿常用硫酸铜，活化被石灰抑制过的硫化铁矿常用硫酸、二氧化碳、苏打、

硫酸铜、氟硅酸钠、铵盐等。活化辉锑矿常用硝酸铅，活化铜、铅、锌的氧化矿常用硫化钠。

6.3.1 硫酸铜

硫酸铜（$CuSO_4 \cdot 5H_2O$，又叫胆矾）是闪锌矿和硫化铁矿物常用的活化剂。图6-16表示硫酸铜的用量对闪锌矿浮选的影响，随着铜离子吸附量增大，黄药吸附量及浮选回收率明显提高，说明闪锌矿被活化了。

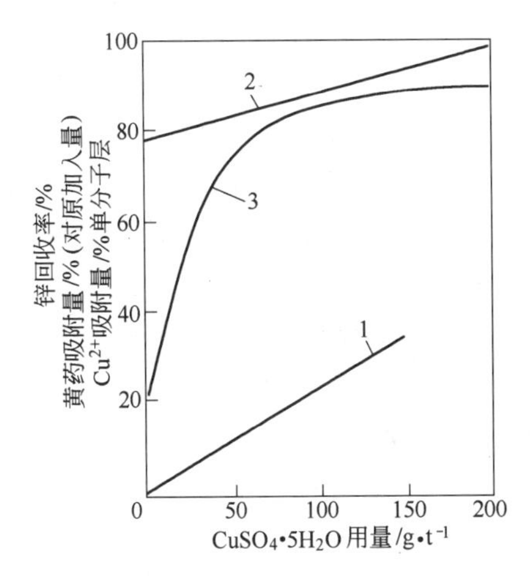

图6-16 硫酸铜的用量对闪锌矿浮选的影响

1—Cu^{2+}吸附量；2—丁黄药吸附量；3—闪锌矿回收率

（丁黄药47.7g/t，松醇油20g/t）

硫酸铜对闪锌矿和黄铁矿的活化有两种不同的情况，一种是活化未抑制过的矿物，另一种是活化被氰化物等抑制过的矿物。情况不同抑制作用也不同。

（1）在被活化的矿物表面直接生成活化膜。由于Cu^{2+}与闪锌矿晶格中的Zn^{2+}半径相近，直接发生置换反应。

$$ZnS]ZnS + CuSO_4 \xlongequal{} ZnS]CuS + ZnSO_4$$

闪锌矿]硫化铜薄膜

反应后在闪锌矿表面形成一层易浮的硫化铜薄膜。使它具有与铜蓝（CuS）相近的可浮性。实践证明：闪锌矿表面这层活化膜容易形成而且是牢固的。这是因为 Cu^{2+} 的半径为 0.080nm 与 Zn^{2+} 的半径 0.083nm 相近；硫化铜的溶度积（10^{-36}）远小于硫化锌的溶度积（10^{-24}）；在标准电位序中，Zn^{2+}/Zn 为 -0.76，而 Cu^{2+}/Cu 为 +0.34，按电位序的法则，电位愈高者愈容易从电位低者的化合物中取代出电位低者，即 Cu^{2+} 可以从锌的化合物中取代 Zn^{2+}，故闪锌矿与含 Cu^{2+} 的矿浆作用时，闪锌矿表面的锌进入矿浆中，而矿浆中的铜离子与闪锌矿表面的硫结合生成硫化铜薄膜是自发过程（见 10.7.1 节末）。

（2）除去抑制性薄膜或抑制性离子后生成活化膜。当矿物被氰化物、亚硫酸等抑制过时，硫酸铜的作用是先通过络合矿浆中的 CN^-、SO_3^{2-} 离子，使矿物表面的抑制膜溶解，然后再在矿物表面生成活化膜。

由于硫酸铜是强酸弱碱的盐，在水中完全电离，使溶液呈弱酸性：

$$CuSO_4 + 2H_2O = Cu(OH)_2 + 2H^+ + SO_4^{2-}$$

$$Cu(OH)_2 = Cu^{2+} + OH^-$$

显然，有效 Cu^{2+} 的浓度与矿浆的 pH 值有关，为了防止 Cu^{2+} 水解，提高活化效率，最好在酸性或中性矿浆中使用。但是实际生产中矿浆的 pH 值受各种因素的影响，用 Cu^{2+} 活化闪锌矿常常只能在碱性矿浆中进行。此时一部分铜离子转化成碱式硫酸铜或碱式碳酸铜，游离的铜离子大为减少。试验证明，提高调整过程的速度，可使闪锌矿吸附铜离子的量略有提高。

（3）Cu^{2+} 可以沉淀或络合矿浆中的抑制性离子，如 CN^-、SO_3^{2-}、$S_2O_3^{2-}$ 等，以消除它们的抑制作用。

6.3.2 其他活化剂

在《选矿手册》表 13.7.3 中列举了 49 种活化剂，其中重要的大致可分为以下几类：

（1）铜、铅等重金属离子的化合物，如硫酸铜、硝酸铅。它们的金属离子与黄药类捕收剂容易生成难溶的化合物，可以活化锌、铁、锑类硫化矿物。

（2）钙、镁、钡、铁、铝的化合物，如氧化钙、氯化镁、硝酸铝等。它们的离子在石英、硅酸盐矿物的表面吸附以后，有利于脂肪酸类捕收剂在矿物表面吸附。

（3）解离后可以放出硫离子的化合物，如硫化钠、硫氢化钠、硫化钙等，能在铜、铅、锌的碳酸盐矿物的表面生成容易与黄药作用的硫化膜，从而活化它们。

（4）解离后能产生 F^- 离子的化合物，如氟化钠、氟氢酸、氟硅酸钠等，它们产生的氟离子，在石英、绿柱石和其他硅酸盐矿物表面吸附产生活化中心，以利于胺酸类捕收剂作用。

（5）铵和铁氰化物等络合物，与 Cu^{2+} 络合，可以慢慢放出铜离子，以溶解并消耗被抑制矿物（如闪锌矿）表面的 CN^-，使其活化。

（6）低级有机酸或醇、醚类化合物，能在矿物表面生成活性中心或沉淀消耗抑制性离子使矿物活化，如聚乙二醇活化硅酸盐脉石，草酸活化磁黄铁矿。

7 有机调整剂

许多高分子有机调整剂，分子量大，功能团多，可能一身兼有抑制剂和絮凝剂的作用。

7.1 淀粉和糊精

7.1.1 成分和命名

淀粉（$C_6H_{10}O_5$）$_n$ 是许多植物、根、茎、果内的碳水化合物，其基本成分是葡萄糖。葡萄糖的结构式为：

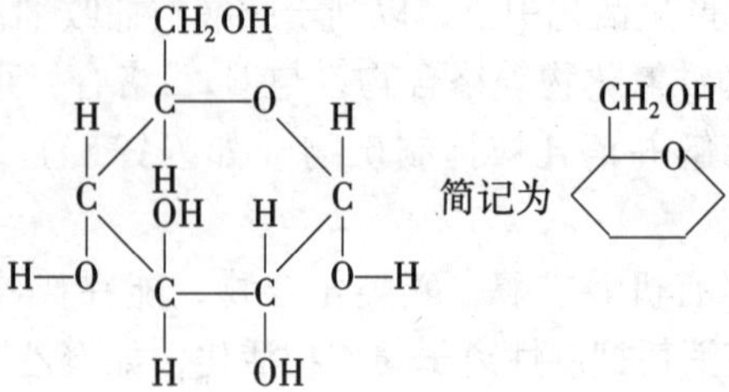

```
              CH2OH
               |
         H     C——————O     H
         |   /  |      \    |
         C      H        C
       /  \    OH   H   /  \
      |     \   |   |  /    |
   H—O        C—————C       O—H
              |     |
              H     OH
```

简记为 （CH_2OH 取代的六元环，环上含 O）

碳原子标号为 （$^6CH_2OH$；环上碳原子 5、4、3、2、1，O 位于 5 与 1 之间）

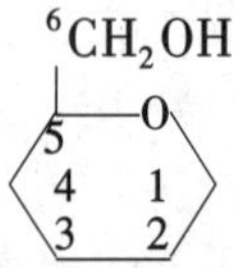

淀粉由成千上万个葡萄糖单元连接而成。这些葡萄糖可以连成直链状或树枝状。葡萄糖 1，4-碳上的羟基脱水连成直链状时，叫做直链淀粉。可表示为：

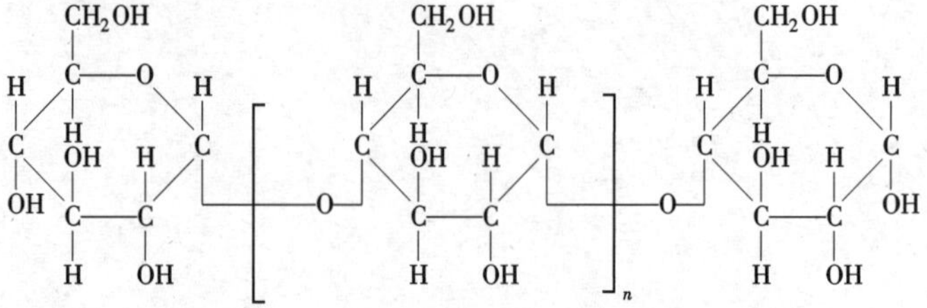

```
   CH2OH                     CH2OH                      CH2OH
    |                         |                          |
 H  C———O  H             H    C———O  H              H    C———O  H
 |  |      |             |    |      |              |    |      |
 C  H      C        [    C    H      C    ]         C    H      C
 | OH  H   |             |   OH  H   |              |   OH  H   |
 OH C———C  ———O————————— C———C  ———————O——————————  C———C      OH
    |   |                |   |         n            |   |
    H   OH               H   OH                     H   OH
```

式中，$n=100\sim10000$，可以简写成：

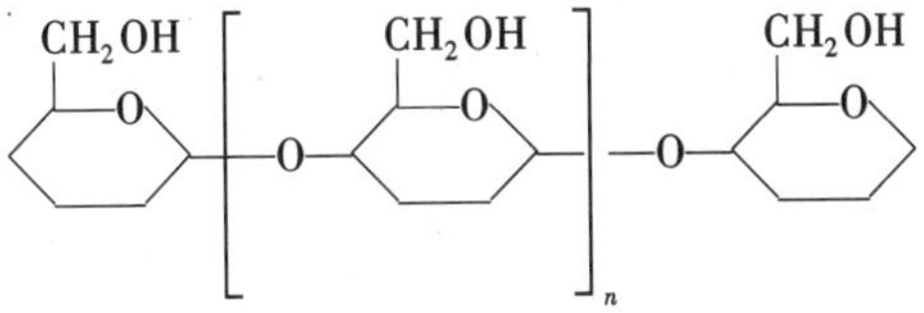

CH_2OH　CH_2OH　CH_2OH

O　—O—　O　—O—　O

$[\quad]_n$

葡萄糖2，3，6位上的羟基脱水连成树枝状时（结构式从略）叫做支链淀粉，又叫皮质淀粉。一般淀粉是直链淀粉和支链淀粉的混合物。前者约占20%～30%，是水溶性的；后者约占70%～80%，是非水溶性的。

当淀粉内葡萄糖6-碳上羟基中的氢，被取代基取代以后可以产生多种变性淀粉（改性淀粉）。例如，用环氧乙烷、氢氧化钠和氯乙酸、环氧丙烷三甲胺氯化物等分别处理淀粉，可以得到下面各种改性淀粉。

	取代基	改性淀粉
取代氢的取代基	$—CH_2CHOHCH_2N^+(CH_3)_3Cl^-$	α-羟基氯化三甲基丙胺淀粉（阳离子变性淀粉）
	$—CH_2COOH$	羧甲基淀粉（阴离子变性淀粉）
	$—CH_2CH_2OH$	羟乙基淀粉（中性变性淀粉）
	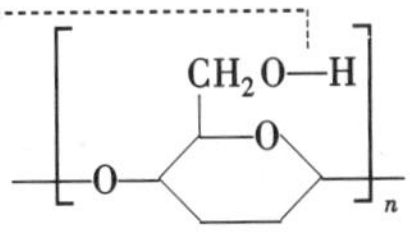 $[—O—(\text{ring, } CH_2O—H)—]_n$	普通淀粉（未变性淀粉）

7.1.2　淀粉在浮选中的作用

淀粉是非极性矿物和赤铁矿反浮选的抑制剂，也是赤铁矿选择絮凝的絮凝剂。未变性的普通淀粉与矿物的作用主要是靠氢键和静电作用。研究证明：在pH值为3～11的范围内，普通淀粉由于其分子中有少量的阴离子团，在水中也荷一些负电，而阴离子淀粉荷更多的负电，阳离子淀粉则荷正电。所以阴（阳）离子淀粉与荷电的矿粒作用时，表面静电力起着重要的作用。在 pH 值为 7～11 的矿浆中，石英比赤铁矿荷更多的负电，故阴离子淀粉在赤铁矿上的吸附剂量比在石英上的大得多。且阴离子淀粉在矿物表面的吸附量随 pH 值升高而下降。反之，阳离子淀粉在石英表面的吸附量比在赤铁上大 3 倍，且阳离子淀粉在矿物表面的吸附剂量随 pH 值升高而升高，显然当有用矿物与脉石表面的电荷不同时，选用适当的变性淀粉可以改善过程的选择性。

由于淀粉分子上有羟基、羧基（变性淀粉有）等极性基，故它可以通过氢键与水分子缔合，使与它作用的矿物亲水。研究证明：淀粉对矿物起抑制作用时并不排除矿物表面吸附的捕收剂，而是靠它巨大的亲水分子把疏水的捕收剂分子掩蔽着，使矿物失去疏水性。其抑制剂活性随分子量、分子中的羟基数和支链数的增加而增加，其选择性则与极性基的组成和性质有关。

淀粉做絮凝剂时，是由于它的分子大，可以同时与两个以上的矿粒作用，借助于“桥联”作用把分散孤立的细泥连接成大絮团，加速它们在水中的沉降速度。淀粉用量很小时（如数十克/吨）即可起到应起的作用，用量过大反而会使悬浮的细泥重新稳定，发生所谓“保护胶体”的作用。

淀粉水解未成葡萄糖之前称为糊精。

7.2 纤维素

纤维素是许多植物纤维的主要成分，其物质基础仍然是葡萄糖，结构式为：

CH_2OH　　H　OH
O
H　　H
H　　O
OH　H
H　　OH　H
OH　H　　H
O　　H　H
O
H　OH　　CH_2OH
n

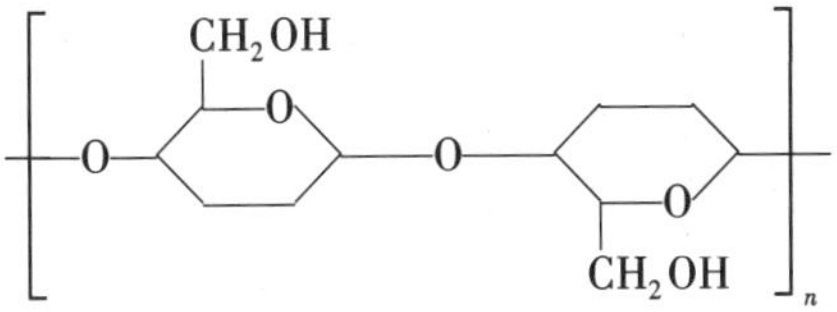

纤维素的分子式可以表示为 $[C_6H_{10}O_5]_n$，它是由葡萄糖单位去掉羟基中的氢后一正一反地连接起来的。基本成分和浮选性质与淀粉相似。

为了改善纤维素的浮选性质，可将纤维素进行一些处理，而使纤维素变成羧甲纤维素、羟乙纤维素、磺酸纤维素等，它们的特点是用相应的取代基取代了纤维素甲醇基中的 H。如：

取代 H 的取代基	改 性 纤 维 素
$—SO_3H$	磺酸纤维素
$—CH_3$	甲基纤维素
$—CH_2CH_2OH$	羟乙纤维素
$—CH_2COOH$	羧甲纤维素

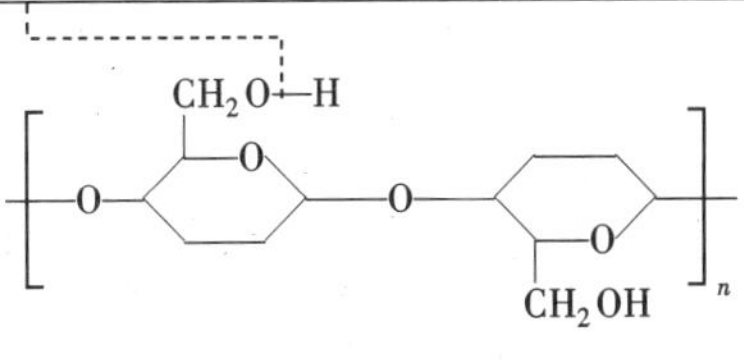

纤维素

其中，—COOH 和—SO_3H 是能促进药剂与矿物作用的基团。

这些纤维素中以羧甲基纤维素（CMC）用途最广。广泛地用它来抑制钙、镁硅酸盐矿物和碳质脉石、泥质脉石，如辉石、角闪石、高岭土、蛇纹石、绿泥石、石英等。用量为 100 ~ 1000g/t。羧甲纤维素可以铬铁盐木质素为代用品。

7.3 丹宁（栲胶）

丹宁是从一些植物的皮、根、果壳（如红根、槲树皮、五倍子、橡碗等）中提取的物质。丹宁的结构式比较复杂，它可以看作丹宁酸、末食子酸、雷琐酸等与葡萄糖组成的化合物。丹宁酸、末食子酸等的结构式见下

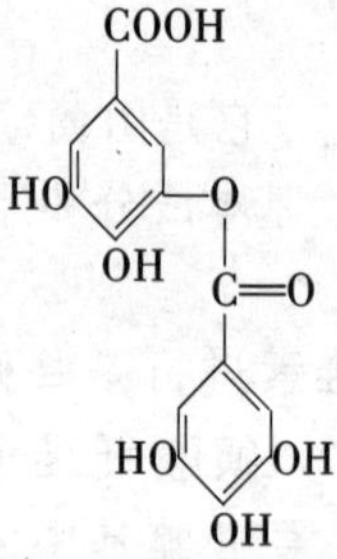

丹宁酸 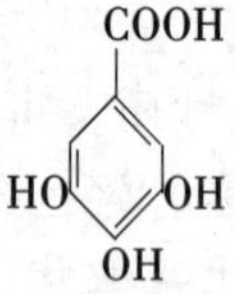　　末食子酸 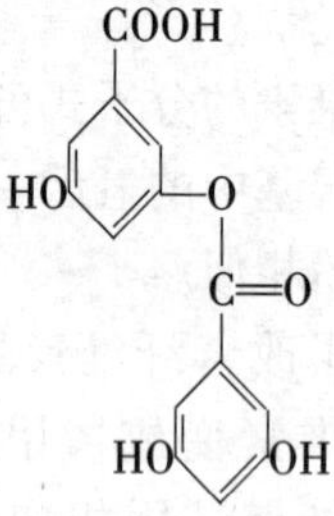　　一缩二-β-雷琐酸

各种丹宁萃取液浓缩后的浸膏干燥后称为栲胶。

合成丹宁（S-217、S-804、S-808、…）。

S-217 是苯酚、浓硫酸和甲醛的缩合物；S-804 是粗菲、浓硫酸和甲醛的缩合物，其有效成分为两端各带一个磺酸基的菲。

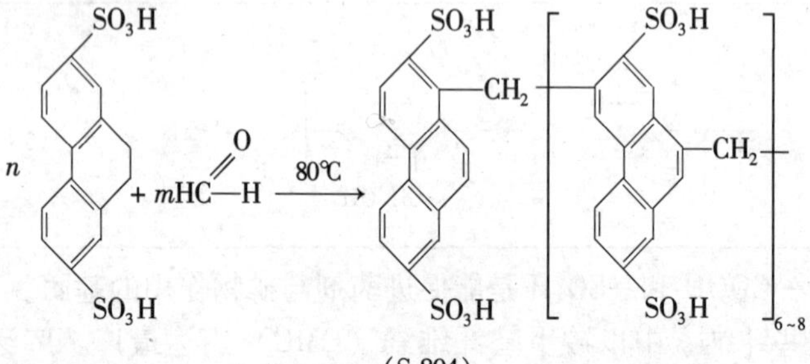

(S-804)

丹宁对方解石、白云石、石英、氧化铁矿物都有显著的抑制作用，丹宁酸和末食子酸抑制方解石的示意如图 7-1 所示。

丹宁可用于浮选萤石、重晶石等矿物。合成丹宁可用于从低浓度的锗溶液中富集锗，因为它与锗能形成不溶性的络合物。

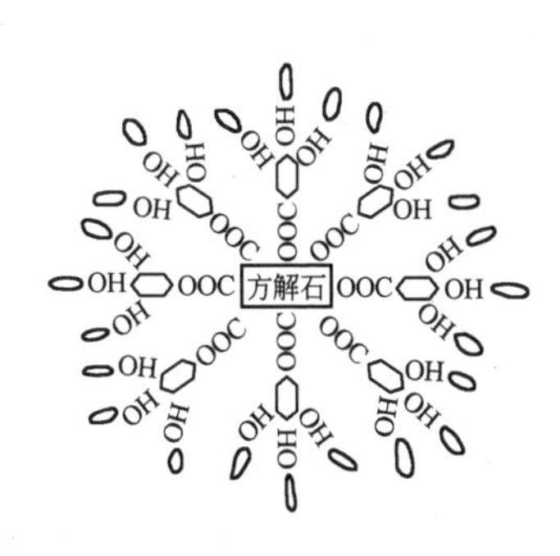

末食子酸在方解石表面成水膜示意图

代表水分子

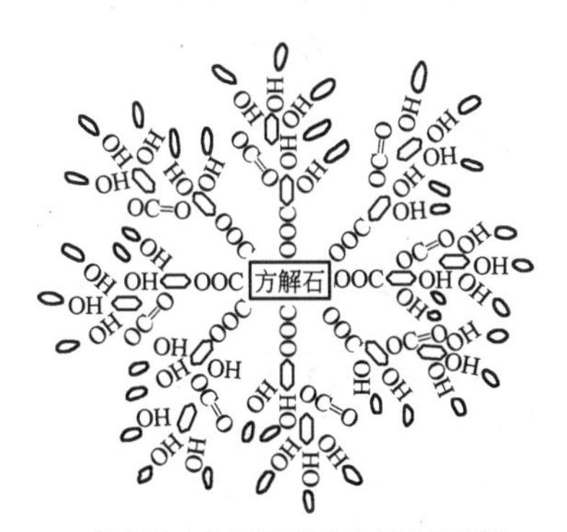

单宁酸在方解石表面成水膜示意图

代表水分子

图 7-1　丹宁酸和末食子酸抑制方解石示意图

7.4　木质素

木质素简称木素，主要由三种醇组成，即松柏醇、芥子醇和p-香豆醇。结构如下

CH_2OH	CH_2OH	CH_2OH
|	|	|
CH	CH	CH
‖	‖	‖
CH	CH	CH
苯环—OCH_3	CH_3O—苯环—OCH_3	苯环
OH	OH	OH
松柏醇	芥子醇	p-香豆醇

木质素是棕色固体粉末，只溶于碱性水溶液。用碱法造纸得到的木质素钠盐与亚硫酸共煮可以得到木素磺酸钠。木素磺酸钠除了作黏合剂以外，在浮选中可以抑制多种矿物。如浮选方解石时用它抑制石英，铁矿反浮硅石时用它抑制赤铁矿，用脂肪酸浮选独居石时用它和氟化钠抑制铍矿物；浮

选钾盐时用它作脱泥剂。

在木素分子中引入氯原子制成氯化木素，对铁矿物和稀土矿物有强烈的抑制作用，可以代替淀粉、糊精和栲胶作为上述矿物的抑制剂。

7.5 腐殖酸

腐殖酸钠是用苛性钠浸煮褐煤粉制得的产物。腐植酸是高度氧化的木质素，分子中有很多羧基，可以和铁、铜、铅、锌、锰、钴、镍等金属离子形成螯合物。可以作铁矿物的抑制剂和选煤尾水的絮凝剂。

7.6 聚丙烯酰胺（3 号絮凝剂）

聚丙烯酰胺是由丙烯先制得丙烯腈，再由丙烯腈制成丙烯酰胺，最后聚合成聚丙烯酰胺。几步的反应可表示为

$$\underset{\text{丙烯（来自石油裂化）}}{CH_3—CH═CH_2} \longrightarrow \underset{\text{丙烯腈}}{CH_2═CH—C≡N} \longrightarrow$$

$$\underset{\text{丙烯酰胺}}{CH_2═CH—C(═O)NH_2} \longrightarrow \underset{\text{聚丙烯酰胺}}{\left[—CH_2—\underset{\underset{NH_2}{|}}{\underset{C═O}{|}}{CH}—CH_2—\underset{\underset{NH_2}{|}}{\underset{C═O}{|}}{CH}— \right]_n}$$

聚丙烯酰胺分子量很大，一般在 400～800 万之间。活性基团为酰胺基。

在碱性至弱酸性介质中有非离子的性质，在强酸性介质中，有弱的阳离子活性，因为其 NH_2 可以和 H^+ 结合变成 NH_3^+。它能在很宽的 pH 值范围内使用。有粉状和凝胶状两种。没有水解的聚丙烯酰胺基与水中的 H^+ 作用生成 NH_3^+，在大的分子中互相排斥，使分子伸展，是起桥联作用的基础；聚丙烯酰胺分子中有少量酰胺基水解成 $COOH \rightarrow COO^-$ 时，正负基团互相吸引，使分子

蜷缩；当分子中的酰胺基有三分之二水解后，COO^-基占功能团的2/3时，由于COO^-的互相排斥，分子几乎完全展开，桥联作用最好。

聚丙烯酰胺就靠着羧基、铵基和酰胺基与细泥表面的各种键力发生作用。

它在石油、冶金、化工等领域有广泛的用途。在选矿中用于絮凝选矿、精矿脱水、加速细泥沉降和提高过滤效率，效果显著。

8 浮选机械

8.1 概述

8.1.1 浮选机的基本功能

本章讨论的是用泡沫浮选分离矿物的浮选机械。可以大体分为浮选机和浮选柱两类。浮选机工作时，内部先装满矿浆，然后充入空气，让矿浆和空气在两相混合区Ⅰ混合（图 8-1）。当浮选机连续工作时，矿浆沿 j_1、j_2 的方向进入，空气沿 q_1、q_2 的方向进入，在机械叶片的作用下，两者混合产生气泡。

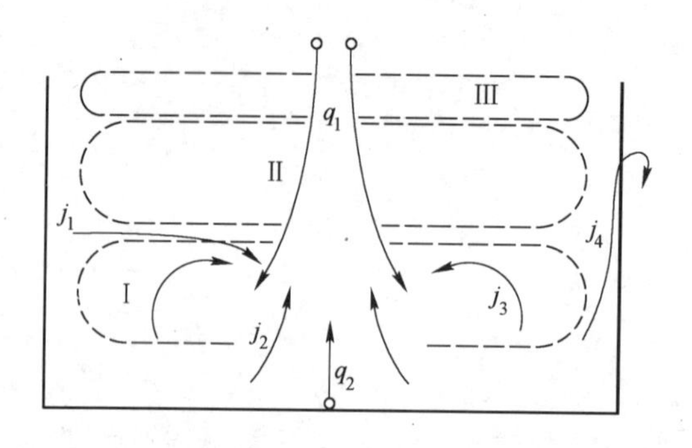

图 8-1 浮选机的工作区划分

Ⅰ—两相混合区；Ⅱ—分选区；Ⅲ—泡沫区；q_1—上方充气路线；q_2—下方充气路线；j_1—上侧进浆路线；j_2—下侧进浆路线和矿浆循环路线；j_3—上侧矿浆循环路线；j_4—尾矿排出路线

除了一部分混合物沿路线 j_2、j_3 循环以外，大部分上升到分选区Ⅱ。气泡在分选区中载着疏水性矿粒进入泡沫区Ⅲ，最后从泡沫区与纸面垂直方向排出成为泡沫产物（一般是精矿），而未浮起的矿粒落回混合区，经过一定的时间循环流动后沿 j_4 的路线排出或流入下一槽，成为槽底产物（一般是尾矿）。

浮选机首先必须具备一般机械应具备的性能，如结构简单可靠、工作连续、耐用、易维修、耗电少、可以自动化。此外还应有几个特殊作用：

（1）充气作用。必须能够向矿浆中吸入或压入足量的空气，并使空气分割成细小的气泡，如直径0.1～1.0mm的气泡。同时把气泡均匀地分散在全槽的矿浆中。

（2）搅拌作用。要能造成适当强度的搅拌，目的是：

1）使矿浆获得的上升速度高于矿粒的沉降速度，以防矿砂沉积，同时搅拌强度不应使粗颗粒在与气泡碰撞以后从气泡上脱落。研究表明，40μm 和 10μm 的颗粒与气泡的接触效率不同，细颗粒在与气泡接触时，要求有较大的搅拌强度。

2）有相当数量的矿浆在混合区循环，以维持矿粒悬浮和提供矿泡接触机会。

3）使大片空气分割成小气泡，并把气泡均匀地分散到全槽中，以提高浮选效率。

4）促进药剂的溶解、分散，并使它们有与矿粒作用的机会。

（3）矿浆高度和充气量便于调节。

（4）精矿泡沫能及时输送出去。

8.1.2 充气方法与气泡的形成

浮选机的充气有三种主要途径：

（1）靠机械搅拌在混合物区造成低于大气压的负压区，经管道从大气中吸入空气。

（2）经管道从外面压入空气。压入的空气在转子和定子间碎成气泡，或经纤维织物、带孔的橡胶软管等微孔介质生成气泡；或者利用气体流过某种喷射器，由喷射器将空气喷入矿浆生成气泡。

（3）同时利用充气管道和机械搅拌的抽吸作用吸入空气。

气泡的形成　带机械搅拌的浮选机，其气泡形成主要是由于机械搅拌使流体产生紊流，机内各点的流体流速方向不同，运动的矿浆相互掩埋、撞击和切割矿浆中的空气洞，使大片空气“粉碎”成气泡。其次在磨矿、砂泵输送、搅拌调浆和浮选机叶轮旋转的过程中，旋转叶片前方的高压区，都有空气溶入，当这些在高压区溶解有空气的矿浆，运行到低压区气体就会析出。而叶轮叶片后方，由于矿浆来不及填满，会产生一定的真空，就可以使溶解的空气析出成微泡，这种微泡可以直接析出在疏水性的矿粒表面。如果低压区连通空气通道，则也可以从空气通道继续吸入空气。有的研究者认为浮选机的定子等不动构件，只能改变液体和空气流动的方向，而不能直接把大片空气切成小泡。

气泡的兼并与浮升速度　浮选机中一面有大片空气碎裂成小泡，一面有小泡兼并成大泡。气泡的大小，影响到气泡的负载能力、浮升速度和寿命。气泡的直径大，矿化后的平均密度小，浮升速度大，而负载能力小。矿浆浓度小，黏性小，气泡上升速度大。但研究表明，矿浆浓度由35%增加到50%时，由于矿浆黏度增加，大泡上升时形成的通道，短时内难以弥合，反而使其后面的气泡上升速度增大。气泡运动到泡沫层的附近时，其速度也减小，因为它受到上部泡沫层的阻碍，有上升速度平均化的倾向。

8.1.3　浮选机的分类

目前国内外浮选机种类不少，可以按浮选机的充气方式将它分为三类：

（1）机械搅拌式浮选机。靠叶轮搅拌在浮选机的下部造成低于大气压的负压区，通过管道从大气中吸入空气，如国产XJK(A)型、JJF型浮选机。

（2）（充）气搅（拌）式浮选机。虽有机械叶轮维持矿砂悬浮，但其充气主要靠充气管道将气体送到液气混合区，如KYF型浮选机、OK型浮选机。

（3）压气式浮选机。没有叶轮搅拌装置，只靠压入的气体经过某种喷射装置，给矿浆充气和搅拌，如 XPM-8 浮选机和浮选柱。

8.2 代表性的浮选机

8.2.1 XJK 型（A 型）浮选机

它是一种靠叶轮搅拌作用产生局部真空而充气的浮选机，是我国较早通用的一种浮选机，其构造如图 8-2 所示。

这种浮选机一般为四槽配成一组，第一槽有吸浆管 22，称为吸浆槽。第 2 ~4 槽没有吸浆管，称为直流槽。因为其槽间隔板上有空窗 18，前槽的尾矿浆可以穿过空窗直接流入后槽。工作时电机通过三角电动机及皮带轮 19 和 13 带动主轴 3 旋转，叶轮 5 随主轴 3 一起旋转，于是在盖板 7 和叶轮 5 之间形成局部真空区（负压区），空气由吸气管 11 经空气筒 2 吸入。同时矿浆经吸浆管 22 被吸入，两者混合后借叶轮旋转产生的离心力经盖板边缘的导向盖板 7 被甩至槽中。叶轮的强烈搅拌使矿浆中的空气弥散成气泡并均匀分布于矿浆中，当悬浮的矿粒与气泡碰撞接触时，可浮矿粒就附着在气泡上并被气泡带至液面形成矿化泡沫层，然后由刮板 15 刮出作为精矿，未附着的矿粒作为尾矿流入下一槽。

叶轮和盖板是这种浮选机的关键部件，决定矿浆的充气程度和矿浆的运动状态。图 8-3 所示为该机的叶轮和盖板形状。

叶轮底板为一个圆盘，上面有六片辐射状叶片。盖板为圆环，靠中部有矿浆循环孔，周围有与半径成一定倾角的叶片。用铸铁或橡胶材料制成。叶轮用螺帽紧固在主轴下端。

叶轮的作用是与盖板组成类似于泵的真空区造成负压，自吸空气；造成矿浆循环并与空气混合，使空气在与矿浆混合物中溶解和析出；使药剂进一步混合、分散与矿粒作用。

盖板的作用是与叶轮构成负压区，吸入空气；其叶片对矿浆起导流作用，减少涡流；停车时挡住沉砂，以免矿砂埋住叶轮不能启动；循环孔可让矿浆与空气的混合物在混合区循环。

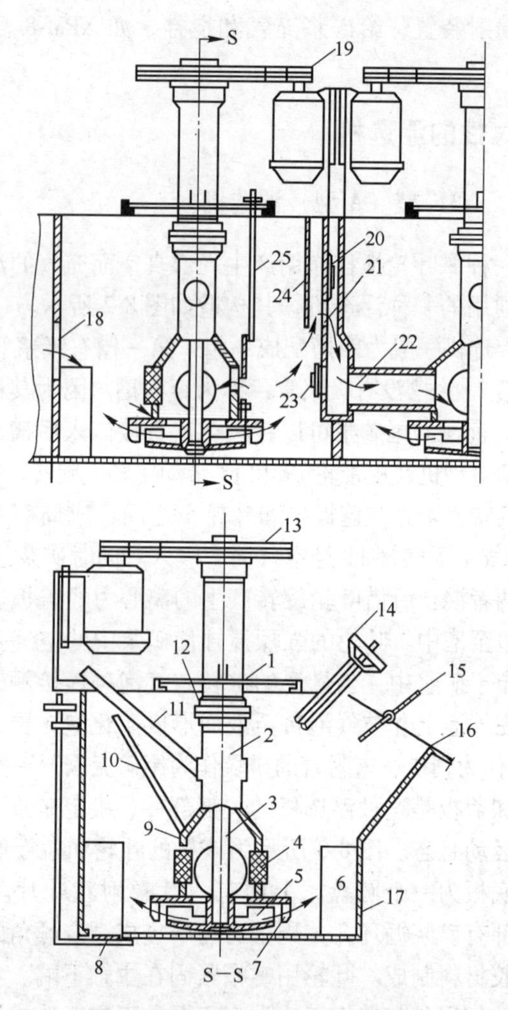

图 8-2　XJK 型浮选机构造示意图

1—座板；2—空气筒；3—主轴；4—矿浆循环孔；5—叶轮；6—稳流板；7—盖板；8—事故放矿闸门；9—连接管；10—砂孔闸门调节杆；11—吸气管；12—轴承套；13—主轴皮带轮；14—尾矿闸门丝杠及手轮；15—刮板；16—泡沫溢流唇；17—槽体；18—直流槽进浆口（空窗）；19—电动机及皮带轮；20—尾矿溢流堰闸门；21—尾矿溢流堰；22—给矿管（吸浆管）；23—砂孔闸门；24—中间室隔板；25—内部矿浆循环孔闸门调节杆

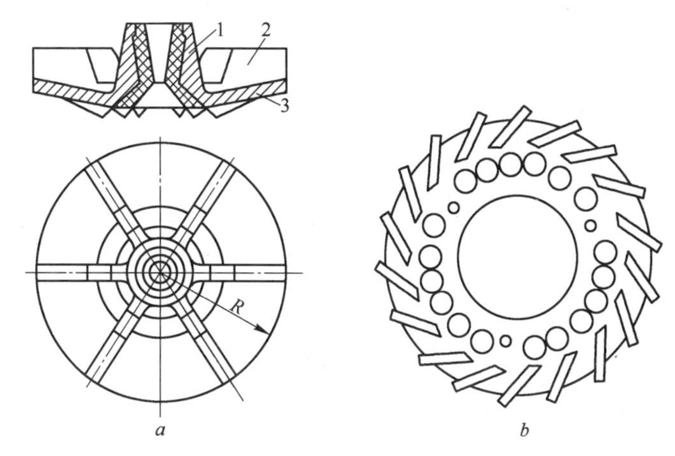

图 8-3　XJK 浮选机的叶轮（a）和盖板（仰视图）（b）

1—轮毂；2—叶片；3—底板

这种浮选机具有搅拌力强，能适应复杂流程，指标基本稳定的优点。20 世纪 80 年代以前曾经是我国浮选厂的主要机种。其缺点是构造复杂、功耗大，叶轮盖板装配要求严格又容易磨损，液面不稳定。在老的中小厂和精选作业仍可见到，新建厂一般不用。它的构造与西方法连瓦尔德式和俄罗斯的 A 型浮选机相似。

8.2.2　KYF 型和 KYF-160 型浮选机

它们是我国20 世纪80 年代研制的浮选机，是一种充气搅拌式浮选机。采用 U 形断面槽体（图 8-4）空心轴充气和悬空定子。叶轮如图 8-5 所示。

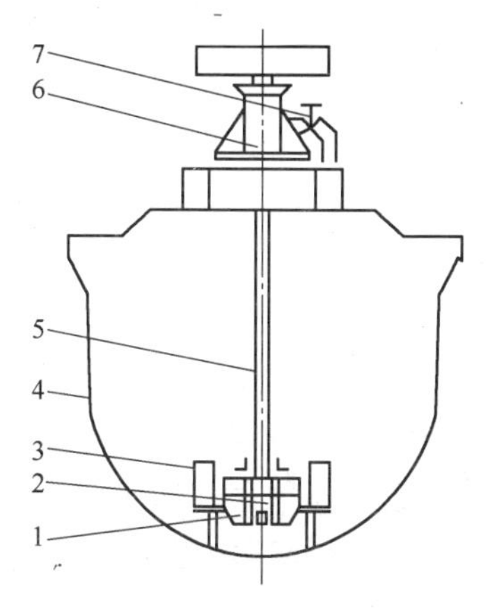

图 8-4　KYF 浮选机简图

1—转子；2—空气分配器；3—定子；4—槽体；5—主轴；6—轴承及支架；7—压气管网

叶轮断面呈双倒锥台状，即叶轮外廓由上向下分两段缩小，

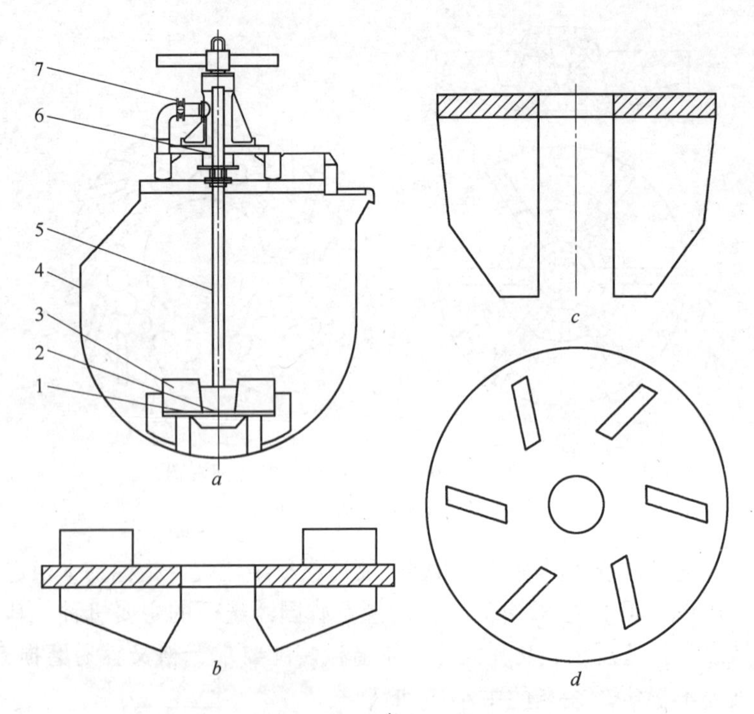

图 8-5　XCFⅡ型/KYFⅡ型浮选机
a—KYFⅡ型直流槽结构简图；*b*—XCFⅡ型和 KYFⅡ型和叶轮；
c—直流型叶轮；*d*—后倾式叶片示意图
1—叶轮；2—空气分配器；3—定子；4—槽体；
5—主轴；6—轴承体；7—空气调节阀

呈倒锥台状（图 8-5*c*）。有 6 ~ 8 个后倾叶片（图 8-5*d*），即叶片方向线与半径成一定的夹角，倾斜方向与旋转前进方向相反，使其扬送矿浆量大、动压头小；在叶轮腔中设计有专用空气分配器，空气分配器为圆筒形，周围均匀分布着小孔，使空气能均匀地分散在叶轮叶片的大部分区域内。定子分四块，覆盖于叶轮四周的斜上方，支撑在槽体上；该机的叶轮-定子系统具有能耗低、结构简单的特点。

我国近年研制出的 KYF-160 型浮选机，槽体为圆柱形，深槽，槽底为平底，几何容积 160m^3，质量 41.7t，矿浆处理量为 2400m^3/h。叶轮采用后倾叶片，高比转速（主动轮转速/从动轮转速）。低阻尼直悬式定子，安装在叶轮周围斜上方，由支脚固定在槽底。泡沫槽采用周边溢流方式，利用矿浆的自然流动动力，加速泡沫的溢流，降低能耗，采用双泡沫槽、双推泡锥槽体结构。

当转速为 111r/min，KYF-160 型在各个充气量水平下，空气分散度均在 2 以上。空气分散度的计算公式如下

$$\text{空气分散度}=\frac{\text{各测量点的算术平均充气量}(\mathrm{m^3/min})}{\text{测量点的最大充气量}(\mathrm{m^3/min})-\text{测量点的最小充气量}(\mathrm{m^3/min})}$$

气泡直径也比较均匀。工业对比试验的精矿分析结果表明：KYF-160 型浮选机精矿 −21μm 级的产率，品位及回收率比 KYF-16 型浮选机的对应值高得多；+77μm 级精矿的指标则比 KYF-16 型浮选机的对应值略差；精选后 KYF-160 型系统总的指标高。经测定 KYF-160 型浮选机的各项工艺性能已达到了世界大型浮选机的先进水平。

小的 KYF 型浮选机用 U 形断面是为了使粗砂容易返回叶轮区，KYF-160 型采用圆桶形槽是为了减少厂房面积；采用双倒台锥状、后向叶片、高比转速的离心叶轮，是为了矿浆能自下向上运动，总压头中动压头成分小，功效高，扬量大。在云南牟定铜矿用 KYF-16型和改进型 6A 浮选机的工业试验表明：用 KYF-16 型浮铜的回收率和品位略有提高，易磨件寿命延长一倍，节电 43% 左右。

8.2.3 XCFⅡ型/KYFⅡ型浮选机联合机组

这两种Ⅱ型浮选机是 XCF 和 KYF 机的换代产品。XCFⅡ结构与 KYFⅡ相似，不同之处是 XCFⅡ有上叶片吸浆（见图 8-5*b*，*c*），而 KYFⅡ没有上叶片吸浆。这两种浮选机可以单独使用，也可以联合使用。联合使用时 XCFⅡ浮选机作为吸入槽，KYFⅡ作为直流槽，工作时，XCFⅡ浮选机的上叶片负责抽吸给矿和中矿，下叶轮负责从槽底抽吸槽内矿浆，与此同时，由鼓风机给入的低压

空气,经风道、空气调节阀、空心主轴进入叶轮腔的空气分配器中,通过分配器向周边排出。排出的矿浆与空气在叶轮下叶片间充分混合后,由叶轮下叶片周围排出。排出的矿浆与空气混合物同上叶片排出的矿浆流一起,由安装在叶轮周围的定子稳流和定向后,进入到槽内主体矿浆中。矿化气泡上升到槽子表面形成泡沫层,经泡沫刮板刮到泡沫槽中,槽内矿浆一部分返回到叶轮下叶片间进行再循环,另一部分通过槽壁上的流通孔进入下槽进行再选。

XCFⅡ型/KYFⅡ型与XCF型和KYF型相比，有如下特点:

(1) 改变了定子及其支撑方式，使矿浆通过定子的面积加大，减小了矿浆进入叶轮的速度和阻力，可节能8% ~10%。

(2) 对叶轮结构进行了改进，并改进了空气分配器，使转子、定子的结构参数更加合理；提高了空气分散度和充气量的调节范围，使吸入槽的吸入能力大大提高，能使精矿品位提高1.0% ~1.2%，回收率提高0.8% ~1.5%。

(3) 对叶轮、定子的相关参数进行优化，使充气量增大，功耗下降，延长了易损件寿命，一般可用一年半以上。

(4) 采用进口尼龙基碳化硅和二硫化钼耐磨材料取代原用的铸铁或橡胶，其寿命为铸铁的3.0~4.5倍，为橡胶的1.5~2.0倍。减少了维修费用，提高了选别指标。

(5) 设计了可满足手动、电动和自动控制要求的中、尾矿箱，便于用户选择。

在吉林镍业公司用XCFⅡ型/KYFⅡ-8型取代SF-4型浮选机，铜陵凤凰山铜矿用XCFⅡ型/KYFⅡ-16型取代瑞典的BFP型充气搅拌浮选机，都取得了明显的成效。如前者降低电能单耗1.0kW·h/t，减少了备件和维修费用，降低了药剂费用，提高了浮选指标；后者还空出了场地，并使操作简单方便。

8.2.4 JJF型浮选机、维姆科(WEMCO)型浮选机和司马特(SmartCell™)型浮选机

国产JJF型浮选机和美国WEMCO型浮选机相似，属于机械

搅拌自吸式浮选机。结构及部件如图 8-6 所示。这种浮选机的搅拌装置和 A 型差别较大，它用转子代替叶轮，用定子代替盖板。转子是有矩形长方齿条的柱（星）形转子（图 8-6*b*），和 A 型机的叶轮相比，直径较小而高度较大。定子是周边有许多椭圆形小孔的圆筒，内表面有突出的筋条，叫分散器。分散器的上部还有一个多孔的锥形罩，用以阻止矿浆涡流对泡沫层的干扰，保持泡沫层的平静。此外它有供槽内矿浆循环的假底，假底四周和槽内矿浆相通，中心和导管相通。

柱形转子在定子中旋转时，竖管 2 和导管 6 之间产生负压。

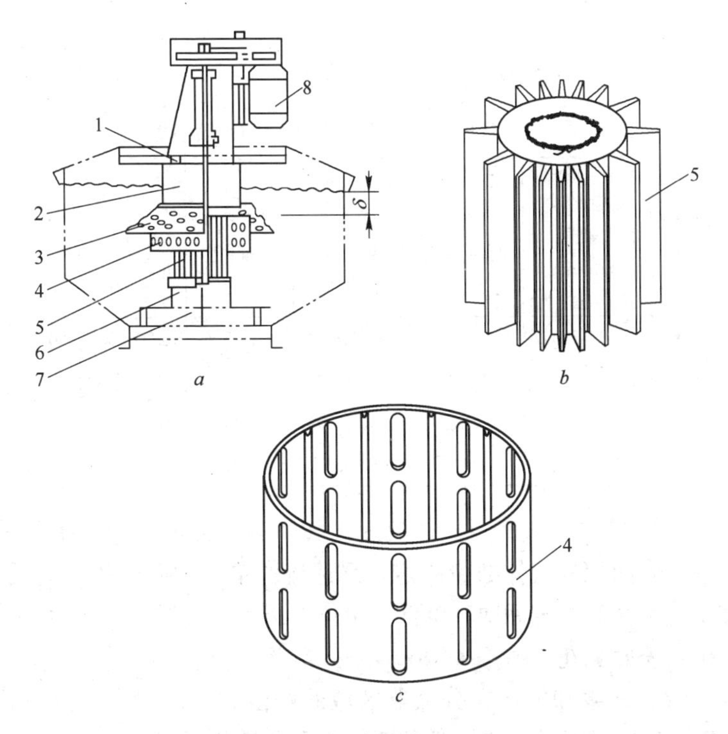

图 8-6　JJF 型浮选机示意图

a—槽子总图；*b*—转子；*c*—定子

1—进气口；2—竖管；3—锥形罩；4—定子；5—转子；

6—导管；7—假底；8—电动机；δ—浸入深度

空气经进气口和竖管吸到转子和定子之间，矿浆经假底和导管吸到转子和定子之间，两者靠涡流作用互相混合。混合后被转子甩向四周，通过分散器排出。一部分上升的紊流遇到锥形罩，缓慢地从其孔中或侧面排出，所以这种浮选机尽管槽体较浅，泡沫面却比较平稳。

在大冶铁山用 JJF-20 型浮选铜硫混合精矿的试验表明，它和 7A 对比，浮选时间可以短一些。回收率略高而精矿品位略低，零件较耐磨，电耗和经营费略低。

随着社会需要扩大和能源的价格上涨，浮选机的规格不断扩大。1987 年德勒（Degner）等人对维姆科浮选机的扩大，提出了六项参数，它们的数值见表 8-1 所列。

表 8-1　WEMCO 型浮选机扩大的六项参数

槽子体积 /m^3(ft^3)	单位泡沫表面气体流速 /$m \cdot min^{-1}$ ($ft \cdot min^{-1}$)	气体和矿浆停留时间/s	分散器功率强度 /$kW \cdot m^{-1}$ ($hp \cdot ft^{-1}$)	循环强度 /min^{-1}	矿浆速度 /$m \cdot min^{-1}$ ($ft \cdot min^{-1}$)	气体流量数 Q/ND^3
8.50(300)	0.92(3.03)	0.660	4.60(1.880)	2.20	76.20(250)	0.155
28.32(1000)	1.08(3.53)	0.899	3.74(1.517)	1.62	100.28(329)	0.149
84.95(3000)	1.18(3.88)	1.318	4.18(1.710)	1.13	102.41(336)	0.135
127.43(4500)	1.13(3.7)	1.49	3.67(1.5)	0.78	101.80(334)	0.135

（1）单位泡沫表面气体流速。气体流速由进入浮选槽中单位泡沫表面积的气体数量决定。浮选机的单位截面气体流速低，会使疏水性矿物的回收率降低；单位泡沫表面气体流速过大，会使矿浆表面翻花。

（2）矿浆和气体在分散器区域的停留时间，代表气泡与矿粒接触时间的长短，它由单位时间内在分散器区域中的矿浆和气体总体积所决定。WEMCO 型浮选机分散器的体积就是分散器腔所包含的容积。

（3）分散器功率强度，表示按每立方英呎分散器体积计算的功率。

（4）循环强度。是表示矿浆在离开浮选槽前通过充气机械的次数。循环强度越大，在分散器区域中矿浆与气体接触的次数越多。

（5）矿浆速度。是按单位面积计算的矿浆通过速度，它决定于通过竖管横截面的液体速度。为了改善大容积浮选机中的固体悬浮特性，随着浮选机规格的增大，矿浆速度就增大。

（6）气体流量数。是以 Q/DN^3 表示，式中 Q 为气体流量；N 为转子转速；D 为转子直径。气体流量数与控制转子转速，使吸入的气体量和矿浆悬浮能力保持必要的平衡有关。充气量不足或过量都会降低回收率，因为充气量不足会使浮选速度减小，充气量过大会使泡沫面翻花，使有用矿物从气泡上脱落。

此外矿浆-气泡界面紊流度的降低和泡沫的刮出速度也可以按比例放大。应用分散器和分散器罩可以降低矿浆-泡沫界面紊流度。分散器可以作成内槽挡板，使分散器外部成为一个比较平静的区域。分散器罩可进一步降低矿浆的流速，保证矿浆-泡沫面平静。

浮选机处理泡沫的能力可以用它的泡沫堰负载量（Lip Loading）来度量。泡沫堰负载量定义为浮选机按单位体积计的泡沫堰长度。其按比例放大原则见表 8-2 所列。

表 8-2　自吸气式浮选机泡沫堰负载量按比例放大原则

槽体积/m^3 (ft^3)	几何泡沫堰负载量值/$cm \cdot m^{-3}$ ($in \cdot ft^{-3}$)	设计泡沫堰负载量值/$cm \cdot m^{-3}$ ($in \cdot ft^{-3}$)
8.5(300)	53.82(0.600)	53.82(0.600)
28.32(1000)	24.22(0.270)	49.87(0.556)
84.95(3000)	11.66(0.13)	23.23(0.259)
160.00(5650)	—	25.11～34.98(0.28～0.39)

从表 8-2 前三列可以看出，设计的泡沫堰负载量值比几何放

大所需要的泡沫堰负载量值要大。

在南美选矿厂的 5650ft^3 司马特(SmartCell™)型浮选机应用了混合竖管、斜槽底、放射状泡沫槽和竖直导流板，以提高浮选指标。

8.2.5 OK 型浮选机与 TC-XHD 型浮选机

OK 型浮选机由芬兰奥托昆普公司研制。该机的特点是有外廓呈半椭球形的转子（图 8-7），它由侧面呈弧形、平面呈 V 形的许多对叶片组成，V 形尖端向着圆心，上面有一盖板。相邻的 V 形叶片间有排气间隙，从中空轴下来的压缩空气由此间隙排出。叶片侧面成上大下小的弧形，目的是使其转动时，上部半径大，甩出液体的离心力大，这些动压头较大的液体遇到周围呈辐

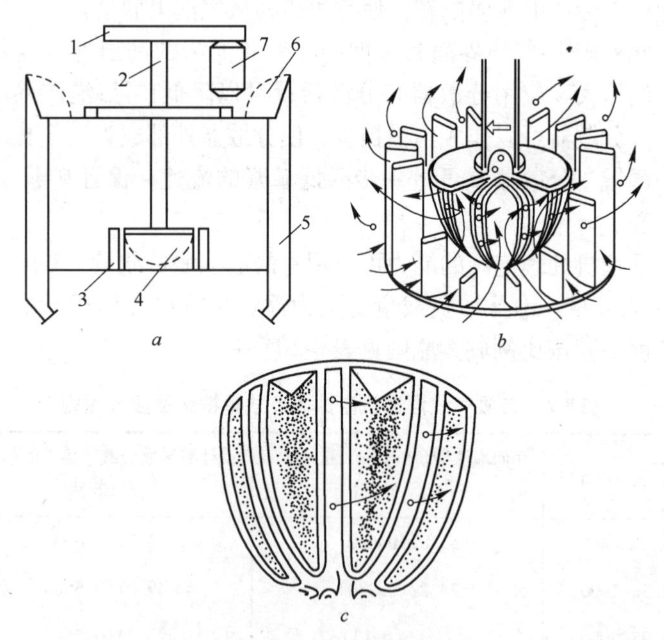

图 8-7　OK 型浮选机

a—OK 型浮选机横断面；*b*—矿浆和气泡运动路线；*c*—转子外观

1—皮带轮；2—主轴；3—定子；4—转子；

5—泡沫槽；6—刮板；7—电动机

射状排列的定子稳流板，或多或少被折回来，以补偿其附近因位置高原有的静压头小的缺点，使叶轮面上下的压头相差不远，从而克服只有转子最上边能排气的缺点，保持叶轮上部2/3的高度都能排气。这种设计不仅使空气分散良好，而且还有两个作用：

（1）矿浆能从V形叶片沟槽中向上流动（下部静压头大）；

（2）不容易被矿砂埋死，停车后随时可以满载（不用放去矿浆）启动。

$8m^3$以下的OK型浮选机，槽体为矩形，有挡板；$16m^3$以上的OK型浮选机使用U形槽体。

OK型浮选机问世以来，不断推出较大的浮选机。其序列号有：

OK-R（R形机体）0.05；1.5；3；5

OK-U（U形机体）8；16；38；50

TC（圆筒形机体）5；10；20；30；50；70；100；130

TC-XHD 100；160；200

各型号中的数字为体积的立方米数。

TC（圆筒形槽，TankCell）型机壳为圆筒形。TC-60于1983年在芬兰哈萨尔米选矿厂投入运转。80台TC-100于1995年在智利艾斯康底达公司用于铜粗选。其后通过改进，制成TC-XHD-160型和TC-XHD-200型浮选机，适用于在特别困难条件下处理斑岩铜矿。

在研究浮选机大型化过程中，注意要处理好三个问题：

（1）粗粒、中粒和细粒的搅拌。在任何一种浮选机中，中等粒度矿粒的浮选，都快而容易。粗粒容易向气泡黏附但搅拌强度太大容易脱落，要保证粗粒浮选所耗的能量较低；细小颗粒在气泡表面与液体一起流动，常常不能穿透气泡表面的水化层，所以要特别提高作用于细小颗粒的能量，将能量补加在最接近气泡与颗粒之间初次发生接触的区域，即转子与定子之间。大型浮选机中，消耗能量（kW/m^3）的分配与粒度的关系见表8-3。

表 8-3　大型浮选机的能耗（kW/m^3）分配

作　业	大小适当矿粒浮选	粗矿粒浮选	细矿粒浮选
确保矿粒与气泡接触和搅拌	0.65	0.55	0.75
充　气	0.20	0.20	0.20
共　计	0.85	0.75	0.95

最佳粒度矿粒的浮选，是在一般运转速度下，通过多次混合（Multi-mix）机理实现的；粗粒的浮选，可以在较低的运转速度下，利用自由流动（Free-flow）实现；细粒的浮选，要使矿粒与气泡接触的能量最佳化，主要是提高转速并借助于多次混合（Multi-mix）机理实现。所以奥托昆普大型浮选机处理粗粒和细粒的转子转速不同，定子与转子的相对高度也不同，前者要相对高一些。

（2）圆筒形大型浮选机的泡沫槽设计，随过程产生的泡沫量不同而不同。泡沫槽的位置、宽度、高度、个数都可以改变。总目的是将产生的泡沫及时输送出去。设计的泡沫槽有三种：第一种是置于槽子中央的内泡沫槽（IN-L），矿浆从泡沫槽周边的一侧流入；第二种是置于转轴与槽子周边之间的高处理能力泡沫槽（HC-L），矿浆从两侧流入泡沫槽中；第三种是双重泡沫槽（DB-L），用于泡沫量很大的过程。

（3）一个作业需要使用的浮选机台数，与富集比有关。一般情况下，为了避免短路，需要 6 台浮选机构成一组；如果富集比要求不高，而且要排出最终尾矿，那就可以用 8 ~ 10 台浮选槽构成一组。

8.2.6　CLF 型粗粒浮选机

这种浮选机采用高比转数后倾叶片叶轮，下叶片形状设计成与矿浆通过叶轮叶片间的流线相一致，具有搅拌力弱、矿浆循环量大、功耗低的特点。叶轮直径相对较小，圆周速度低，叶轮与定子间的空隙大，磨损轻而均匀。叶片为上宽下窄的近梯形叶片，叶片中央有空气分配器，定子上方支有格子板（图8-8）。

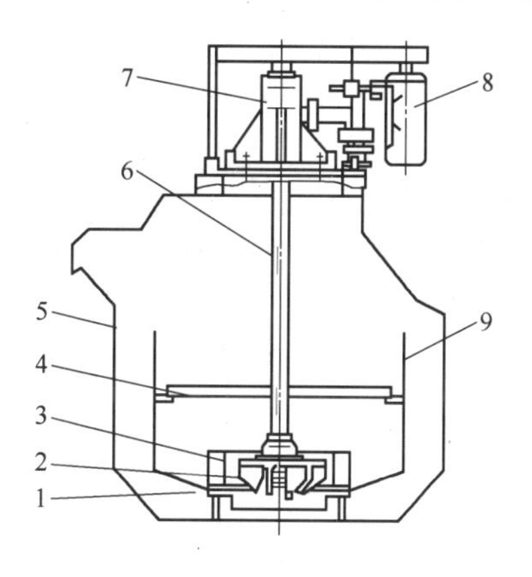

图8-8　CLF型浮选机

1—空气分配器；2—叶轮；3—定子；4—格子板；
5—槽体；6—空心轴；7—轴承体；
8—电机；9—垂直矿浆循环板

叶轮下方有凹字形矿浆循环通道，槽的两侧也有矿浆循环通道9，这些结构使矿浆循环好，加上叶轮的作用，使槽内的矿浆有较大的上升速度，有利于粗粒悬浮。充气量大，空气分散好，矿浆面平稳。槽体下部前后方削去三角长条，减少粗砂沉积。后上方槽体前倾有推动泡沫排出的作用。该机处理的最大矿粒可达1mm，不沉槽。功耗低，设有吸浆槽，浮选作业间可水平配置，不用辅助泵。设有矿浆面自动控制系统，操作管理容易。主要用于一般浮选机难以处理的粗粒矿物。在大厂长坡锡矿，给矿粒度为-0.7mm的情况下，+0.15mm目的矿物的回收率比6A浮选机高5%～16%；-0.15mm粒级的回收率相当或略高。节约电能12.4%，叶轮和定子寿命比6A浮选机长3倍以上。

8.2.7　BF型浮选机

BF型浮选机的结构图如图8-9所示，叶轮和定子与一般浮

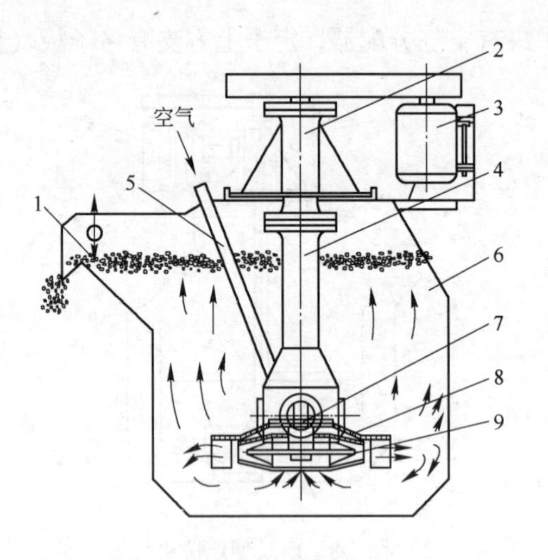

图 8-9 BF 型浮选机结构简图

1—刮板；2—轴承体；3—电动机；4—中心筒；
5—吸气管；6—槽体；7—主轴；
8—定子；9—叶轮

选机有明显的差异。定子中间高周围低，叶轮由闭式双截锥体组成，可产生强的矿浆由下向上循环，矿浆循环合理，能最大限度地减少粗砂沉积，吸气量大，功耗低。每槽兼有吸气、吸浆和浮选三重功能，可水平配置，自成回路，不要辅助设备。设有矿浆液面自控和电控装置，调节方便。1999 年获国家发明专利。

8.2.8 GF 型浮选机

该型浮选机为机械搅拌式浮选机，结构简图如图 8-10 所示。由图可见叶轮底盘上下都有叶片，能自吸给矿和中矿，可平面配置。自吸空气量可达 $1.2m^3/(m^2 \cdot min)$，槽内矿浆循环好，液面平稳不翻花，不旋转。处理粒度范围 -0.074mm 45% ~90%，矿浆浓度小于 45%。分选效率高，可提高粗、细粒的回收率；功耗低，比同规格的其他浮选机节能 15% ~20%。易损件寿命长。适用于中、小规模浮选厂。

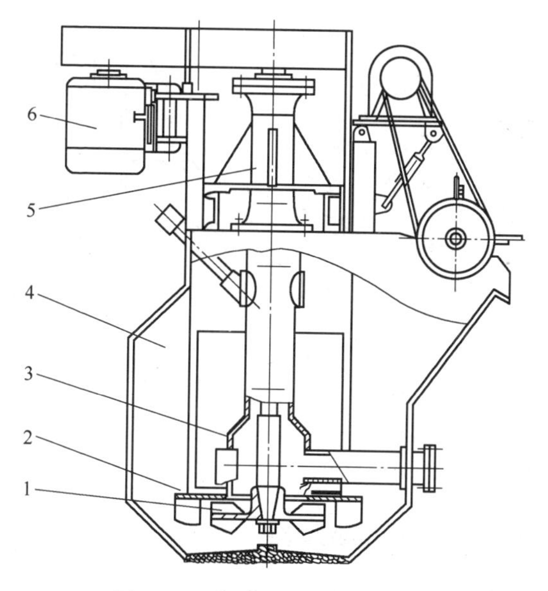

图 8-10　GF 型浮选机结构简图

1—叶轮；2—盖板；3—中心筒；4—槽体；5—轴承体；6—电动机

8.2.9　HCC 型环射式浮选机

该机叶轮部分结构特殊（见图 8-11），混流泵叶轮的叶片位于圆锥形底盘上，叶片与圆锥面的母线呈较大的夹角。使用这种泵时，叶轮下方必须有一固定的起导流作用的圆锥台。当叶轮转动时，叶轮罩内为负压区，空气被矿浆挟带流入（一次充气）该区。当矿浆沿圆锥面射向槽底时，空气从叶轮背面经叶轮外缘与圆锥台之间的缝隙被吸入（二次充气）。亦即叶轮的正面和背面均能形成负压区。试验证明，在自吸气工作状态下，该叶轮的正面和背面所吸入的空气流量总和是一定的。矿浆吸入量增大时，正面吸气量将减小，浆气混合物密度增大，射流充气能力随之提高，于是背面吸气量增大。若用浅槽，自吸气量可达 1 ~ 1.3$m^3/(m^2 \cdot min)$。若用深槽，改为压气式，将低压空气从中空

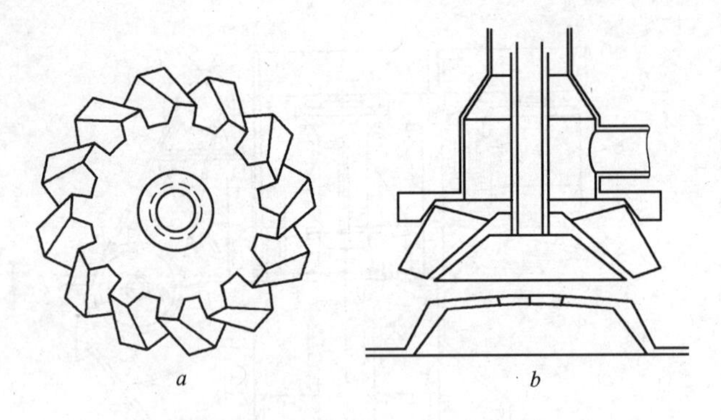

图 8-11　HCC 型环射式浮选机的搅拌装置

a—叶轮俯视图；*b*—进浆罩、凸台与叶轮的相对位置

轴引入叶轮背面。

8.2.10　浮选煤泥的浮选机

图 8-12 是 XPM-8 型喷射旋流浮选机，横切面上宽下窄，有

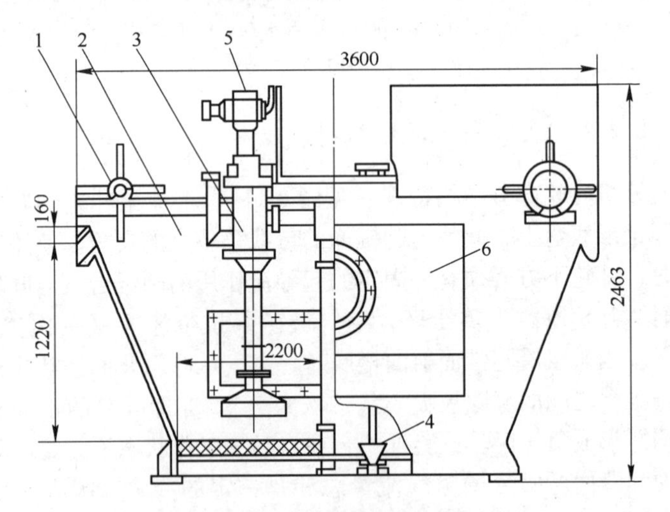

图 8-12　XPM-8 型喷射旋流浮选机

1—刮泡器；2—浮选箱；3—充气搅拌装置；4—放矿机构；5—液面自动控制机构；6—入料箱

刮泡器、浮选槽体、充气搅拌装置、放矿机构、液面自动控制机构和入料箱。在此基础上，将它改成了 FJC 型喷射式浮选机。即对充气搅拌装置的结构（见图 8-13）和参数进行了优化，并使原料进入方式具有直流和吸入的特点，还选用了高效煤浆循环泵，使其装机容量和吨煤能耗低于其他选煤机。FJC 型浮选机的浮选入料经头槽的入料箱一部分以直流方式进入头槽箱，一部分经假底下部的循环管进入煤浆循环泵，循环泵将煤浆加压到 0.22MPa 后，进入充气搅拌装置，并以约 17m/s 的速度从喷嘴呈螺旋扩大状喷出，在混合室产生负压，空气即经进气管进入混合室，实现煤浆充气。高速旋转喷射流的剪切使空气分散并和煤浆一并经喉管、伞形分散器均匀分散于浮选槽箱，另一部分经假底下部的循环管进入煤浆循环泵。矿化泡沫经刮板刮出，尾矿由尾矿箱排出，从而完成浮选过程。

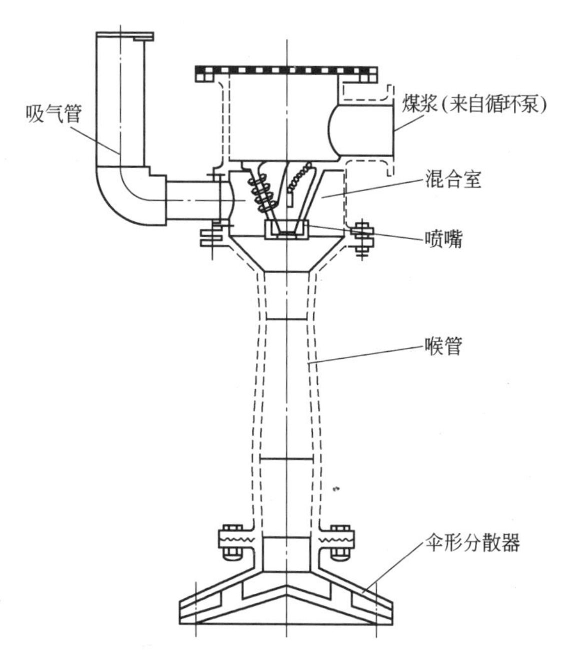

图 8-13　FJC 型浮选机充气搅拌装置

FJC 浮选机有以下特点：

（1）每个槽内安有 4 个呈辐射状布置的充气搅拌装置，使充气煤浆能均匀地分布于浮选槽内。

（2）大量具有活化作用的微泡是喷射式浮选机的主要特点之一。煤浆经循环泵加压到大于 0.22MPa，空气即溶解于煤浆中，而煤浆从喷嘴高速喷出后，进入混合室的负压区，负压可能降到 6×10^4Pa，溶解于煤浆中的空气即呈过饱和状态而以微泡形式析出。这种微泡直径只 20 ~ 40μm，比表面大，活性高，使煤粒与气泡的黏着力和速度大大增加，特别有利于粗粒煤的浮游。

（3）FJC 的充气搅拌装置也是一个水喷射乳化装置，它能将非极性捕收剂乳化成直径 5 ~ 20μm 的微滴，有利于发挥药剂的作用。

（4）煤浆从伞形分散器喷出后上升，与气泡群运动路线交叉，能增加气泡和煤粒的碰撞几率，有利于气泡矿化。

（5）带气煤浆经伞形分散器斜射到槽底后折向上呈 W 形运动，能减少紊流，有利于浮选机液面稳定和泡沫层中的二次富集。

（6）煤浆循环过流部件采用高铬合金耐磨材料，除了刮泡装置没有运动部件，因此故障少，维修量低。

该机容积已有 4、8、12、16、20m^3 系列。

8.3 浮选柱

8.3.1 加拿大 CPT 型浮选柱

1919 年，汤姆（Tomn M）和佛来（Flynn S）研制出首台矿浆和空气呈对流运动的浮选柱。20 世纪 60 年代，浮选柱在国内外一度兴起，但由于充气器结钙堵塞易坏，影响正常生产，渐遭淘汰。近年来充气器堵塞问题得到解决，浮选柱又特别受到人们的重视。因为它没有运动零部件，具有结构简单，能耗低，生产率高，精矿质量高，可高度自动化，维修容易，占地面积和基建投资少等优点。在众多浮选柱中，加拿大的CPT浮选柱（图8-14）最引人瞩目。

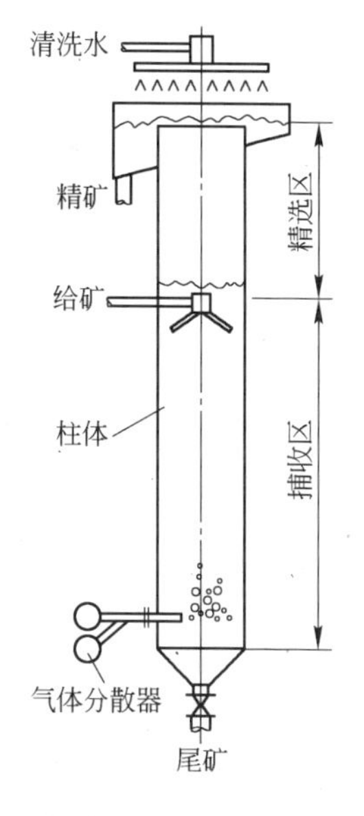

图8-14　CPT型浮选柱主体结构示意图

经药剂调整好的矿浆，从距顶1～2m高的给矿管给入，在柱体底部附近，沿柱体周边布有十来支速闭喷射式（Slam jet）气泡发生器（喷射器），它是一种可以自动控制的空气喷射装置，进入发生器的空气在一定的压强下从喷嘴高速喷射入矿浆，产生微泡，微泡与下沉的矿粒接触碰撞，疏水性矿粒附着在气泡上随气泡上升，穿过捕收区，进入精选区（泡沫层，厚度1m左右）；而亲水性的矿粒，随矿浆继续下沉，和泡沫中落回的矿粒一起进入尾矿管被排出。

由于气泡与矿浆中的矿粒在气泡发生器以上泡沫层以下一带，碰撞接触生成矿化气泡，所以把这个区域称为捕收区，而亲水性矿粒在这区域中下沉，因此这时的捕收区起着前面浮选机中混合区和分离区的双重作用。这里的精选区就是泡沫层，在泡沫层中有一部分从捕收区混入的亲水性矿粒，可以随泡沫间的水流返回捕收区，随着泡沫层的厚度增大，泡沫表层的精矿品位升高，所以把泡沫区称为精选区（也有的把它称为分离区）。

喷射器是该机的重要零件。在我国德兴铜矿精选系统安装的CPT浮选柱，有8根简单、坚固的喷射器，均匀分布在底部附近的同一截面上。每根喷射器配有一个气动自动控制及自动关闭装置。该装置可保证喷射器在未加压或遇到意外的压力损失时能保持关闭和密封状态（参考图8-16*a*），以防矿浆流入造成堵塞和影响喷射器正常工作。喷射器有几个不同的规格，可以通过更换大小不同的喷嘴以及开启喷射器的个数，以调节浮选柱的供气压力和供气量，确保柱内的空气充分弥散。喷射器可以在浮选柱运行时插入或抽出，检查、维修很方便。

CPT 浮选柱有三个自动控制回路，即矿浆面高度控制回路、喷射器空气流量控制回路和冲洗水流量控制回路。空气流量通过流量计进行测定，并通过球形阀自动控制；浮选柱矿浆面高度（与泡沫面的交界处）通过球形浮子和超声波探测器进行测定，该界面高度由 PID 控制器（将比例、积分、微分三种作用结合起来的调节器）调节浮选柱底管路上的自控管夹阀来实现；冲洗水的流量通过流量计进行测定，可以手动或自动通过流量控制阀调节。

截至 2000 年，世界上已建造 300 多台 CPT 浮选柱，用于多种工业领域，规格不等，如 $\phi3.05\text{m}\times8\text{m}$；$\phi4.0\text{m}\times14.5\text{m}$。我国德兴铜矿用于取代二次精选部分浮选机的为 $\phi4\text{m}\times10\text{m}$。德兴铜矿的对比数据见表 8-4。

表 8-4　CPT 浮选柱与浮选机的结果对比

设备名称	铜精矿品位 β_{Cu}/%	铜精矿中各金属的回收率/%			
		Cu	Au	Ag	Mo
浮选机	15.35	63.19	54.41	55.69	29.33
浮选柱	19.97	67.08	58.47	54.88	17.07

上述数据说明 CPT 浮选柱在德兴铜矿的使用是成功的，而且不存在充气器堵塞问题。

8.3.2　我国 KYZ-B 型浮选柱

我国研制的 KYZ-B 型浮选柱结构示意图如图 8-15 所示。它主要由柱体、给矿系统、气泡发生系统、液位控制系统、泡沫喷淋水系统等构成。

浮选柱外形多数是直径比高度小的圆柱体。柱体的容积必须满足矿浆在其中浮选时间长短的要求，才能保证回收率。矿浆在

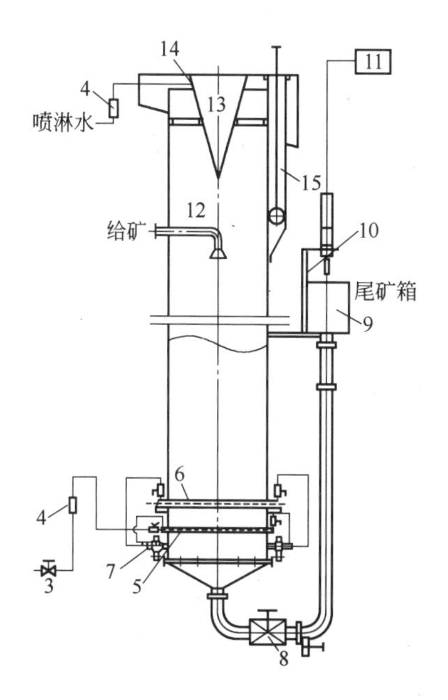

图 8-15　KYZ-B 型浮选柱工作系统示意图

1—风机；2—风包（1，2 图中未表示）；3—减压阀；4—转子流量计；
5—总水管；6—总风阀；7—充气器；8—排矿阀；9—尾矿箱；
10—气动调节阀；11—仪表箱；12—给矿管；
13—推泡器；14—喷水管；15—测量筒

柱中的平均滞留时间，可以通过下式估算

$$T=\frac{H_m}{U_l+U_s}=\frac{H_m}{(4Q_s/d_c^2C_s)+U_s}$$

式中　H_m——捕收带的高度，cm；

U_l，U_s——液相流动速度和颗粒沉降速度，cm/s；

Q_s——固体的给料流量，g /s；

d_c——设备直径，cm；

C_s——固体含量，g /cm^3。

浮选柱结构简单，只有气泡发生器、给矿器、冲洗水管与推泡器需加以叙述。有关零件如图 8-16 所示。

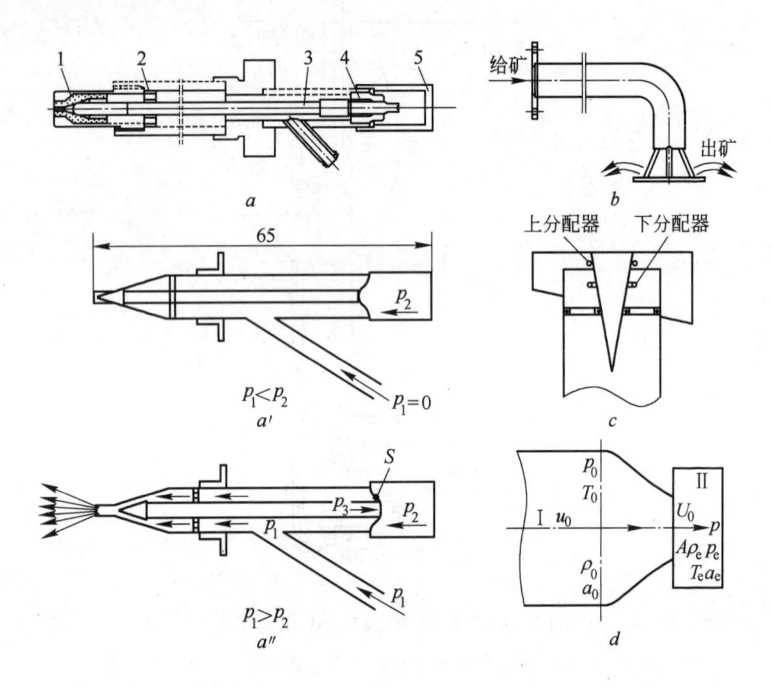

图 8-16　KYZ-B 型浮选柱几个零部件

a—喷射式气泡发生器；*b*—给矿器；*c*—冲洗水系统及推泡器；*d*—喷嘴出流模型

1—喷嘴；2—定位器；3—针阀；4—调整器；5—密封盖

该机给矿器的出口，有一个托盘式的折流板，使给矿在浮选柱的截面内均匀分布，避免破坏泡沫层的稳定状态和减少液面波动。冲洗水分配器分上下两层，上面的分配器距溢流线 3 ~ 5cm，下面的分配器在溢流线以下 8cm。冲洗水量有流量计和阀门控制。冲洗水分配器内圈是倒锥形推泡器，其作用是使泡沫上升到它周围从水平方向横流进入泡沫槽。

气泡发生器的好坏是浮选柱能否成功工作的关键。图 8-16*a* 表示喷射式气泡发生器的结构，*a*′、*a*″表示其工作原理。发生器的针阀后端连在受一定压力支撑的调整器上，当压气的压强大过调整器的支撑压强以后，使调整器向右后移动，针阀也跟着向右后移动，针阀左端离开喷嘴，并在喷嘴与针阀间形成空气通道，压缩空气沿通道冲开喷嘴从孔洞中喷出。当压气的压强小于调整器的支撑压强时，调整器推动针阀向左封闭喷嘴，防止矿浆进入喷射器，以免喷射器被矿浆堵塞。气泡发生器用耐磨材料制成，寿命很长。

当 $p/p_0 > 0.528$ 时，喷嘴中的气体流速为亚声速（参考图 8-16d 喷嘴出流模型）；当 $p/p_0 \leqslant 0.528$ 时，喷嘴中的气体流速为声速，此时产生的气泡最好，气泡大小均匀，空气分散度对矿浆的扰动不大。过程中所以能产生气泡的原因，是高压气体从喷嘴喷出时矿浆对它有剪切作用，使射流中的气体被剪切成小气泡。

为了满足不同矿石对不同充气量的要求，对充气量可以进行自动控制。

在江西铜业矿山新技术有限公司钼浮选系统，用一台 KYZ-B1065 型浮选柱代替粗选段精一、精二的浮选机，浮选柱容积仅为浮选机容积的 1/3，而结果却好许多，见表 8-5。

表 8-5　江西铜业公司用浮选柱和用浮选机的对应作业指标

作业系列	钼精矿品位 β_{Mo}/%	钼回收率/%
作业一，浮选机	10.76	67.77
作业二，浮选柱	12.51	79.70

8.3.3　俄罗斯 КФМ 型浮选柱

俄罗斯 КФМ 型浮选柱在结构和设计思想方面比前面的复杂。结构示意图如图 8-17 所示。

工作原理如下：与药剂调整好的矿浆，和 100 ~ 150kPa 压力下的空气，先进入第一级喷射充气装置中，矿浆在那里被微泡饱和后，流入中央管 2 和槽体扩大部分形成的第一浮选区，在此区域中，被捕收剂作用后可浮性好的矿粒顺利浮选；而难浮的矿粒和粗矿粒往下沉降，进入第二浮选区，在一定角度下再次与二次

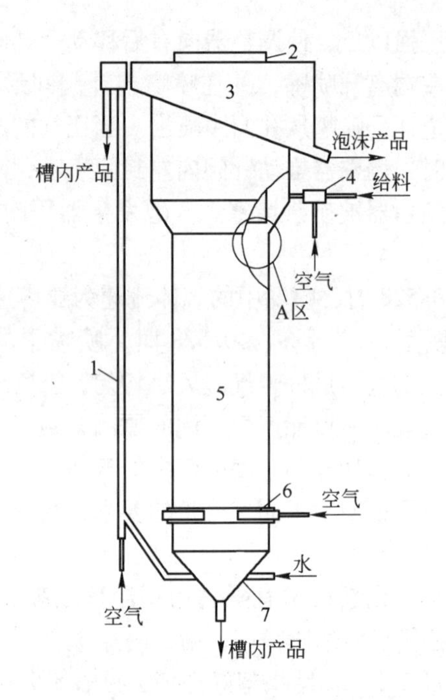

图 8-17　KΦM 型浮选柱示意图

1—空气升液装置；2—中央管；3—环形泡沫槽；
4——次充气装置；5—浮选柱柱体；
6—二次充气器组；7—底部的尾矿出口

充气产生的气泡接触浮选。第二浮选区的流体动力学条件比第一区要好一些，矿粒易浮一些。在一区和二区之间的 A 区，由于结构特殊，形成沸腾层效应（见 10.1.1 节），对提高精矿品位有利。

矿化泡沫在槽体的扩大部分形成富的泡沫层；中央管的上部也有泡沫层，品位较低，但它越过中央管的断面时，可以通过破裂再矿化而富集。

亲水性的脉石则一直下沉，大部分从尾矿管排出，少部分通过外部的升液装置带走。

可见这种浮选柱的充气区、排泡区和尾矿排出管都有两个，可以在一台柱中实现粗选、精选和扫选作业。

一级喷射充气装置的零件，都用耐磨材料制成，其使用寿命不少于8000h，第二级分散充气装置，采用天然橡胶制成，完全没有堵塞卡孔现象，能经受600kPa的爆破力，可靠、耐用，其使用寿命不少于6000h。

对比试验表明，在确保选矿产品达到相同品位的条件下，用KΦM型浮选柱，能使有用成分回收率提高2%～7%；且单位生产能力比机械搅拌式浮选机或压气机械搅拌式浮选机高2～4倍；浮游矿物粒度宽（粒径10μm～1mm）；可以缩小场地面积80%；降低成本能耗80%；能按8个水平自动控制浮选过程，减少操作人员30%～40%。

8.3.4 其他充气式浮选机简述

近年来，对节能、高处理量的充气式浮选设备的研究进行了很多工作，设备形式不少，由于篇幅关系无法一一阐述。有关选矿文献中报道有矮浮选柱、三柱以上的组合浮选柱、瀑落式、脉动式、顺流式、逆流式、带格子板式、磁浮选柱等充气式浮选机。长沙有色冶金设计研究院研制的CCF浮选柱，用微孔泡沫塑料或喷枪式气泡发生器，已在多处钼矿、钨矿、铝土矿、萤石矿等选别流程中运行，效果良好。

9 浮选流程

9.1 浮选流程的基本概念

生产流程即生产过程，流程图是表示生产过程的图形。磨浮流程是指磨矿和浮选各作业顺序连接所组成的生产过程。单纯的浮选流程可以不包括磨矿作业。

浮选流程对于浮选生产的好坏，有决定性的影响。一般是在设计前经过试验确定的。而且常在以后的生产中不断地加以调整和改进。合理的流程应能在生产中用最低的成本获得较高的生产指标（如生产率、精矿质量和回收率等）；合理的选矿流程，应该能适应矿石的性质（有用矿物的浸染特性和粒度、有价成分的种类、含量、有价矿物的氧化、泥化程度和可浮性等）和对精矿质量的要求。同时便于操作，能最大限度地回收伴生的有用成分。

在我国习惯用简单的线流程图（图 9-1*b*）表示生产过程，并在图上注明过程名称，有的线流程图也标注工艺条件与指标。个别情况下才用设备联系图（图 9-1*a*）设备联系图是将选矿所用的主要设备绘成简单的形象图，按物料的流向用带箭头的线条将形象图连接起来。这种机械设备联系图不反映选矿厂设备配置的相对位置，只反映物料流通过各设备的顺序，绘制比较费时，我国很少应用。以下把浮选流程分成浮选原则流程和流程内部结构两部分来讨论。

9.2 原则流程

原则流程是选别流程的“骨架”，用它来反映选别方法及其联合方式、选别循环、选别阶段数以及各种有用矿物的回收顺序

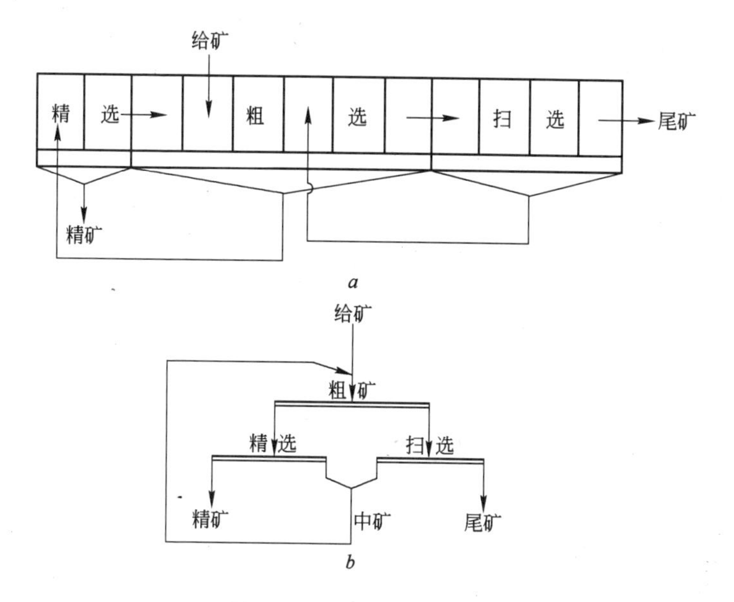

图 9-1　浮选流程表示方法

a—设备联系图；*b*—线流程图

（见图 9-3 和图 9-4）。确定原则流程的主要依据是矿石中有用矿物的种类、含量、浸染特性以及它们之间可浮性的差异等。原则流程一般用框图及物料流向线表示。

9.2.1　流程的段数

段数是指在浮选过程中矿石经过磨矿—浮选、再磨矿—再浮选的阶段数。如果经过一次磨矿（一段磨矿，见图 9-3*a*，或选别前的两段以上连续磨矿，见图 9-3*b*）后浮选，任何浮选产物无需再磨，则仍称为一段磨浮流程。如果说某个浮选产物需要再磨再选矿一次，则为两段磨浮流程。依此类推，可有多段磨浮流程。如果选别前矿石经过两段连续磨矿而只经过一个选别循环，可称为两磨一选流程。

流程段数主要取决于有用矿物的浸染特性。原则上可根据矿石的几种浸染类型采用相应的选别段数。

（1）粗粒均匀浸染矿（图 9-2*a*）。其有用矿物粒度粗而且均匀。将矿石磨至可以浮选的粒度上限（如重金属硫化矿为 -0.3mm）时，有用矿物基本上能单体分离。采用一段磨浮流程经粗磨后浮选，即可能得到合格精矿和废弃尾矿。一段磨浮流程如图 9-3*a*。

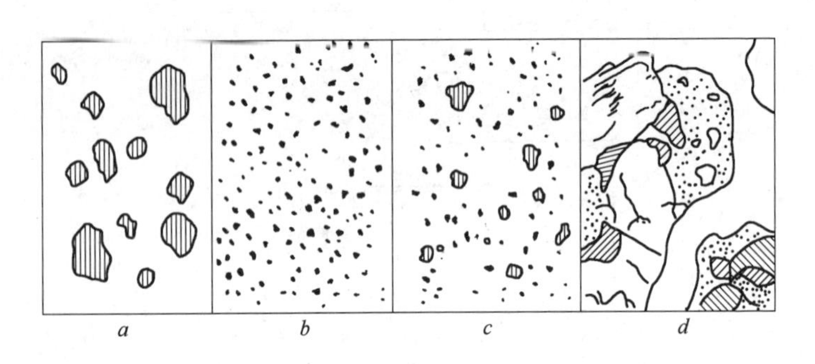

图 9-2　矿石几种典型的浸染特性

a—粗粒均匀浸染；*b*—细粒均匀浸染；*c*—不均匀浸染；*d*—集合浸染

（2）细粒均匀浸染矿（图 9-2*b*）。其有用矿物结晶粒度细而均匀，通常要磨到 0.074mm 以下才能使有用矿物基本上单体分离。处理这种类型的矿石，当粒度细而均匀时可采用两磨一选的一段磨浮流程（图 9-4*b*）；当浸染粒度细而不太均匀、达到单体分离的粒度范围较宽时，也可采用第一段中矿再磨再选的两段磨浮流程（图 9-3*c*）。

（3）不均匀浸染矿（图 9-2*c*）。其有用矿物呈粗、中、细粒存在，这种矿石在实践中比较多见。处理这种矿石的流程可能用中矿或尾矿再磨再选的两段磨浮流程。即在粗磨之下使粗粒部分单体分离，浮选后得到部分合格精矿。而多连生体的中矿或富尾矿，需要再磨使其中的连生体单体分离后，再进一步浮选（图 9-3*c*，图 9-3*d*）。

（4）集合浸染矿（图 9-2*d*）。有些多金属硫化矿，细粒浸染的几种有用矿物呈粗大的集合体形式存在，这种集合体具有较好

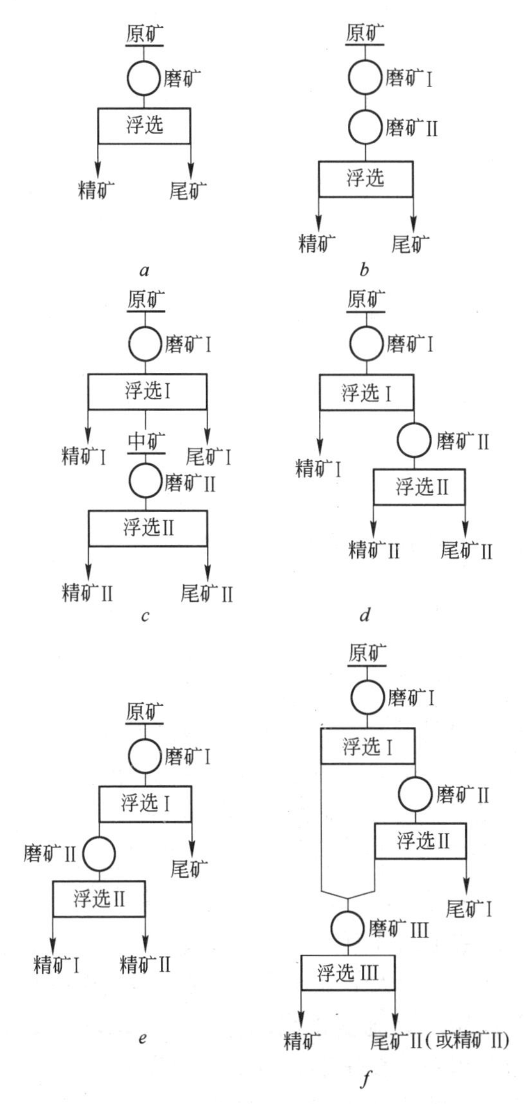

图 9-3　几种典型的阶段磨浮流程

a—一段磨浮流程；*b*—两磨一选矿的一段磨浮流程；*c*—中矿再磨的两段磨浮流程；*d*—尾矿再磨的两段磨浮流程；*e*—粗精矿再磨的两段磨浮流程；*f*—三段磨浮流程

的可浮性，未单体分离就可以浮选。处理这种矿石，可采用第一段浮选精矿再磨再选的两段磨浮流程。即第一段粗磨后浮出有用矿物的集合体，得到混合精矿，这种混合精矿须再磨细，使其中的有用矿物彼此分离，再浮出不同的精矿（图9-3*e*）。

（5）复杂浸染矿。如果矿石兼有不均匀浸染和集合浸染的性质，则可采用第一段浮选富精矿和第二段浮选混合精矿再磨再选的三段磨浮流程（图9-3*f*）。

由于一般矿石都具有一定的不均匀性，采用阶段磨浮是有利的。但生产实际中由于磨矿和浮选要求的落差较大，可能由于高差限制，使矿浆在磨矿和浮选作业之间不能往复自流，给操作管理带来困难。但对于那些浸染特性复杂、易泥化的矿石，采用阶段磨浮利大于弊，容易提高选别指标和经济效益。

9.2.2 多金属矿石浮选的原则流程

浮选多金属矿石的原则流程，除了要确定段数以外，还要解决回收各种有用矿物的顺序问题。顺序不同也能构成不同类型的流程。

（1）优先浮选流程（图9-4*a*）。该流程按有用矿物可浮性的差异，根据先易后难的顺序逐个地将它们浮出。它适用于粗粒浸染和较富（脉石含量少）的矿石。

（2）混合浮选流程（图9-4*b*）。该流程也叫全浮流程。是先混合浮选出全部有用矿物，然后逐一将它们分离。它适用于原矿品位低，脉石含量高和有用矿物致密共生的矿石。由于它在粗磨之后浮选，就能丢掉大部分脉石，使进入后续作业的矿量大为减少，所以与优先浮选流程相比，它具有节省磨浮设备、降低电耗、节省药剂和基建投资等优点。处理富矿时上述优点不太突出。该流程的主要缺点是全浮中的过剩油药进入分选作业，会造成分离浮选的困难。当矿石性质复杂多变时，选别指标不佳。

（3）部分混合浮选流程（图9-4*c*）。当回收三种以上有用矿物时，还可采用部分混合浮选流程。它与全浮选流程的唯一区别

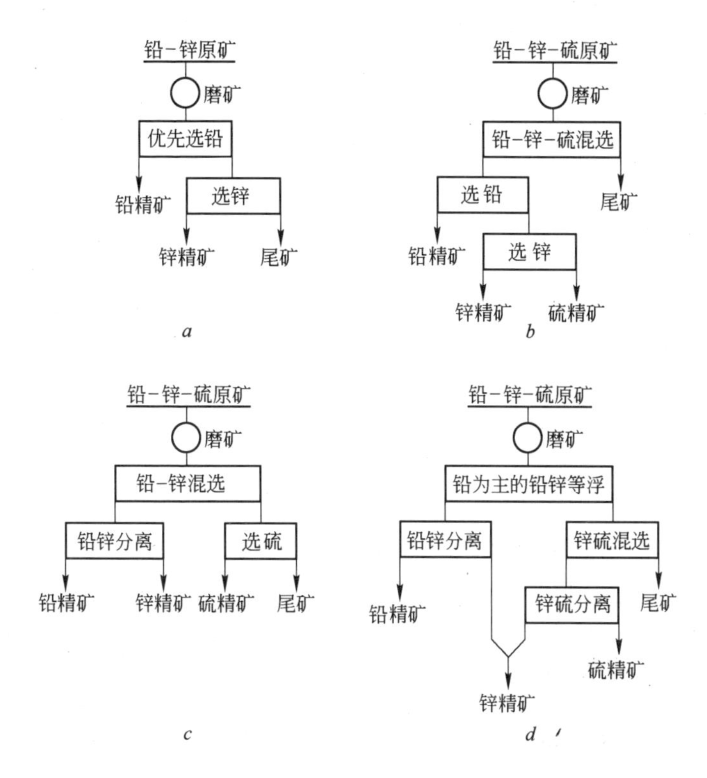

图 9-4　多金属矿石浮选的原则流程（以铅-锌-硫矿石为例）

a—优先浮选；*b*—混合浮选；*c*—部分混合浮选；*d*—等可浮选

是它只将要浮选的几种有用矿物中的一部分（而不是全部）先混合浮出，然后分离。

（4）等可浮选流程（图 9-4*d*）。也叫分别混合浮选流程。将易浮的矿物与另一种矿物可浮性与它相近的易浮部分一起浮选，得到混合精矿后再分离；而第二种矿物的难浮部分，接着再选。它适合于处理同一种矿物包括易浮和难浮两部分的复杂多金属矿石。其优点是可降低药剂用量、消除过剩油药对分离的影响，有利于提高选别指标，其缺点是比全浮选要多用设备。

除了上述四种典型的原则流程以外，还有所谓半优先—混合浮选流程，是将前两种原则流程联合运用的产物。其半优先浮选部分是用于浮游可浮性较好的某种矿物中的易浮部分，而其难浮部分则留在混合浮选中与别的矿物一起浮选。

9.2.3 选别循环

循环也叫回路，是性质相近、关系密切的一些作业的总称。中间产物一般在回路内部循环。通常是指：

（1）选别某种产物的各作业的总称。如选铅矿物的粗、精、扫选作业，统称为铅浮选循环。选锌矿物的粗、精、扫选作业，统称为锌浮选循环。

（2）在采用几种选矿方法的联合流程中，则可按不同的选矿方法而划分选别循环，如浮选循环、重选循环等。

（3）选别某一级别或某种物料的作业总称。如在泥砂分别处理时，可分为矿泥选别循环和矿砂选别循环；整个全浮流程可分为混选循环和分离循环。

9.3 流程的结构

流程的内部结构，除了包含原则流程的内容以外，还包含各段的磨矿、分级的次数，每个循环的粗选、精选、扫选次数，中矿处理的方法以及给矿是否分支、分速浮选等内容。

在各选别循环中，给矿进入的第一个选别作业称为粗选，粗选一般只有一次，它主要用于浮选那些粒度中等、易浮的单体矿粒（偶然也有二次粗选，那是因为粗选的矿物可浮性不同，有一部分要在另一种条件下粗选，而二次粗选的精矿却可以和一次粗选精矿合并）。用于处理粗选的泡沫产品以提高精矿品位的作业称为精选；粗选的尾矿一般含有难浮的粗粒、细粒，或未完全单体分离的连生体。用于处理粗选尾矿以提高回收率的作业称为扫选。粗选尾矿中未单体分离的连生体多而品位仍高时也可以送去再磨再选。

9.3.1 精、扫选次数

精、扫选次数主要取决于矿石的品位、有用矿物及脉石的可浮性与对精矿质量的要求等因素。

当原矿品位低、有用矿物可浮性好而对精矿质量要求高时，应增加精选次数。如处理易浮的低品位辉钼矿或要求品位高的萤石矿，其精选次数可多达6～8次，在操作中常放任厚的泡沫层在槽面往复振荡，以期提高其精矿品位。当脉石的可浮性与浮游矿物相近时，为了提高精矿质量也应增加精选次数。

当原矿品位较高，有用矿物可浮性较差而对精矿质量要求不高时，应增加扫选次数，以期提高回收率。处理多金属硫化矿时，常见的精、扫选次数通常在1～3次之间（图9-5）。

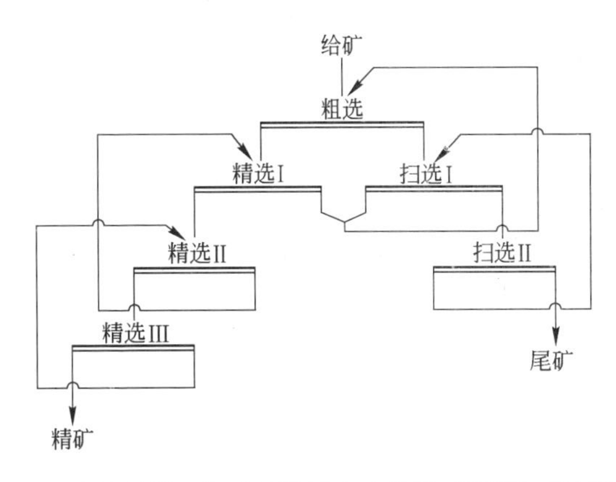

图9-5 常见的精、扫选次数及中矿循序（顺序）返回流程

但近年用电位调控研究浮选时间与电位的关系发现，扫选时间过长，矿浆电位升高，可能对提高回收率不利。

9.3.2 中矿处理方法

流程中需进一步处理的各精选作业的尾矿及各扫选作业的泡

沫产品，统称为中矿或中间产物。中矿处理方法，视其中连生体含量、有用矿物的可浮性以及对精矿质量的要求而定，有如下几种方法：

（1）返回浮选前部适当的地点。一般情况都将中矿返回前一作业，此法可用于处理主要由单体分离的矿粒组成的中矿。如果说有用矿物可浮性差，为了减少返回再选中的金属损失，保证回收率，应减少中矿再选的次数，此时中矿也可循序返回前一作业（图9-5）；如果中矿可浮性好，对精矿质量要求又高，必须增加中矿再选次数，可将中矿合并返回较前面的适当作业。在个别场合，中矿返回地点由试验决定，一般可将中矿返回到品位相近的作业中去。

（2）中矿返回磨矿作业。对于主要由连生体组成的中矿，可将其返回磨矿机再磨。如果其中尚有部分单体解离的颗粒，可将其返回分级作业，以减少过粉碎。当中矿表面需要机械擦洗时，也可返回磨矿作业。

（3）中矿单独处理。当中矿性质复杂，难浮矿粒多、含泥多，其可浮性与原矿差别较大时，为防止中矿返回恶化整个浮选过程，可将中矿单独浮选。

（4）其他处理方法。如果中矿用浮选法单独处理效果不好，可采用化学选矿方法处理。在个别情况下，为确保获得高质量精矿，防止中矿返回而影响精矿质量，也可采用“放中矿”的办法，即丢弃部分难选的中矿。当然这是在对回收率影响不大时才行。当中矿含水或药剂过量时，可能需要进行脱水或脱药才送入选别作业。

9.3.3 分支串流浮选

分支串流浮选是我国在20世纪70年代发展起来的浮选新工艺，用于多种矿石的浮选中，获得了明显的技术经济效益。

（1）分支浮选。它是把原矿分成几支送入浮选，将前一支浮选的粗精矿顺序地加入次一支原矿浆中一起粗选（如图9-6）。最后一支粗选可能产出最终精矿或品位相当高的精矿。

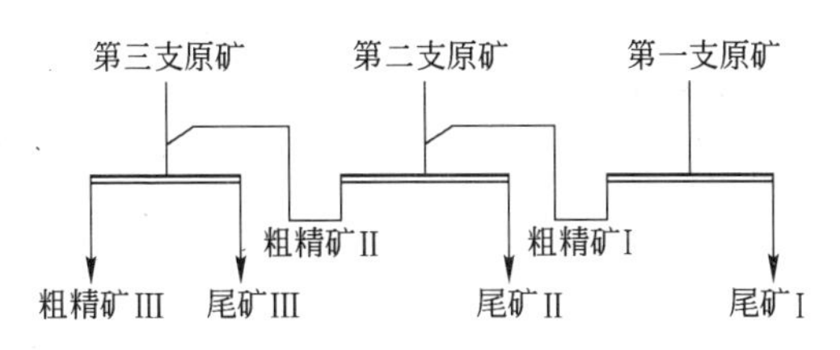

图9-6　分支浮选流程图

这种分支浮选流程的优点是：通过将前一支的泡沫产物加入后一支，可以人为地提高后一支的给矿品位，并使前一支泡沫中的过剩药剂在后面的浮选中得到利用，因而能够逐步地减少次一支矿浆的药剂用量，从而降低药剂的总用量。同时次支中的难浮细颗粒有可能以前一支的易浮颗粒做载体浮游。对于低品位矿石采用这种流程更为有利。

（2）分支串流浮选。实质上是既分支又串流浮选的组合流程，它具有更大的可变性。所谓串流是根据某种目的，将中矿导入另一支的特定位置。如图9-7所示就是将扫选Ⅱ-1的泡沫引入

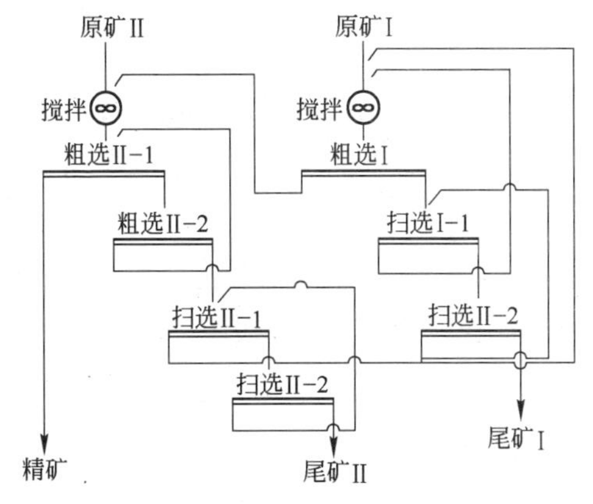

图9-7　分支串流浮选生产流程

第一支原矿的搅拌作业，使Ⅱ-1 的泡沫再次受到药剂的作用。使用的药剂为石灰、硫化钠、黄药和醚醇。

某厂的分支串流浮选与改革前用一般流程浮选相比，在精矿品位相近的情况下，铜的回收率提高了 2.68%，黄药单耗降低 44.3%，醚醇单耗仅为原用二号油的 42.2%，并且操作稳定，易控制，取消了精选作业，节省了电耗。

10 影响浮选过程的工艺因素

10.1 入选粒度

任何物理选矿方法，都是按矿物的种类和性质不同的颗粒分开不同的矿物。它首先要求入选的矿物单体分离，其次由于选矿的方法不同，最适合的选别粒度也不同。对于浮选的粒度，必须不超过最大浮游粒度上限。各种矿物密度不同，其浮游粒度上限也不同。如硫化矿物浮选的粒度上限一般粒径为0.3mm左右，硫磺、石墨、煤炭等密度较小的矿物，浮选粒度可达1mm以上。粒度过细（如小于5μm）也难以浮选。中等粒度比较容易浮选。所以磨矿、浮选工人必须经常测定分级溢流细度。

10.1.1 粗粒浮选

进入浮选的给矿，经常有过粗粒的原因，可能是由于磨矿机设计能力不足，而生产任务又不断上升。也可能是因为使用水力旋流器等分级效率难以准确控制的分级设备，分级产品中“跑粗”。

粗粒浮选指标往往不好，其原因是：

(1) 有用矿物与脉石矿物尚未充分单体分离；

(2) 粗粒在矿浆中运动，遇到湍流振荡，使其从气泡上脱落。

为了选好粗粒，必须创造适于粗粒浮选的条件，如：

(1) 有足够的捕收剂形成良好的疏水性；

(2) 增加充气量，生成较大的气泡；

(3) 在保证矿浆面稳定的条件下，有不太强的搅拌或上升的矿浆流；

（4）采用较高的浓度，以增大矿浆的浮力；

（5）设计好的泡沫槽及时排出泡沫；

（6）浮选机槽体边角、死角少，可减少粗砂沉槽；

（7）在个别情况下，选用适于粗粒浮选的浮选机。如浅槽、带格子板、浮选机中有适当的上升流、应用泡沫分离浮选、沸腾层浮选、枱浮、粒浮等设备或方法❶。

10.1.2 细泥浮选

所谓细（矿）泥，一般是指小于18～10μm的细粒级，但对于不同的厂矿，往往因为矿石类型或所用设备功能的限制，而划出不同的上限。细泥浮选是浮选界非常重视的难题。因为细泥有三大不利于浮选的性质，即单颗粒细泥的质量小、比表面大（单位质量矿粒所具有的比表面积大）而且表面键力不饱和。这使浮选的精矿品位低、回收率低而药剂消耗大。

（1）质量小的效应是：体积小与气泡碰撞的可能性小；质量小则动能小，与气泡碰撞时，不易克服矿-泡间水化层的阻力，难以黏附在气泡上；难浮细泥还能阻碍粗粒在气泡上附着；质量轻，在矿浆的泡沫层中下沉慢，使矿浆和泡沫发黏，造成精矿质量下降。

（2）比表面大的效应是：它们在矿浆中会吸收大量药剂，破坏正常的浮选过程，增大药剂消耗；比表面大也降低气泡的负载能力。

（3）表面键力不饱和的效应是：矿泥表面活性大容易与各种药剂作用，造成药剂大量消耗，甚至降低选择性；细泥具有很强的水化能力，使矿浆发黏，当这种水化能力很强的矿泥附着在

---

❶ 泡沫分离浮选是将给矿直接送到泡沫层上；沸腾层浮选是选别的矿浆处于沸腾状态；枱浮是将经药剂调整过的粗粒送到摇床上进行表层浮选；粒浮是将药剂处理过的粗粒在溜槽中进行表层浮选。由于枱浮和粒浮都能形成大片疏水膜和矿泡聚合体，最大浮游粒径可达2～3mm以上。

气泡表面时，则气泡表面上的水膜不易流走，使泡沫过分稳定，从而给精选、浓缩、过滤等作业带来困难。

选矿中的细泥有原生矿泥和次生矿泥之分。原生矿泥是指矿物在矿床中由于自然风化形成的矿泥，如高岭土、黏土等；次生矿泥是指矿石在采掘、运输、破碎、磨矿和选别过程中产生的矿泥，特别需要注意避免磨矿过粉碎产生细泥。一般说来，原生矿泥比次生矿泥难浮，而且原生矿泥比次生矿泥对过程的危害更大。

为了减轻细泥对浮选的影响，可以采取一些措施。如采用阶段选别的流程，使已经单体分离的矿粒及时浮出，避免再磨；当矿浆中的矿泥较多时，可用较稀的矿浆浮选，降低矿浆黏性；为了减轻细泥对浮选药剂的吸收，可以采用分段加药的方法；有时先用少量起泡剂和少量捕收剂浮出一些细泥，然后加药正式粗选；必要时可以加入分散剂以减少其影响。原矿中矿泥量较大时（如 -0.074mm 产率高于 15%），应使用水力旋流器等脱泥，然后进行泥、砂分选。

在固液界面部分，已经介绍过加分散剂、凝聚剂、絮凝剂和一些细泥的选矿方法都可酌情使用。这里只介绍一、两个实例。

我国某地的铁矿石磨细以后，用腐植酸钠作选择絮凝剂进行选择絮凝，由于腐植酸钠只将赤铁矿絮凝在一起，基本上不使石英和其他脉石絮凝，经过选择絮凝以后，就可以将品位提高一倍。

在白钨矿浮选过程中也利用“剪切絮凝”以提高细粒白钨矿的回收率。它是在矿粒用油酸等捕收剂疏水化以后进行高速搅拌，以加强 1μm 左右的超细粒白钨矿粒和 10 ~ 40μm 的细粒白钨矿絮凝。即使全部颗粒的负电荷很高，它们的絮凝也是牢固的。这种絮凝体实质上是 1μm 的细泥覆盖在 10 ~ 40μm 的粗粒上。发生这种剪切絮凝的基本条件有两个：

（1）在强烈搅拌中颗粒获得的平均碰撞动能远大于其热运动能，颗粒互相接近的力大于使其分散的力；

（2）疏水基的缔合有助于絮凝体的形成，可见剪切絮凝与压缩双电层造成的电聚体或高聚物所引起的桥联絮凝不同。搅拌强度大对于剪切絮凝有利，而对于电聚体和桥联絮凝体的生存则不利。

这种超细粒附着在较粗粒上浮选，又叫“负载浮选”。负载浮选早已用于从高岭土中分出锐钛矿。浮选时用比锐钛矿更粗的方解石作载体，在有塔尔油和燃料油的情况下，施加强力搅拌，使细粒锐钛矿附着在方解石上。

在污水处理时，也可以用真空生泡法或电解生泡法以产生非常细的微泡作为载体浮选污水中的细泥（见 13.4 节）。

10.2 矿浆浓度

矿浆浓度通常是指矿浆中固体的质量分数，它是浮选过程的重要工艺参数。选别作业和原料粒度不同要求的矿浆浓度不同。一般矿浆浓度可以从固体含量百分之几到百分之五十左右。矿浆浓度的大小，对于药耗、水耗、电耗、精矿品位和回收率都有影响。这是因为矿浆浓度与下列的因素有密切的关系。

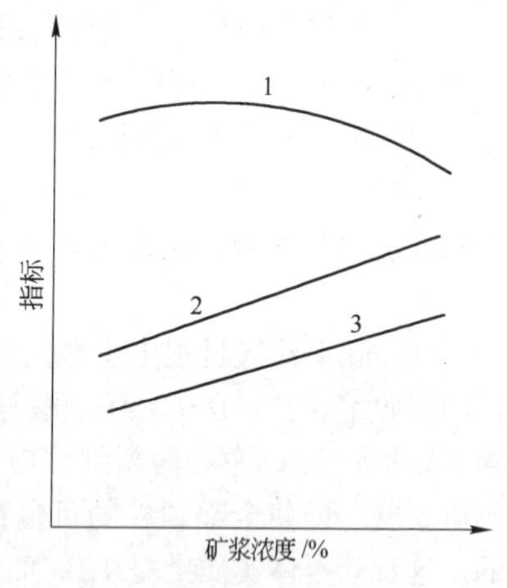

图 10-1 矿浆浓度对几个因素的影响
1—矿浆充气度；2—药剂的体积浓度；3—矿浆在浮选机中的停留时间

（1）药剂的体积浓度。一般浮选厂表示某种药剂的用量，都以选别一吨原矿需用多少克药剂来计算。如果说以克/吨计的药剂用量不变，则随着矿浆浓度的增大，单位体积矿浆中的矿石质量就相应地增大，一定体积矿浆中药剂的含量亦增加，即药剂的体积浓度增加（如图 10-1）。如果只要矿浆有一定的药剂体积浓度，目的矿物就能够浮游，则矿浆浓度大时，可以减少以克/吨计的药剂用量，但在铜-铅等混合精矿分离时，浓度过高，药剂体积浓度过大，会使分离发生困难。

(2) 矿浆在浮选机中的停留时间。随着矿浆浓度的增加，由1t原矿组成的矿浆体积（m^3）数下降，通常浮选机以立方米计的容积不变，当矿浆浓度增加时，矿浆在浮选机中的停留时间也随之增加（图10-1 直线3）。如果不需要延长浮选时间，就可以减少一些浮选机的数量。

(3) 矿浆的充气度。当矿浆浓度在一定限度内增加时，充气量随之增加。由图10-1 直线1可以看出曲线中段充气量最大，随后充气量减小。这是因为矿浆浓度较低时，浓度增大，黏性增大，气泡上升速度较慢，单位容积中的气泡量增加；当浓度超过某一限度时，气泡变成大团空气，上升速度反而加快。矿浆充气度的大小直接影响浮选时间和回收率。

(4) 粗粒浮选。矿浆浓度增大，使矿浆的密度增加，浮力相应地增加；黏性增大，矿粒与气泡的碰撞接触机会也增加。有利于粗粒浮选。但浓度增加时由于颗粒间的摩擦增加矿粒从气泡上的脱落机会也稍有增加。

(5) 细粒浮选。当矿浆浓度增大时，矿浆黏性也增大，泡沫层中的脉石矿泥将增加，势必使精矿品位下降。

一般说来，矿浆浓度稍大是有益的。而浮选不同的矿石都有它最适宜的浓度。通常可以按下列三点考虑：

(1) 浮选密度大的矿物，可以用较浓的矿浆；

(2) 浮选粗的物料，采用较浓的矿浆，浮选细粒物料，采用较稀的矿浆；

(3) 粗选和扫选采用较浓的矿浆，以提高经济效益；精选和分离混合精矿则采用较稀的矿浆，以保证获得较高质量的精矿。

10.3 药剂制度

在浮选生产过程中，添加药剂的种类、数量、药剂的配制方法、加药地点和顺序等，通称为药剂制度。药剂制度是浮选过程的重要操作因素，对浮选指标有重大的影响。

10.3.1 药剂种类

添加药剂的种类，一般是由可选性试验或工业试验确定。同一过程中可以用3~5种药剂，它们各有不同的用途。

但有时可以同时用几种抑制剂或两种以上的捕收剂，如将同型捕收剂混用或异型捕收剂混用。甚至用两、三种药剂按一定比例混合构成另一种牌号的新药，以利用几种药剂的协同效应。

比如黄药与黑药混用，阴离子捕收剂与煤油混用，黑药与白药混用。这些混用的捕收剂，有的捕收力强，有的选择性好。有些对一同浮游的几种矿物，各有不同的功能，混用时能够取长补短。一些研究工作证实，当两种捕收剂混合使用时，不但使总吸附量提高，而且其作用比单用时要好得多。但如果混用不当，徒然使管理过程复杂化和使生产成本上升。

10.3.2 药剂数量

理论研究和现厂经验表明，各种药剂的用量，是获得良好技术指标的关键。

（1）捕收剂用量。当其用量不足时，则要浮的矿物表面的疏水性不够，会使回收率下降。优先浮选多金属矿石时，捕收剂过多，会使被抑制的矿物也浮游。这样不仅降低精矿质量，而且由于被抑制矿物在气泡表面上的竞争黏附，会减少目的矿物的上浮机会，降低回收率。还经常发现当捕收剂过量时，泡沫过度矿化，泡沫层下沉，泡沫难以排出。采用自动化装备时，可用与矿物解离出的离子和pH有关的半经验公式进行运算，以确定捕收剂的用量。例如浮选黄铜矿，必需的黄药浓度计算方程式为：

$$\lg[KX^-] = [+0.96 + (1/13)\lg[Cu^{2+}][KX^-] + (12/13) \times \lg[Fe(OH)^+][KX^-]] + (9/13)pH + (2/13)$$

$$\lg[S_2O_3^{2-}]\lg[Me(OH)^+][KX^-] = -11.63$$

显然，应用这个公式前必须有对各种离子的检测装置，这对于一般工厂，尤其是小厂是难以办到的。而且由于矿浆成分复杂，实践与理论会有很大的出入。

（2）起泡剂的用量。其用量不足时，会使泡沫不稳定；用量过大又会使气泡过分稳定，甚至发生“跑槽”现象。捕收力弱的表面活性剂用量过大时，会使气泡表面全被起泡剂的分子“霸占”，使被浮矿粒无法附着，从而降低回收率。

（3）活化剂用量。不足时被活化的矿物浮游不好，过量时不仅会破坏过程的选择性，而且由于活化剂离子与捕收剂直接反应生成沉淀，造成大量药剂的无效消耗。

（4）抑制剂用量。抑制剂用量不足时精矿品位不高，回收率也可能下降（因为非目的矿物浮游）。抑制剂过量时，浮游矿物可能也受到抑制，使回收率下降，或者要增加捕收剂的用量。

对于药剂用量必须有科学全面的观点。例如在混合浮选铅锌矿的循环中，有可能用加大黑药和硫酸铜的方法，使金属在混合精矿中的回收率提高，但是该混合精矿分离时，可能因为前面用药量过大效果很差，指标下降。同时尾矿水中残留物浓度也会增加，污染环境。

10.3.3 药剂的配制和添加状态

浮选过程中，药剂可以固体、原液或稀释液的状态添加。药剂以什么状态或什么浓度添加，决定于药剂的用量、药剂在水中的溶解度和要求药剂发生作用的快慢。例如石灰用量很大，不能在水中形成均匀的溶液，一般以粉状固体的形式加在球磨机中，这样还可以同时“消化”掉未烧透的石灰渣，改善环境卫生。在闪锌矿和黄铁矿分离以前，一般不要再磨矿，为了避免石灰沉渣的危害，而且要求它很快地发生抑制黄铁矿的作用常常先将石灰过筛、配成石灰乳加入搅拌槽中。松醇油和油酸在水中溶解度小，配药时难以形成真正的溶液，因此一般都是添加原液。

硫酸铜、硫酸锌等易溶于水，可以根据其用量大小配成质量分数10% ~20%的溶液添加。而对于溶解度较大而用量又较小的药剂，则可以配成浓度较低的溶液加入矿浆中，如硫氮9号、黄药、氰化物、重铬酸钾等常配成质量分数5% ~10%或浓度更低的溶液添加。对于一些用量小又难溶于水解的药剂可用适当的溶剂促进它溶解，然后再配成低浓度的溶液。

10.3.4 药剂的添加地点和顺序

在决定药剂的添加地点和顺序时，应该考虑下列原则。

（1）要能更好地发挥后面药剂的作用。在一般情况下先加矿浆的pH值调整剂，使抑制剂和捕收剂都能在pH值适宜的矿浆中发挥作用。混合精矿脱药时，先加硫化钠从矿物表面排除捕收剂离子，然后加活性炭吸附矿浆中的过剩药剂。

（2）要使难溶的药剂有时间充分发挥作用。为此常将黑药和白药加入球磨机中。

（3）药剂发挥作用的快慢。例如，硫酸铜约3 ~5min发挥作用，捕收剂3 ~4min发挥作用，起泡剂1min左右发挥作用。因此可将硫酸铜、黄药和松油，按先后顺序分别加入第一搅拌桶中心、第二搅拌桶中心和第二搅拌桶的出口处。

（4）矿浆中某些有害离子引起药剂失效的时间。例如有的试验证明：氰化物加在黄药之前，可以有效地抑制黄铁矿，然而有的厂的生产实践证明：氰化物加在靠近最终精矿排出点更有效，这是因为矿石中有辉铜矿等矿物不断解离出Cu^+，使氰化物在反应中失效。

加药的一般顺序，如浮选原矿为：pH值调整剂→抑制剂→捕收剂→起泡剂；浮选被抑制的矿物为：活化剂→捕收剂→起泡剂。

但是在实践中，往往也有特殊情况，如某钨矿用水玻璃加温法粒浮白钨矿，由于白钨矿未受过捕收剂的作用，用水玻璃加温煮沸，容易被抑制，故该厂将油酸和菜子油加于水玻璃之前，能大幅度地提高白钨矿的粒浮回收率。

10.3.5 集中添加与分段添加

浮选药剂的添加有两种方式：一是粗选前将全部药剂集中一次加完；二是沿着粗、精、扫选的作业线分几次添加。前者叫集中添加或一次添加，后者叫分段添加。一般对于易溶于水，不易被泡沫带走、不易失效的药剂，可以集中添加。但对于那些容易被泡沫带走、容易与细泥和可溶盐类作用而失效的药剂，应该分段添加，以免过程的后段药剂不足。

分段添加时通常在粗选前加入药剂总量的50%～80%，其余的分批加入扫选以后的地点。

10.3.6 定点加药与看泡加药

浮选厂根据上述原则设计好加药地点的添加量以后，在生产操作中不宜轻于变动。但在浮选实际工作中，往往由于操作工经验不足，或其他原因，出现“跑槽”、“沉槽”（前者因为起泡剂过量，后者因为捕收剂过量）、精矿质量低劣或金属大量进入尾矿的现象，为了及时挽救损失，允许临时补加一些药剂。但必须对问题判断准确。

10.4 调浆

调浆是指矿浆进入某一选别作业之前加药进行处理，使药剂与矿粒充分作用，使目的矿物具有疏水性、亲水性或某些特殊的性质，以期后续浮选过程能顺利地进行。调浆一般在搅拌强度不大的调整槽（也叫搅拌桶）中进行，过去一般不把要调浆的给矿预先分级。近年一些大厂也将要调整的矿浆分成粗细两级，分别进行调浆。

在有条件的情况下，矿浆可以分成粗细不同的2～3级进行。因为粗粒级浮选要求有较大的药剂浓度，获得较大的疏水性才浮游得好。有铅锌矿的实践经验说明，粗粒浮选所需的黄药浓度比平均值要高 7 ~ 10 倍。而细粒级浮选需要的黄药浓度要低得多。图 10-2 是一种分级调浆方案。在这个方案中药剂只加入粗砂中搅拌，细泥部分不直接加药，只让它和调好浆的粗砂混合后再调整。这样既保证了粗砂浮选又有较好的选择性。

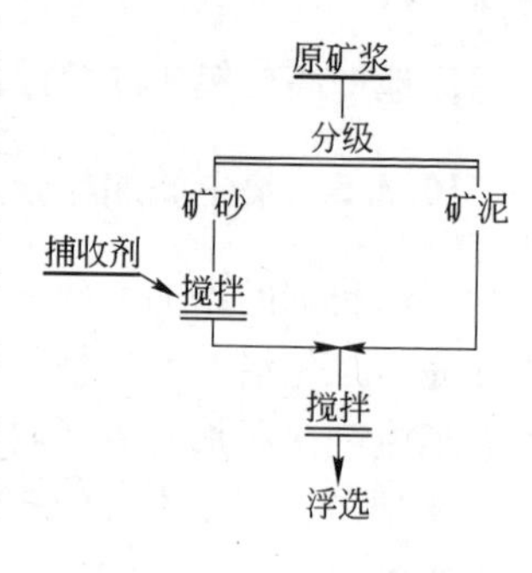

图 10-2 分级调浆方案

由于各种硫化矿物表面的氧化速度不同，可以有目的地向调整槽充气搅拌，使要抑制的矿物表面加速氧化而削弱其可浮性。如要浮铜的矿物，抑制黄铁矿和毒砂时，就可以采用充气调浆，加速黄铁矿和毒砂的表面氧化，而黄铜矿由于氧化较慢可浮性基本上不受影响。

10.5 矿浆加温

加温可以促进分子的热运动，促进化学药剂的溶解和分解，为需要活化能的化学反应提供活化能，促进其化学反应。在浮选中常常利用加温的办法，促进难溶捕收剂的溶解和吸附过牢的抑制剂的解吸；促进某些氧化矿物的硫化或者加快硫化矿物的氧化。

在使用油酸和胺类时，加温可以使它们在水中的溶解度和捕收作用增大。例如用脂肪酸浮选铁矿石、稀土金属矿物和萤石时，加温可以节约药剂和提高有用成分的回收率。在精选白钨粗精矿时，升温至 60 ~ 80℃，可以使脉石表面的捕收剂解吸，大幅度地提高白钨最终精矿的品位。

在铜、钼分离中向浮选槽直接通入蒸汽，可以使硫化钠的用量降至 1/7 ~ 1/2，水玻璃的用量降至 1/2，并可提高铼及钼的回收率。在铜铅分离中，矿浆加温至 70℃，可以浮铜抑铅而不用氰化物抑铜。由于加温能提高闪锌矿的可浮性，所以在铜锌分离时，可以进行抑铜浮锌。菱锌矿加温至 50 ~ 70℃，锡石加温至 400 ~ 600℃能进行硫化（后两者现在不经济也不必要）。

此外加温还可以提高细泥的可浮性，减少脱泥的必要性；缩短调整与浮选时间；增强过滤效率。

10.6　浮选时间

各种矿石最适宜的浮选时间，是通过试验研究确定的。当矿石的可浮性好、被浮矿物的含量低、浮选的给矿粒度适当、矿浆浓度较小时，所需的浮选时间就较短，反之，就需要较长的浮选时间。

粗选和扫选的总时间过短，会使金属的回收率下降。精选和混合精矿分离的时间过长，被抑制矿物的浮选时间延长，结果是精矿品位下降。但扫选时间过长，可能使矿浆电位升得过高，对保证浮选回收率反而不利（见 10.7.4 节）。图 10-3 表示某铜矿选矿厂的浮选时间（min）与精矿品位（β_{Cu}）、回收率（ε）和尾矿品位（θ_{Cu}）的关系。通常延长浮选时间会使精矿品位与尾矿品位逐渐下降，而回收率则逐渐上升。该厂开始浮选的前段，精矿品位较低（虚线），是因为矿石中含有易浮的伴生脉石，这点与一般情况不同。

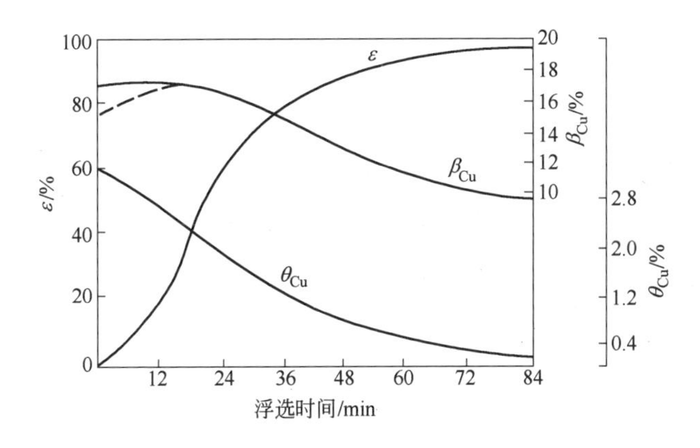

图 10-3　某铜选矿厂浮选时间与浮选累积品位的关系

10.7 硫化矿浮选电化学与矿浆电位控制

10.7.1 电化学的基本概念

在硫化矿浮选中，有许多氧化还原问题，过去人们只是从一般化学反应的角度阐述和理解，用电化学观点解释的不多。20世纪中叶，尼科松（Nixon）提出用电化学机理解释巯基捕收剂与硫化矿表面的作用，傅斯腾若（Fuerstenu D）首先研究了用电位控制浮选的问题。现在人们越来越理解用电位控制浮选过程的重要性。1988 年在芬兰威汉第（Vihanti）多金属矿安装电位监测系统，使石灰和捕收剂用量降低 2/3，选矿厂的利润提高 10% ~20%。

这里首先回顾一下电化学电池的概念。图 10-4 表示一个最基本的电池。左边将氢气泡鼓到浸在盐酸溶液中的涂有铂黑的铂电极上，构成一个电极；另外一极是浸在盐酸溶液中的银丝，它表面有氯化银的沉积物。当两电极通过一电阻连接时（如图

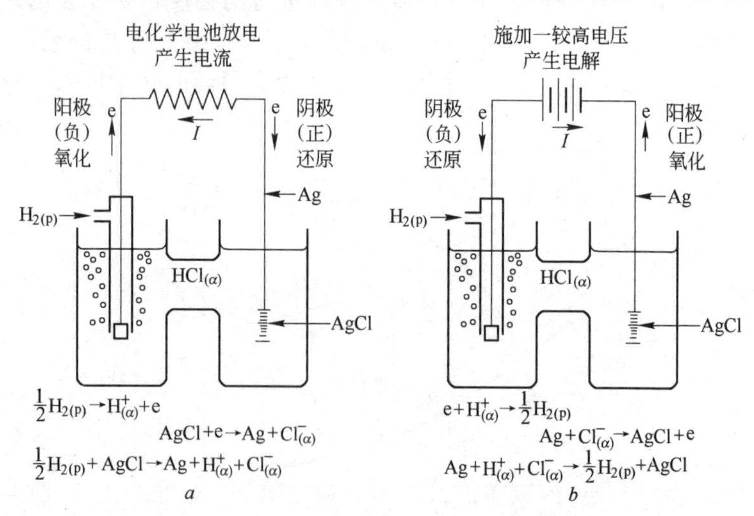

图 10-4 $H_{2(p)}$ | $HCl_{(\alpha)}$ | AgCl | Ag 电池运转

a—作为原电池；*b*—作为电解池

示)，便有电流通过。人们称它为原电池。在该电池的左边发生阳极氧化反应；右边发生阴极还原反应

阳极氧化 $\frac{1}{2}(H_2,100kPa) = H^+ + e$

阴极还原 $AgCl + e = Ag + Cl^-$

净反应 $\frac{1}{2}(H_2,100kPa) + AgCl = Ag + H^+ + Cl^-$

(10-1)

在此电化反应中，氢分子将电子给予铂，生成氢离子，来自氯化银的银离子，则和通过导线而来的电子起反应产生金属银。两个电极间的电位差是由于有 H^+ 存在，H_2 给出电子的趋势比有 Cl^- 存在时的 Ag 给出电子的趋势大。这是在没有外加电压的情况下，电子自发地从左向右流动，这种电池称为原电池。如果通过外加一个比原电池的可逆电动势稍高的电压，可以使电极上的化学反应逆转，即电子从右向左移动，这种电池就叫做电解池。

按公认的规定，人们设阳极（即氢电极）的标准电极电位为 0.0000，而测出阴极的电极电位为 -0.22239。25℃时的标准电极电位见附录 2。

从附录 2 可以看出氢（100kPa）的半电池电位为 0.0000，这是国际理论化学和应用化学学会（IUPAC）规定的。表中其他电极电位都是以它作标准比较测出的。

测定电位的基本原理如图 10-5 所示。

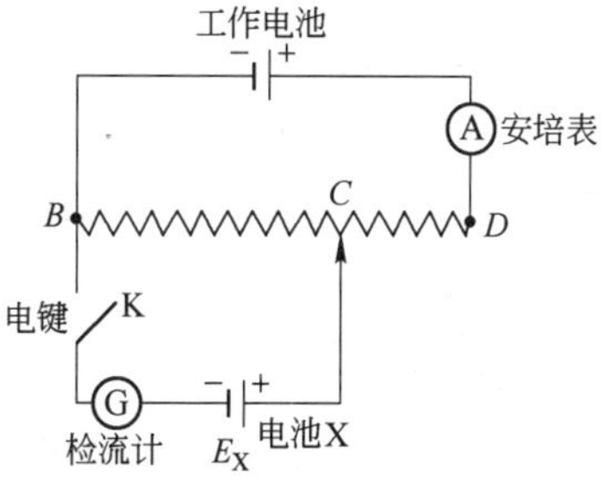

图 10-5 测定电极电位的线路图

电池的电动势 E_X 可以被一个方向相反、大小相等的电位差 $\Delta\phi$ 抵消，当测定电阻调整到电池中没有电流通过时，所测出的 $\Delta\phi$ 就代表电池 X 的电动势 E_X。图中 B 与 D 间有电阻值相当高的滑线电阻 R。Ⓖ为检流计，Ⓐ

为安培表。测定时移动触点 C_X，直至按下电键 K，检流计 G 的指针不偏转，无电流通过电池 X。电池 X 的正极电位与 C_X点的电位相同，因为电池 X 与 C_X点之间的联结导线的电阻可以忽略不计。当电键 K 按下时，检流计不偏转，表明没有电流通过电池 X，也表明电池 X 的负极电位与 B 点的电位相同。此时电阻 C_X、B 两点间的电位差等于电池两端的零电流电位差，即电池的电动势。根据欧姆定律，$E_X = |\Delta\phi| = IR_X$，$R_X$是 B 与 C_X 之间的滑线电阻，I 是通过上部电路的电流。因为滑线电阻是均匀的，所以电阻与长度成正比

$$R_X = (BC_X/BD)R$$

故测出了 I 和 R_X，就可以求出电池的电动势 E_X。

在测定体系中，一般都有两个半电池，或者说有两个电极，一个是参比电极，另一个是待测电极，又叫指示电极。参比电极最好是氢电极，但它使用不大方便。为了使用方便，常用甘汞电极，也可以用银/氯化银电极作参比电极。而指示电极，常用铂电极，其次也用金电极或用浮选监控的目的矿物做成矿物电极。如方铅矿、黄铜矿、黄铁矿等电极。还有离子选择电极，芬兰奥托昆普公司则有浮选厂专用的 OKJ-PCF 电位监控系统。

电化学中有一个著名的能斯特（Nernst）方程式，它能将溶液的电位与化学反应物的氧化态和还原态的活度联系在一起。设有一个普通的电池，其左边是氢电极，其右边电极的半电池反应是：

$$v_O O + ne \rightleftharpoons v_R R$$

该电池的反应是：

$$(n/2)H_2 + v_O O \longrightarrow v_R R + nH^+$$

由热力学基础可知它的自由能为：

$$\Delta G = \Delta G^\ominus + RT \ln \frac{(R)^{v_R}(H^+)^n}{(O)^{v_O}(H_2)^{n/2}}$$

括号内的数表示活度。

因为 $\Delta G = -nFE$， 以及 $\Delta G^{\ominus} = -nFE^{\ominus}$

所以
$$E = E^{\ominus} - \frac{RT}{nF}\ln\frac{(\mathrm{R})^{v_R}(\mathrm{H}^+)^n}{(\mathrm{O})^{v_O}(\mathrm{H}_2)^{n/2}}$$

因为
$$(\mathrm{H}^+) = (\mathrm{H}_2) = 1$$

所以
$$E = E^{\ominus} + \frac{RT}{nF}\ln\frac{(\mathrm{O})^{v_O}}{(\mathrm{R})^{v_R}}$$

这就是能斯特方程式。它给出了反应物的氧化态O/还原态R电极的电势（相对于标准氢电极的电位）随物质O和R活度的变化。

另外一个例子，如Daniell电池

$$\mathrm{Zn}|\ \mathrm{Zn}^{2+}\ \|\ \mathrm{Cu}^{2+}|\ \mathrm{Cu}$$

在25℃时，Cu^{2+} | Cu 电极 $E^{\ominus}=0.337$；Zn^{2+} | Zn 电极 $E^{\ominus}=-0.763$

故 $E^{\ominus} = 0.337-(-0.0763) = 1.100\mathrm{V}$

由于 $\Delta G = -zFE$，当 $E^{\ominus}=1.1\mathrm{V}$，为正值时，过程的反应是自发的。说明浮选过程中常用硫酸铜活化闪锌矿的过程是自发的。

10.7.2 浮选中的主要电化学问题

10.7.2.1 主要捕收剂的氧化

浮选中用的三种主要捕收剂黄药（X）、黑药（DP）与硫氮（SN）在溶液中都可以氧化成其对应的二聚物：双黄药 X_2、双黑药 DP_2 和双硫氮 SN_2。使用时按惯例取它们相应的电对及其还原电位 $E^{\ominus}$：

阳极氧化

黄药 $2[\mathrm{ROCSS}]^- - 2e = [\mathrm{ROCSS}]_2$，$X^-/X_2$ $E^{\ominus} = -0.06$

黑药 $2(\mathrm{RO})_2\mathrm{PSS}^- - 2e = [(\mathrm{RO})_2\mathrm{PSS}]_2$，$DP^-/DP_2$ $E^{\ominus} = -0.225$

乙硫氮 $2\mathrm{R}_2\mathrm{NCSS}^- - 2e = [\mathrm{R}_2\mathrm{NCSS}]_2$，$SN^-/SN_2$ $E^{\ominus} = -0.018$

阴极还原(三者相同)

$$\frac{1}{2}O_2 + 2H^+ + 2e = H_2O, \quad E^\ominus = 1.229$$

不同烃基的黄药和黑药的 $E^\ominus$ 值见表 10-1 所列。

表 10-1　不同 R 的黄药和黑药的 $E^\ominus$

项　目	甲　基	乙　基	正丙基	异丙基	正丁基
双黄药	-0.040	-0.060	-0.091	-0.096	0.127
双黑药	-0.315	-0.255	0.187	0.196	0.122

项　目	异丁基	正戊基	异戊基	己　基
双黄药	-0.127	-0.159		
双黑药	0.158	0.050	0.056	-0.015

10.7.2.2　捕收剂与矿物表面作用的产物

捕收剂与矿物作用时表面究竟生成金属的黄原酸盐还是生成双黄类的二聚物与硫化矿物在捕收剂溶液中的静电位（当电极上没有净电流通过时，电极电位称为静电位）有关。若干硫化矿物的静电位与黄药在矿物表面作用产物的关系见表 10-2。表中的金属黄原酸盐 MX 和双黄药 X_2 是用红外光谱测出的。

表 10-2　硫化矿物的静电位和黄药生成物的关系

（MX 为金属黄酸盐 X_2 为双黄药）

矿　物	静电位/V (EX = 6.25×10^{-4} mol/L) pH = 7	黄药与矿物作用的产物					
		甲基	乙基	丙基	丁基	戊基	己基
闪锌矿	-0.15						MX
辉锑矿	-0.125						MX
雄　黄	-0.12						MX
雌　黄	-0.1						MX
辰　砂	-0.05			MX	MX	MX	MX
方铅矿	+0.06	MX	MX	MX	MX	MX	MX

续表 10-2

矿　物	静电位/V (EX = 6.25 × 10^{-4} mol/L) pH = 7	黄药与矿物作用的产物					
		甲基	乙基	丙基	丁基	戊基	己基
斑铜矿	+0.06				MX	MX	MX
辉铜矿	+0.06			MX	MX	MX	MX
铜　蓝	+0.05	X_2	X_2	X_2 + MX	X_2 + MX	X_2 + MX	X_2 + MX
黄铜矿	+0.14	X_2	X_2	X_2	X_2	X_2	X_2
硫锰矿	+0.15		X_2	X_2	X_2	X_2	X_2
磁黄铁矿	+0.21		X_2	X_2	X_2	X_2	X_2
毒　砂	+0.22	X_2	X_2	X_2	X_2	X_2	X_2
黄铁矿	+0.22	X_2	X_2	X_2	X_2	X_2	X_2
辉钼矿	+0.16	X_2 + ?	X_2 + ?	X_2 + ?	X_2 + ?	X_2 + ?	X_2 + ?

对照结果，可以得出如下的规律：当矿物表面静电位大于双黄药的还原电位时，黄原酸离子在矿物表面失去电子生成双黄药 X_2。如黄铁矿、毒砂、磁黄铁矿、黄铜矿等；反之，当矿物表面的静电位小于双黄药的还原电位时，双黄药从矿物表面获得电子，与矿物作用生成金属黄原酸盐 MX，如方铅矿、辉铜矿、斑铜矿和辰砂等。

在一个复杂的体系中，可能同时发生几对电极的电位反应，一般把这种情况下测出的电位称为混合电位。对于黄铁矿、毒砂一类矿物与黄药发生的电极反应表示为：

阳极氧化反应　　$2X^- - 2e^- = X_2$

阴极还原反应　　$O_2 + 2H_2O + 4e^- = 4OH^-$

第一类混合电位净反应

$$2X^- + \frac{1}{2}O_2 + H_2O = X_{2吸附} + 2OH^-$$

对于方铅矿、斑铜矿一类的矿物，与黄药作用时，黄药只在矿物表面生成对应金属的黄原酸盐。其表面发生的电极反应可以

表示为:

阳极氧化反应 $MS + H_2O \xlongequal{} MO + S^0 + 2H^+ + 2e^-$

后续化学反应 $MO + 2X^- + H_2O \xlongequal{} MX_2 + 2OH^-$

阴极还原反应 $O_2 + 2H_2O + 4e^- \xlongequal{} 4OH^-$

第二类混合电位净反应

$$MS + \frac{1}{2}O_2 + 2X^- + H_2O \xlongequal{} MX_{2吸附} + S^0 + 2OH^-$$

式中，MS、MO 和 MX_2 分别代表金属的硫化物、金属的氧化物和二价金属的黄原酸盐。

10.7.2.3 硫化矿磨浮体系中典型的氧化还原反应

硫化矿磨浮过程中发生的阳极氧化反应可以分为有 H^+ 和无 H^+ 的两大类:

(1) 有 e 迁移但无 H^+ 生成的阳极氧化反应:

$$aA + bB \xlongequal{} cC + dD + ne$$

$$E_{阳} = E^{\ominus}_{阳} + \frac{0.0591}{N}\lg\frac{[C]^c[D]^d}{[A]^a[B]^b}$$

$$E_{阳} = E^{\ominus}_{阳} + \frac{0.0591}{n}\lg\frac{[氧化态]}{[还原态]}$$

这类反应如:

$PbS \xlongequal{} Pb^{2+} + S^0 + 2e \qquad E^{\ominus} = 0.354V$

$PbS + 2D^- \xlongequal{} PbD_2 + S^0 + 2e \qquad E^{\ominus} = -0.354V$

$Fe^{2+} \xlongequal{} Fe^{3+} + e \qquad E^{\ominus} = 0.771V$

式中，D^- 代表硫氮（R_2NCSS^-）；PbD_2 表示二硫代氨基甲酸铅盐。

(2) 有 e 迁移同时有生成 H^+ 的阳极氧化反应:

$$aA + bB + qH_2O \xlongequal{} cC + dD + mH^+ + ne$$

$$E_{阳} = E^{\ominus}_{阳} - 0.0591\frac{m}{n}pH\frac{0.0591}{n}\lg\frac{[C]^c[D]^d}{[A]^a[B]^b}$$

$$E_{阳} = E^{\ominus}_{阳} - 0.0591 \frac{m}{n}\mathrm{pH} \frac{0.0591}{n}\lg \frac{[氧化态]}{[还原态]}$$

这类反应有：

$$PbS + 2H_2O = HPbO_2^- + S^0 + 3H^+ + 2e \qquad E^{\ominus} = 1.182V$$

$$ZnS + 6H_2O = ZnO_2^{2-} + SO_4^{2-} + 12H^+ + 8e \qquad E^{\ominus} = 0.635V$$

$$2PbS + 3H_2O + 4D^- = 2PbD_2 + S_2O_3^{2-} + 6H^+ + 8e$$

$$E^{\ominus} = 0.104V$$

$$Fe^{2+} + 3H_2O = Fe(OH)_3 + 3H^+ + e \qquad E^{\ominus} = 1.042V$$

由此可见，阳极氧化反应的电极电位与参与反应的各物质的浓度(活度)有关，当有 H^+ 生成时，其电位还与介质 pH 值有关。

(3) 阴极氧的还原反应电极电位 $E_{阴}$：

氧的还原随介质的酸碱度不同而不同。

在酸性介质中：

$$\frac{1}{2}(O_2) + 2H^+ + 2e = H_2O \qquad E^{\ominus} = 1.229V$$

在中性和碱性介质中：

$$\frac{1}{2}(O_2) + H_2O + 2e = 2OH^- \qquad E^{\ominus} = 0.401V$$

两种情况下的阴极电位均为：

$$E_{阴} = -0.0591\mathrm{pH} + 0.01471\lg P_{O_2}$$

这说明阴极反应的电极电位 $E_{阴}$，与介质 pH 值和氧的分压有关。氧的分压对电极电位的影响不很大，P_{O_2}发生四个数量级的变化才会使 $E_{阴}$ 变化 0.0588V，而 pH 值的影响却很明显，它从 7 上升到 12.5，$E_{阴}$ 将下降 0.325V。一般介质的 pH 值升高，会使 E 下降，电极电位 E 与 pH 值有下列关系：

$$E = E^{\ominus} - 0.0591\mathrm{pH}$$

阴极和阳极都一样。

E_h-pH 值平衡可决定矿物表面氧化还原反应的产物。硫化矿浮选在矿浆中进行，每种成分都有各自的反应和电位，这些电位达到平衡时，溶液或矿浆会出现平衡电位，也称为混合电位。在矿浆中用铂电极做指示电极，相对于氢电极（或用甘汞电极代替）得到的电位，称为矿浆电位，用 E_h 表示。可应用它来研究或指导生产。

例如，方铅矿在乙黄药水溶液中，可能有下列反应：

$$2PbS + 3H_2O + 4X^- \Longrightarrow 2PbX_2 + S_2O_3^{2-} + 6H^+ + 8e$$

$$PbX_2 + 3OH^- \Longrightarrow HPbO^{2-} + 2X^- + H_2O$$

$$PbX_2 + 2H_2O \Longrightarrow HPbO^{2-} + X_2 + 3H^+ + 2e$$

$$PbX_2 + 2H_2O \Longrightarrow Pb(OH)_2 + X_2 + 2H^+ + 2e$$

$$2X^- \Longrightarrow X_2 + 2e$$

$$PbS + X_2 \Longrightarrow PbX_2 + S^0$$

$$PbS + 2X^- \Longrightarrow PbX_2 + S^0 + 2e$$

根据上述反应可计算出方铅矿乙黄药体系的 E_h-pH 值电化学平衡相图，如图 10-6 所示。

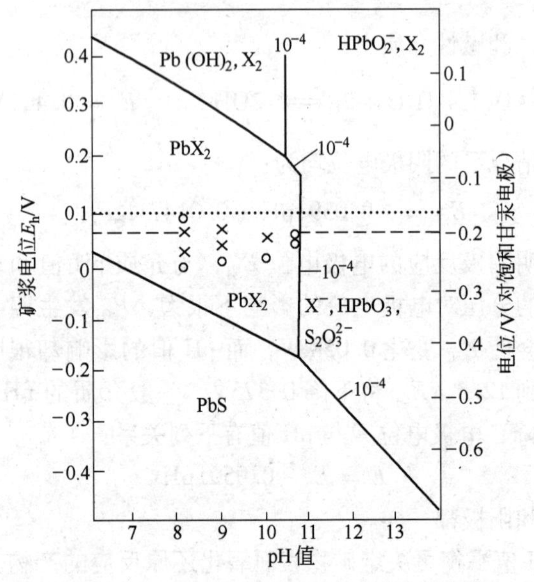

图 10-6 PbS-EX 体系的 E_h-pH 值平衡图

当介质处于中性和弱碱性时，并当 E_h 在特定的氧化电位下，方铅矿与黄药作用生成黄原酸铅，才能浮游。

四种常见硫化矿物用乙黄药时的可浮性与矿浆电位的关系如图 10-7 所示。它们有的要在适当的氧化电位下表面可以生成双黄药才能浮游。

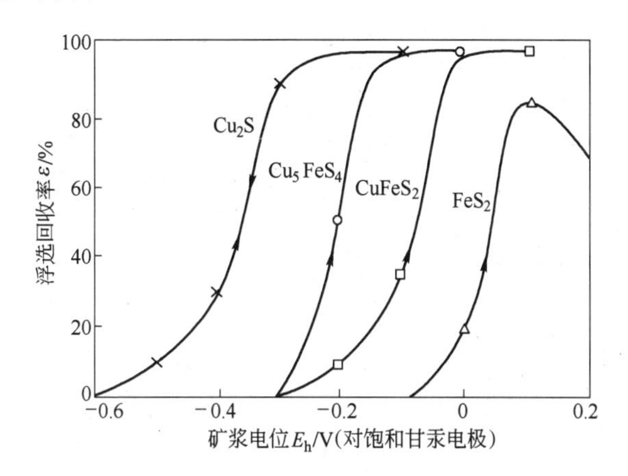

图 10-7　四种硫化矿物浮选与矿浆电位的关系

（调浆时间 10min；浮选 2min；浮辉铜矿用乙黄药 1.44×10^{-5}mol/L；浮其余矿物用乙黄药 2×10^{-5}mol/L；pH = 9.2）

这些硫化矿物的浮选趋势是：还原电位下它们被抑制，而在适当的氧化电位下它们能浮游。

10.7.3　矿浆电位与硫化矿浮选

研究表明：各种矿物都有特定的电位浮选区间。在 pH = 10 的无捕收剂溶液中，黄铜矿能在甘汞电极电位 -0.09 ~ +0.2V 之间浮游得很好。而硫砷铜矿在电位低于 -0.15V 时不浮；当电极从 -0.15V 升到 -0.07V 时，它的浮选回收率从 10.7% 升到 33.1%；当矿浆电位从 -0.07V 增加到 +0.47V 时，硫砷铜矿的回收率从 33.1% 提高到 87.6%。此后，再升高矿浆电位，则硫砷铜矿的回收率也下降（图 10-8）。当加入戊基钾黄药（PAX）

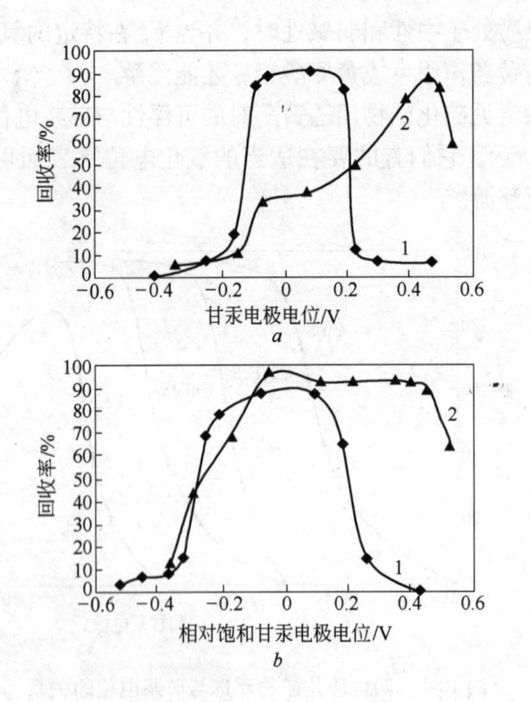

图 10-8　pH = 10 时无捕收剂溶液中矿浆电位对黄铜矿和硫砷铜矿浮选结果的影响

a—pH = 10 时无捕收剂浮选；*b*—pH = 10 时 PAX7 × 10^{-5}mol/L

1—黄铜矿；2—硫砷铜矿

时，矿浆电极在 -0.4V ~ +0.2V 之间，黄铜矿和硫砷铜矿可浮性相差不大；当矿浆电位从 +0.2V 升高到 +0.3V 时，黄铜矿的可浮性急剧下降，而硫砷铜矿的可浮性保持不变。

也有研究表明在氧化电位(0.45V)下，可以从方铅矿中浮出黄铜矿，而方铅矿的回收率很低；在还原电位(-0.15V)下，方铅矿可以很好地浮游，而黄铜矿回收率很低，如图 10-9 所示。

10.7.4　浮选的电位调控方法

目前对于浮选过程的电位调控，主要有两种或三种途径：一

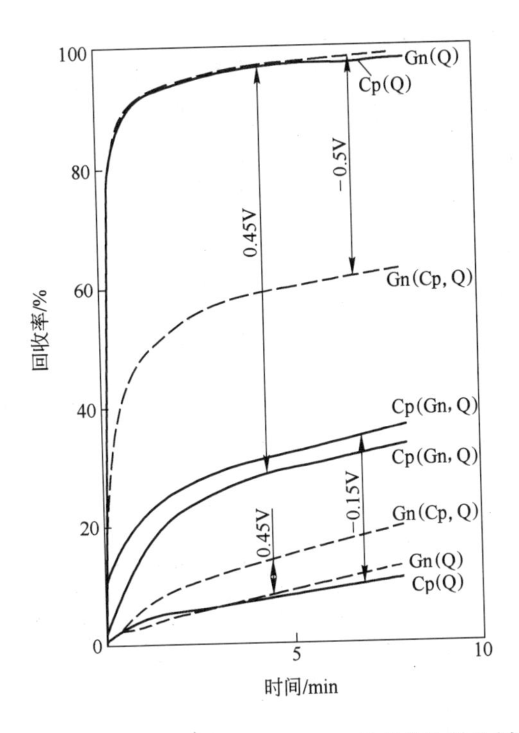

图 10-9　在氧化和还原条件下，用乙基黄药作捕收剂时，从石英（Q）中浮黄铜矿（Cp）和方铅矿（Gn）的可浮性及从黄铜矿方铅矿和石英混合物中浮黄铜矿和方铅矿的可浮性

是用外加电场调控电位，二是用原生电位浮选（OPE），三是用化学药剂控制电位。第二、三种方法从某种意义上说有一些关系。因为有人定义“OPE 工艺是指利用硫化矿磨矿-浮选矿浆中固有的电化学行为（氧化还原反应）引起的电位变化，通过调节传统浮选操作因素达到电位调控并改善浮选过程的工艺，OPE 工艺有两个要点：一是主要调节和控制包括矿浆 pH 值、捕收剂种类、用量及用法、浮选时间以及浮选流程结构等在内的传统浮选操作参数；二是不采用外加电极、不使用氧化还原剂调控电位。”

外加电场调控电位法，是以消耗外部提供的电能为代价，实现电位控制和电化学反应。氧化还原反应不仅发生在不同的电极上，由于电极和矿物表面的水化与吸附，难以实现相与相之间的电荷传递，外加电场电位调控法最大的困难是高度分散的浮选矿浆体系导电性能差，难以使矿浆中每个矿粒都达到所要求的极化电位。

有报道说：芬兰奥托昆普公司，在很多浮选厂中应用 OKJ-PCF 电位监控（监控是外加电位调控）系统。该系统自 1984 年以来先后在镍矿、铜铅锌矿和铜铅锌黄铁矿应用（图 10-10）。在赫吞纳（Hituna）镍矿，用电位控制替代 pH 值控制，使镍回收率提高 2%；在威汉第（Vihanti）矿山，安装这个系统使石灰和捕收剂的用量降低 2/3，自用电位监测以来，选矿厂的利润增加 10% ~20%。

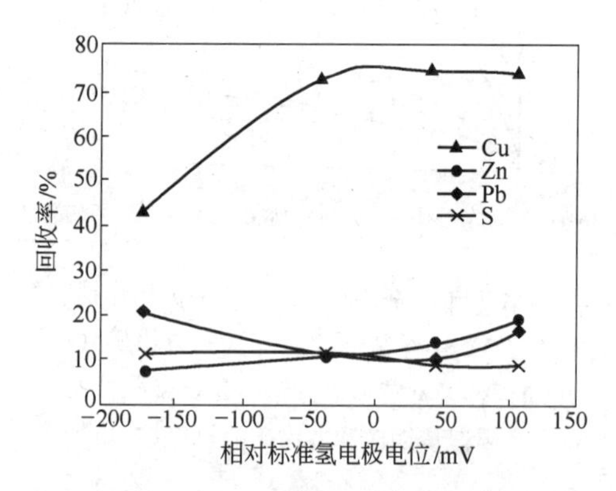

图 10-10　电位对铜铅锌矿物浮选的影响

戊基钾黄药 150g/t；$SO_2$400g/t；pH = 11.5，浮选 10min

我国中南大学应用原生电位浮选（OPE）法处理铅锌矿强调了三点：

（1）pH 值—E_{OP}匹配。在传统工艺中只考虑到药剂与 pH 值对分离的好坏。而电化学 E_{OP}工艺中还要考虑到 E_{OP}对于矿物的分离是否有利。所以必须考虑 pH 值与 E_{OP}是否对分离都有利。这就是考虑 pH 值与 E_{OP}的匹配。例如，某一选矿厂要浮游方铅矿抑制闪锌矿和黄铁矿，其 pH—E_{OP}值必须有利于方铅矿的浮选，也有利于闪锌矿和黄铁矿的氧化和抑制。研究表明，浮方铅矿最适宜的 pH—E_{OP}匹配是：pH = 12.5 ~ 12.8；E_{OP} = 0.13 ~ 0.20。

（2）pH—E_{OP}—捕收剂匹配。捕收剂与矿物作用产物部分曾经指出，捕收剂捕收方铅矿是靠生成黄酸铅 $Pb(BX)_2$和二硫代氨基甲酸铅（PbD）$_2$类的金属盐起作用，而黄铁矿等硫化矿物被捕收是靠捕收剂在它表面生成 X_2、D_2一类的二聚物。因此浮选方铅矿抑制黄铁矿时，矿浆电位 E 必须保证方铅矿表面的捕收剂盐（PbD_2）不分解和黄铁矿表面的捕收剂 D_2 会脱附。设这两个电位分别为 $E_{分解}$ 和 $E_{脱附}$，$E_{分解} > E_{脱附}$并且有

$$\Delta E = E_{分解} - E_{脱附}$$

浮游方铅矿抑制黄铁矿的电位就该在 ΔE 的范围内。实践证明，乙硫氮的 ΔE 比乙黄药的 ΔE 范围大，也就是优先浮选方铅矿的捕收剂以乙硫氮为宜，其选择性和捕收力比丁黄药好。

（3）浮选时间、流程结构与 pH—E_{OP}要匹配。特别是浮选时间的长短要控制在 pH—E_{OP}的范围内，如图 10-11 所示。

浮选时间过长，E_{OP}和 pH 值波动会使浮选恶化。图 10-11 显

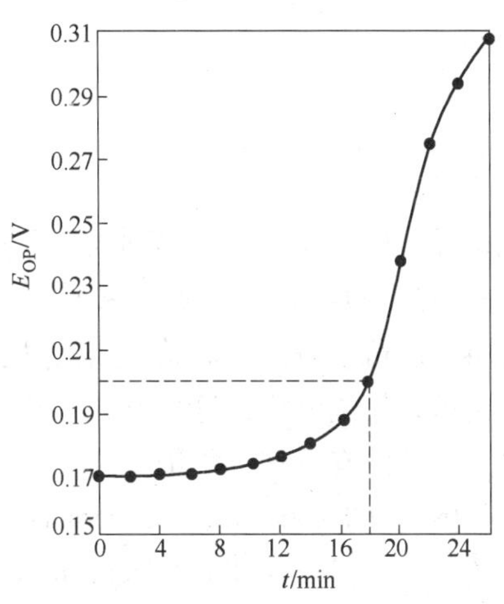

图 10-11　某铅锌矿的矿浆 E_{OP}和浮选时间的关系

示，该厂要满足 E_{OP} 的要求，总的浮选时间要控制在 16 ~ 18min 以内，若粗选和精选（包括粗选前的调浆）占去 7 ~ 8min，那么扫选时间则应控制在 9 ~ 10min。原流程扫选 18min 过长反而有害。改用 OPE 工艺后强化了粗选，减少了扫选作业时间和浮选机台数，获得了很好的效益。

OPE 工艺于 1996 年先后在多家铅锌矿应用，都获得了较好的结果。表 10-3 及表 10-4 列出了一家的数据。

表 10-3　某厂原生电位浮选与原有生产情况对比

选矿工艺	运行时间	原矿品位/%		铅精矿		锌精矿	
		铅	锌	品位/%	回收率/%	品位/%	回收率/%
OPE 工艺	1996 年 4 月 ~ 1997 年 12 月	1.5	4.54	57.20	82.35	51.05	91.65
原工艺	1995 年全年	1.52	4.51	56.47	80.11	50.70	87.02

表 10-4　某厂应用两种不同的工艺药剂用量（g/t）对比

选矿工艺	丁黄药	乙黄药	乙硫氮	黑药	硫酸铜	硫酸锌	亚硫酸钠	起泡剂	石灰
OPE 工艺	182	0	78	0	240	0	0	47	15000
原工艺	560	519	48	0	442	110	0	64	16000

10.8　细菌在浮选中的调整作用

细菌在硫化矿浸出中的作用早已受到人们重视，细菌在絮凝和浮选中的作用只在近 10 年来才受到大家的重视，虽然下面的资料仍是试验资料，但可以看到它们的应用前景。细菌在浮选中可以作捕收剂，也可以作调整剂，这里先介绍其调整作用。

目前人们研究较多的有下列几种细菌：

氧化亚铁硫杆菌　（Thiobacillus ferooxidans）　简称 T. f. 菌

氧化硫硫杆菌　（Thiobacillus thiooxidans）　简称 T. t. 菌

氧化铁微螺杆菌　（Leplospirilium ferooxidans）简称 L. f. 菌

多黏牙孢杆菌　（B. Polymyxa，菌株 NCIM2539）

简称 B. P. 菌

这些细菌能在矿物表面上选择性地固着，使矿物表面性质因细菌固着而发生不同程度的变化。细胞壁中有脂聚糖类、脂蛋白质、细菌表面蛋白质。另外细胞新陈代谢的产物 EPS 聚合物，也叫胶质物或胶浆，是由高分子多糖、蛋白质和类脂化合物组成。其亲水组分由岩藻糖、李鼠糖和葡萄糖组成，疏水组分由 C_{12}、C_{16}、C_{18}、C_{19} 等脂肪酸组成。

T. f. 菌　这类细菌细胞壁和鞭毛中的脂聚糖和蛋白质中含有羟基、氨基、酰氨基和羟基，表面荷负电。蛋白质疏水。对黄铁矿的亲和力比对黄铜矿强，在中性 pH 值下可以抑制黄铁矿浮游黄铜矿。

T. t. 菌　光谱研究表明，它们的表面上的功能团有—NH、—CONH、—CO、—COOH、CH_2 和—CO_3 等，可以使硫化矿表面溶解和氧化。将它们在 pH = 2. 5 的硫酸溶液中分别与矿物作用后再混合浮选，在 pH 值为 9. 5 的情况下，不用活化剂和捕收剂能得到表 10-5 的结果。这表明 96% 的方铅矿被抑制，而 94% 的闪锌矿仍然可以浮起。

表 10-5　T. t. 菌对于方铅矿和闪锌矿浮选的作用

项　　目	精矿/%	尾矿/%
闪锌矿	94. 8 ~ 93. 8	5. 2 ~ 6. 1
方铅矿	3. 4 ~ 3. 5	96. 5 ~ 96. 6

菌类作用前后的矿物表面扫描电镜照片图见图 10-12 所示。细菌作用 2h 后，有大量的 T. t 菌固着在方铅矿表面，细菌作用 72h 后，方铅矿表面布满硫酸铅的结晶。

B. P. 菌及其代谢物多糖化合物在方铅矿上的吸附量为在闪锌矿上吸附量的 50 倍。在 pH 值为 9 ~ 9. 5 时多黏芽孢杆菌代谢物存在时，92% 的闪锌矿被分散，93% 的方铅矿被选择絮凝。

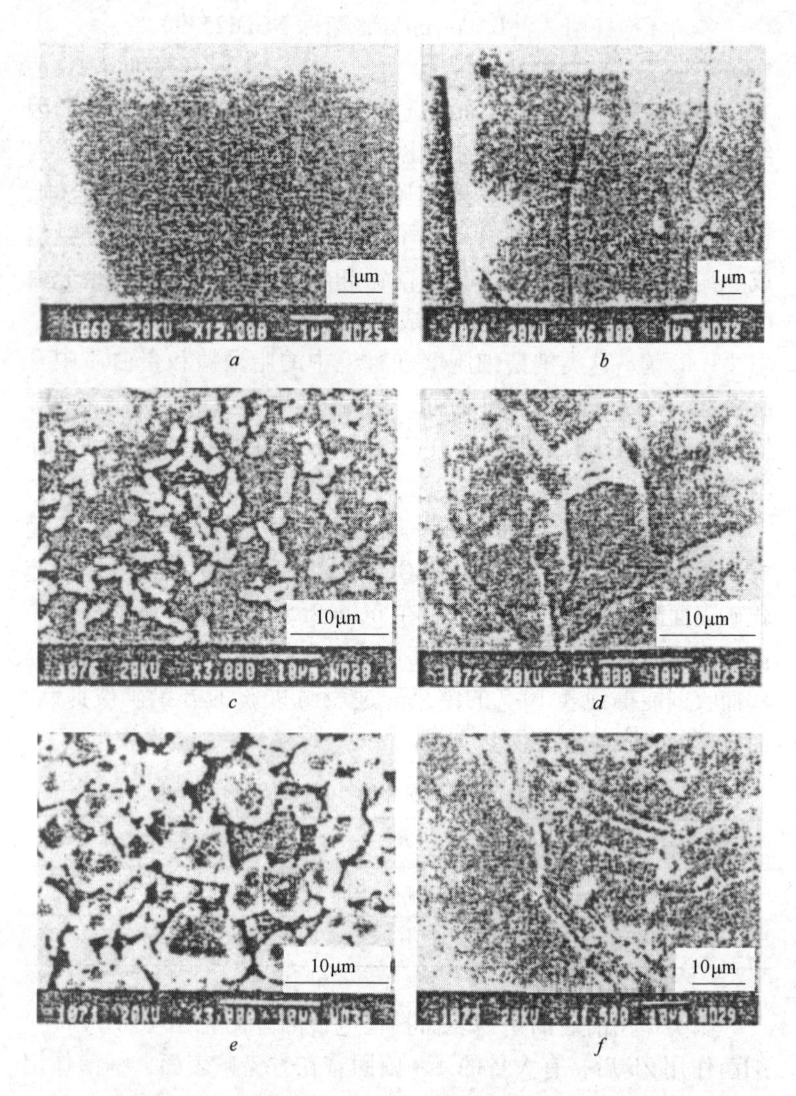

图 10-12　细菌作用前后的方铅矿和闪锌矿扫描电镜照片

a—作用前的方铅矿；*b*—T. t. 菌作用 2h 后的方铅矿；

c—T. t. 作用 72h 后的方铅矿；*d*—T. t. 作用前的闪锌矿；

e—T. t. 作用 2h 后的闪锌矿；*f*—T. t. 作用 72h 后的闪锌矿

细菌细胞与其生物代谢物能在矿物表面附着形成生物薄膜，发生三种作用：（1）使矿物表面发生化学变化；（2）改变矿物表面的亲水性和疏水性；（3）对矿物发生选择性溶解。

细菌在氧化矿物表面附着降低的顺序是：

高岭石 > 方解石 ≥ 刚玉 ≥ 赤铁矿 ≥ 石英

几种氧化矿物与细菌作用前后的浮选回收率，见表 10-6。

表 10-6　pH 值为 8 时几种矿物与细菌作用前后的浮选回收率　（%）

矿　物	与细菌作用前	与细菌作用后	矿　物	与细菌作用前	与细菌作用后
石　英	4	60 ~ 80	赤铁矿	4	2 ~ 4
高岭石	3	80 ~ 90	方解石	8	7 ~ 8
刚　玉	5	2 ~ 10			

用 1∶1 的矿物混合物经生物选择絮凝，可以有效地将石英和刚玉、方解石与赤铁矿分开，也可以将赤铁矿与高岭石分开到一定的程度，见表 10-7。

表 10-7　矿物混合物用生物选择絮凝结果

矿物组合	条　　件	脱泥次数	分离效率/%
刚玉-石英	pH 值 7.6；5min；10^9 个细胞/mL	1	89.3
		5	99.6
赤铁矿-石英	pH 值 7.6；5min；10^9 个细胞/mL	1	20.8
		5	95.5
赤铁矿-高岭石	pH 值 9；6.5min；10^9 个细胞/mL	1	29.18
		5	54.50
方解石-石英	pH 值 7；6.5min；10^9 个细胞/mL	1	25.00

11 贵金属及硫化矿物浮选

11.1 矿物类型与捕收剂类型的关系

自然界的矿物达3300多种，可以归纳为下表中的七大类，即自然金属和重金属硫化矿物、重金属碳酸盐类矿物、碱土金属半可溶盐类矿物、金属氧化矿物、硅酸盐类矿物、碱金属和碱土金属可溶盐类矿物和非极性矿物，见表11-1。

表11-1 矿物类型与捕收剂类型的关系

序号	矿物类型	代表性矿物	捕收剂类别
Ⅰ	自然金属和重金属硫化矿物	自然金、自然银、自然铜、辉铜矿、铜蓝、黄铜矿、斑铜矿、方铅矿、闪锌矿、黄铁矿、磁黄铁矿、毒砂、辉铋矿、辉锑矿、铂族元素	黄药、黑药、硫氮、硫氨酯等
Ⅱ	重金属碳酸盐类矿物	孔雀石、蓝铜矿、白铅矿、菱锌矿、菱铁矿、菱锰矿	硫化后用黄药捕收，脂肪酸，菱锌矿用胺类
Ⅲ	碱土金属半可溶盐类矿物	白钨矿、磷灰石、萤石、重晶石、方解石、白云石、菱镁矿	脂肪酸类，烷基硫酸盐及磺酸盐、琥珀酸类
Ⅳ	金属氧化物类矿物	赤铁矿、软锰矿、锡石、金红石、黑钨矿、铬铁矿、铌铁矿、钛铁矿、硬锰矿、水铝石	脂肪酸类，胂酸类、膦酸类、螯合剂
Ⅴ	硅酸盐类矿物	石英、长石、锆石、绿柱石、锂辉石、云母、硅孔雀石	胺类及其衍生物、羧酸
Ⅵ	碱金属及碱土金属可溶盐类矿物	石盐、钾盐、硝石、光卤石，芒硝、钾镁矾	烷基吗啉、胺类、羧酸
Ⅶ	非极性矿物	辉钼矿、石墨、煤、滑石、叶蜡石	非极性烃类

由于矿物的组成、结构，与药剂作用成键时电子的“受体”和“给予体”性质不同，使浮选药剂与矿物的作用有一定的专属性。这可以用软硬酸碱（路易斯（Lewis）酸碱）定则加以理解。在矿物与药剂作用时，把矿物中的金属元素看作是酸，而把浮选药剂的键合元素看作是碱。根据皮尔森（Pearson）的软硬酸碱划分原则，可以将浮选中常见的矿物元素离子、基团和浮选剂离子、基团划分为下列几类：

硬　酸：Li^{+}、Na^{+}、K^{+}；Be^{2+}、Mg^{2+}、Ca^{2+}、Sr^{2+}、Mn^{2+}、Sn^{2+}；
Al^{3+}、Sc^{3+}、Ga^{3+}、In^{3+}、La^{3+}、Gd^{3+}、Lu^{3+}、Dr^{3+} Co^{3+}、Fe^{3+}、As^{3+}；
Si^{4+}、Ti^{4+}、Zr^{4+}、Th^{4+}、U^{4+}、Pu^{4+}、Ce^{4+}、Hf^{4+}。

软　酸：Cu^{+}、Ag^{+}、Au^{+}、Tl^{+}、Hg^{+}；Pd^{2+}、Cd^{2+}、Pt^{2+}、Hg^{2+}、Cu^{2+}、Zn^{2+}；
Tl^{3+}、Pt^{4+}、Te^{4+}。

交界酸：Fe^{2+}、Co^{2+}、Ni^{2+}、Pb^{2+}、Ru^{2+}、Os^{2+}；Rh^{3+}、Ir^{3+}、Sb^{3+}、Bi^{3+}。

硬　碱：F^{-}、RCO^{2-}、PO_4^{3-}、SO_4^{2-}、Cl^{-}、CO_3^{2-}、ClO_4^{-}、NO_3^{-}；
RNH_2、NH_3、RC(O)NOH。

软　碱：R_2S、RSH、RS^{-}、$ROCSS^{-}$、$(RO)_2PSS^{-}$、R_2NCSS^{-}、$PSCSS^{-}$、I^{-}、SCN^{-}、$S_2O_3^{2-}$
CN^{-}、RNC、CO、ROC(S)NHR、ROCSSR、$(RO)_2PSSR$、R^{-}。

交界碱：$C_6H_5NH_2$、C_5H_5N、SO_3^{2-}、NO_2^{-}。

按照软硬酸碱定则：软碱亲软酸，硬碱亲硬酸，软酸型矿物容易与软碱型药剂作用，硬酸型矿物容易与硬碱型浮选药剂作用；交界酸型矿物则与浮选药剂作用的专属性较差。从表11-1可以看出各类代表性矿物与捕收剂类型的关系。

11.2 贵金属矿物浮选

11.2.1 铂族矿物浮选

铂族元素包括钌（Ru）、铑（Rh）、钯（Pd）、锇（Os）、铱（Ir）、铂（Pt）。铂族元素可以简写为PGE。白色，密度约12.0~12.4g/cm^3，它们具有良好的耐腐蚀、耐氧化性，优良的导电性和催化活性，很高的熔点。铂、钯、铑三者按67∶26∶7的比例作催化剂时，可将汽车排放出的烃类、一氧化碳和一氧化二氮转变为无害废气排放。每辆汽车需用铂族元素2.4g。由于它们的高熔点和耐磨性也用它生产优质玻璃。

铂族矿物共有109种，如硫镍铂钯矿[(Pt,Pd)S]、六方锑钯矿（PdSb）、砷铂矿（Pt，As）等，也有自然铂。另外有与铂共生的三种主要矿物，即磁黄铁矿、黄铜矿和镍黄铁矿。

对加工铂族矿物的资料公开不多。为了将它与伴生矿物一起回收，大多数选厂用黄药作主要捕收剂，用黑药作辅助捕收剂。有一种南非产的改性黑药PM300可以提高铂族矿物的浮选指标。当矿石中含有大量易浮脉石（如绿泥石、滑石和铝硅酸盐矿物）时，用改性的古尔胶和低分子量的丙烯酸作抑制剂效果较好。用有机酸改性的氟硅酸钠PL20作抑制剂在pH值为5.5时浮选，精矿品位和回收率都高。用烷基磺酸改性的糊精对脉石矿物的抑制作用也不差。

对于高铬铁矿矿石试验时，粗选用自然pH值，精选用弱酸性（pH值为6.5），用改性萘磺酸抑制铬，随着抑制剂用量的增大，铂族元素品位升高而铬含量大幅降低。令人惊讶的是，在pH值为9.5的碱性回路中粗扫选时，粗选的pH值慢慢变为弱酸性，精矿品位提高，而铬含量下降。

南非布希威德（Bushveld）矿脉是世界上产铂最有名的矿脉，其中主要的硫化矿物是磁黄铁矿（$Fe_{1-x}S$），其次是镍黄铁矿[$(Fe,Ni)_9S_8$]和黄铜矿($CuFeS_2$)。由于磁黄铁矿含铂族矿物，其回收率对铂族矿物的回收率有重大的意义。故人们对其磁黄铁矿的性质作过深入的研究工作。

磁黄铁矿（$Fe_{1-x}S$）分子式中的 $x=0\sim0.2$，成分和性质都不很稳定。只在 pH 值为7~9、电位低于 -0.35V/SHE（SHE 为标准氢电极电位）比较稳定。pH 值为 9.0~9.5 不具天然可浮性，因为其表面有亲水性的氢氧化铁；pH 值小于 5 时天然可浮性大幅地提高，因为表面是富硫的产物或元素硫。

磁黄铁矿在低氧化电位（0~200mV）下，受短时间搅拌，表面形成 $Fe(OH)S_2$ 的过度表面，有利于浮选；但长时间搅拌，表面过度氧化则对其浮选有害。

在中等和低氧化电位下，对磁黄铁矿的无捕收剂或有捕收剂浮选都有利。但是在有黄药存在时，如果矿浆电位大大低于黄药氧化成双黄药所需的电位（0.06V）时，磁黄铁矿的浮选受到抑制。在酸性溶液中 Cu^{2+} 和 Pb^{2+} 可以活化磁黄铁矿，在中性和碱性溶液中它们的活化作用有限。超声波处理可以清除磁黄铁矿表面的氢氧化铁亲水膜，可提高其可浮性。

人们正在研究用惰性气体控制氧化电位，用三硫代碳酸盐代替常规捕收剂，以提高含铂的磁黄铁矿的回收率。

巴斯维尔 A. M. 对含铂族矿物的矿石浮选，进行了电化学研究。得到了如下的结论：在任何条件下，矿物电极的混合电位会在 100mV 范围内变化，并按磁黄铁矿 < 镍黄铁矿 < 黄铜矿 < 黄铁矿 < 铂的顺序增加。加入 $CuSO_4$ 会使矿浆电位升高，加入黄药会使电位降低。加入药剂后不同矿物的电极电位变化并不相同。而矿物回收率的变化趋势是：黄铜矿 > 镍黄铁矿 > 磁黄铁矿。不同的磨矿介质和调浆条件对黄铜矿的回收率没有影响，而在现厂磨矿的矿浆中磁黄铁矿会被抑制。这大概是现厂磨矿分级过程中的过度氧化造成的。用酸调浆提高了磁黄铁矿的回收率。这是由于清洗掉了矿物表面的亲水氧化铁和硫氧化物，加强了矿物表面与黄药的反应。当磁黄铁矿的混合电位低于双黄药形成的平衡电位时，磁黄铁矿浮选会受到轻微的抑制。

11.2.2 金银矿物浮选

金矿床可分为砂金和脉金两大类，砂金是由内生矿床风化而成。含金的矿物有20多种，主要有自然金（金、银、铜等元素的合金）、银金矿、碲金矿等。按其伴生元素的种类，有金砷矿、金硫矿、金铜矿、金锑矿、金铀矿，含金多金属矿等。

金的嵌布粒度粗细不等，大的可至2mm以上，小的可以是1~5μm以下。因为金的密度大，15.3~18.3g/cm^3，所以粗粒可以用各种重选（包括土法淘洗）+混汞法处理，小的裸露颗粒可以用氰化物或硫脲浸出。中等粒度（0.001~0.070mm）的单体金或嵌布在各种金属硫化物内部的金才用浮选方法处理。

金的可浮性与其粒度的大小、形状和表面状态有关。粗粒金易从泡沫表面脱落。片状的金比较易浮，圆粒状的金比较难浮。表面纯净的金易浮，表面被氧化铁或其他亲水性物质污染的金可浮性差。含银的金粒可浮性比纯金粒更好。有些自然金可浮性极好，能自动地漂浮在水面。一般金的浮选不要活化剂，但添加碳酸钠，可以沉淀某些金属离子，使pH值保持在8~9，对自然金的浮选有利。硫酸铜可提高金的浮选速度，但多了有害。自然金的抑制剂有OH^-（pH大于11）、Ca^{2+}、CN^-、Na_2S、SO_2、亚硫酸钠、硅酸钠、丹宁、重金属离子。自然金的最佳浮选电位E_h为+10~+50mV（Pt电极对甘汞电极）。黄铁矿含金时pH值可以降至4。

浮选金的捕收剂主要有黄药、黑药、Z-200、硫醇苯并噻唑、硫脲、氨基甲酸酯等。近年来我国用Y89、捕金灵等浮选自然金及含金的硫化铜等多金属矿物，效果显著。俄罗斯则推荐使用TAA（硫代酰基酰替苯胺）R-404等新药与丁基钾黄药（BKK）

组合，而且得到在多个组合中以 TAA 和 BKK 组合效果最好的结论。

金的伴生硫化矿物，以黄铁矿和毒砂最为常见。有人用含这两种矿物的重选金精矿作过深入研究。发现用中碳钢磨矿机磨含金的硫化矿时，矿浆的电位比较低。在 pH 值为 6.5 时与氢氧化钙一起搅拌，矿浆电位降到 -0.2V。由于在浮选阶段充气，矿浆电位从 -0.2V 升到 0.15V，在调浆和浮选中用氮气代替空气可以提高金、黄铁矿与毒砂的回收率。用硫酸铜作活化剂，用量在 200g/t 以下有利，大了有害，如图 11-1 所示。

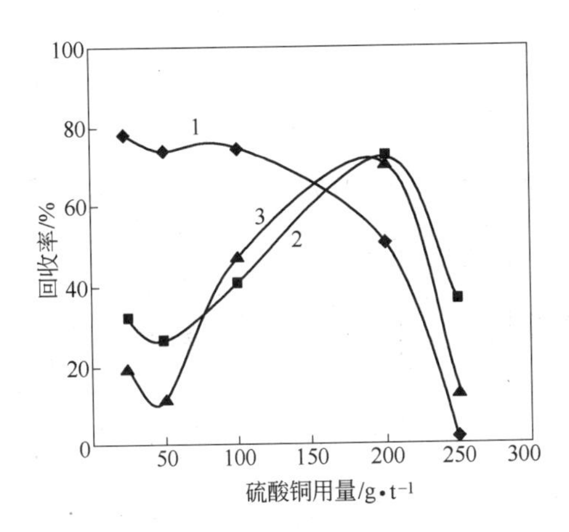

图 11-1　硫酸铜对金、黄铁矿和毒砂浮选的影响

1—金；2—黄铁矿；3—毒砂

（pH = 6.5，捕收剂戊基钾黄药 PAX50g/t）

由图可见硫酸铜大于 100g/t 时金的回收率就下降。少量 Cu^{2+}，适用于同时回收单体金及含金硫化矿物的作业。

处理金矿石可能使用的六个原则流程：（1）重选 + 精矿混汞；（2）浮选 + 精矿氰化；（3）浮选 + 精矿焙烧 + 氰化；（4）浮选精矿焙烧 + 尾矿氰化；（5）重选精矿氰化 + 氰化尾矿浮选；

(6) 重选精矿混汞+尾矿脱水后浮选，(参看图11-2和图11-3)

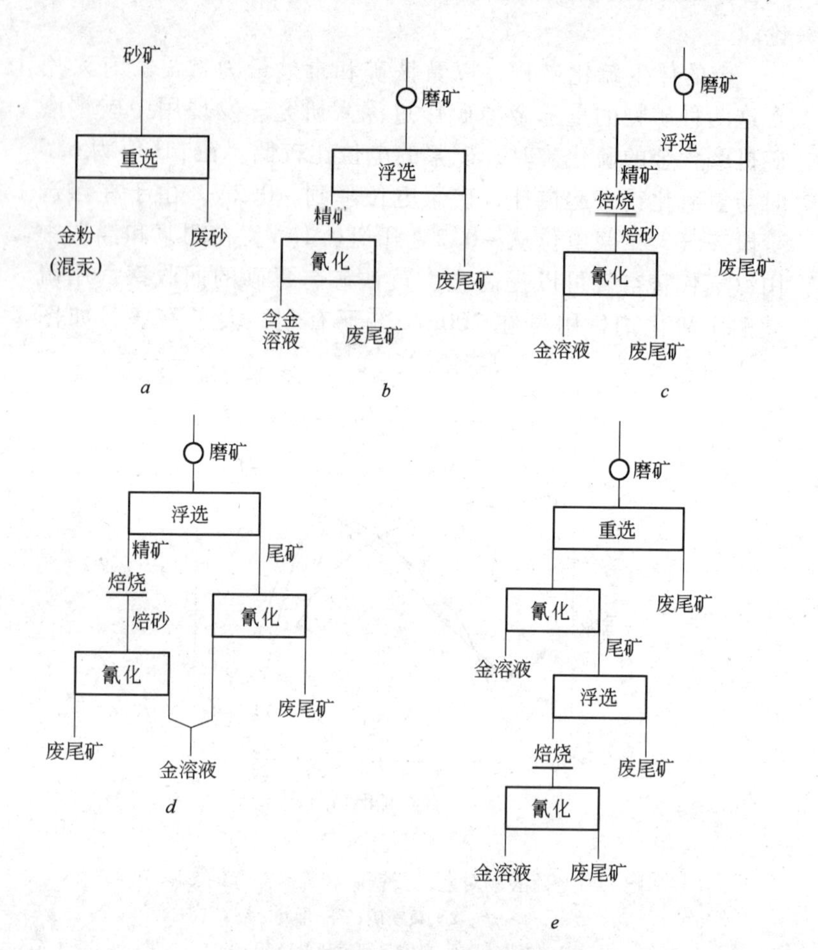

图11-2 处理金矿的五个原则流程

a—重选精矿混汞；*b*—浮选精矿氰化；*c*—浮选精矿焙烧氰化；
d—浮选精尾矿氰化；*e*—重选浮选焙烧氰化联合

11.2.3 金银矿浮选实例

11.2.3.1 曙光金矿的选矿

该矿金属矿物主要有自然金和黄铜矿，其次有褐铁矿、磁黄

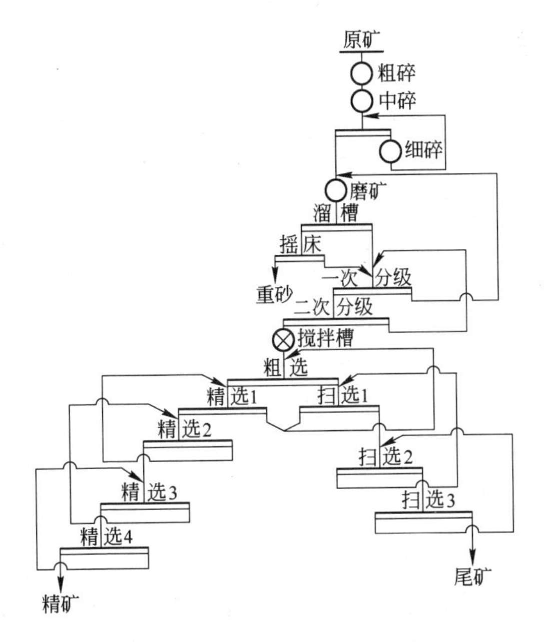

图 11-3　曙光金矿选矿工艺流程

铁矿和黄铁矿。脉石矿物以石英为主，其次为绢云母、绿泥石、斜长石、黑云母、碳酸盐等。矿石中有用成分为金、铜和银。

金以自然金为主，其粒度分布为：

粒级/mm	+0.074	0.074 ~ 0.053	0.053 ~ 0.037	0.037 ~ 0.01	-0.01
相对/%	5.79	8.94	7.58	61.27	16.42

生产工艺流程如图 11-3 所示。这个重浮联合流程，重选部分用于回收粗粒和中粒的金，浮选部分用于回收细粒的金。由于原矿品位较低，易浮矿物（包括云母和绿泥石）较多，故采用了四次精选。4000t/d 选矿厂用 XCFⅡ/KYFⅡ浮选机。

浮选捕收剂先后用过单一黄药、丁铵黑药、黄药 + 丁胺黑药，最后只用 Z-200，主要生产指标见表 11-2 所列。

表 11-2　曙光金矿生产指标

各粒级金指标	原矿品位 /g·t^{-1}	精矿品位 /g·t^{-1}	尾矿品位 /g·t^{-1}	产率/%	回收率/%
-0.6mm	0.55	28.31	0.21	1.22	62.52
0.6~0.7mm	0.65	31.55	0.21	1.39	67.44
0.7~0.8mm	0.74	33.88	0.21	1.50	68.49
+0.8mm	0.94	36.18	0.28	1.83	70.52
各粒级铜指标	原矿品位 /%	精矿品位 /%	尾矿品位 /%	产率/%	回收率/%
-0.25mm	0.214	14.874	0.038	1.19	82.68
0.25~0.30mm	0.274	15.939	0.045	1.44	83.91
+0.3mm	0.336	16.441	0.044	1.78	87.04

11.2.3.2　某碲铋金矿浮选

该矿床是一个比较特殊的矿床。它是碲、铋与金、银伴生的矿床。碲为半导体元素，在电子、军工和医药领域有广泛的用途。原矿主要成分（%）如下：

Te	Bi	Cu	Co	Au/g·t^{-1}	Ag/g·t^{-1}	Se	其他
0.85	1.23	0.074	0.0095	2.78	8.0	0.42	86.6365

金属矿物有辉碲铋矿、磁黄铁矿、黄铁矿、黄铜矿、针铁矿和自然金等。脉石矿物以铁白云石为主，其次为白云母，还有少量绿泥石等硅酸盐矿物。辉碲铋矿多呈脉状、网脉状及块状分布，呈浸染状者少，其粒度一般为 0.1~1mm。自然金多为明金。

浮选试验中曾经试验过九种捕收剂：乙基铵黑药、异丙基铵黑药、乙基丙烯酯黑药、25 号黑药、丁基铵黑药、35 号捕收剂、156 号捕收剂、乙基黄药和丁基黄药。但最终认为乙基黄药（EX）最好，丁基黄药次之。起泡剂用松醇油。

试验确定的流程和药剂制度，如图 11-4 所示。选别结果列

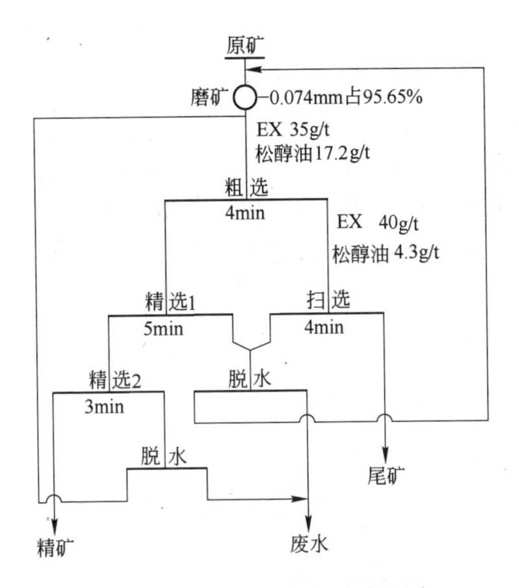

图 11-4　某碲铋金矿选矿流程图

于表 11-3。

表 11-3　选别结果（闭路）

产品	产率/%	品位/%				回收率/%			
		Te	Bi	Au/g·t^{-1}	Ag/g·t^{-1}	Te	Bi	Au	Ag
精矿	7.47	9.94	14.99	27.27	64.20	94.81	95.08	92.65	86.63
尾矿	92.53	0.044	0.063	0.175	0.80	5.19	4.92	7.35	13.37
合计	100.0	0.784	1.18	2.20	2.29	100.0	100.0	100.0	100.0

11.2.3.3　龙山金锑矿浮选

该矿为热液充填矿床。主要金属矿物有自然金、辉锑矿、黄铁矿、毒砂、锑华等。脉石矿物有石英、绢云母、方解石、绿泥石和黏土矿物。

原矿中含 Sb 1.25%；Au 2.1g/t；Ag 4.5g/t

金与锑、砷紧密共生。自然金与毒砂的可浮性，前面已经述及，这里简单介绍一下辉锑矿的可浮性。辉锑矿属于天然疏水性矿物，但常用硝酸铅活化，硫酸铜对它的活化作用较差。适宜在弱酸性或中性介质中浮选，其浮选的 pH 值与自然金接近。用黄药类作为主要捕收剂，烃油类可作辅助捕收剂。

选别龙山金锑矿的最佳药剂条件为：pH = 8 ~ 9，碳酸钠用量 1200 ~ 1500g/t，硫化钠 50 ~ 100g/t（用以硫化部分氧化的硫化矿），水玻璃 500 ~ 1000g/t，用以分散细泥和抑制脉石矿物。硝酸铅 120 ~ 180g/t，用以活化辉锑矿；捕收剂是 MA-2 与丁铵黑药组合剂（比丁黄药和丁铵黑药组合好）200 ~ 250g/t。

选别流程如图 11-5 所示。

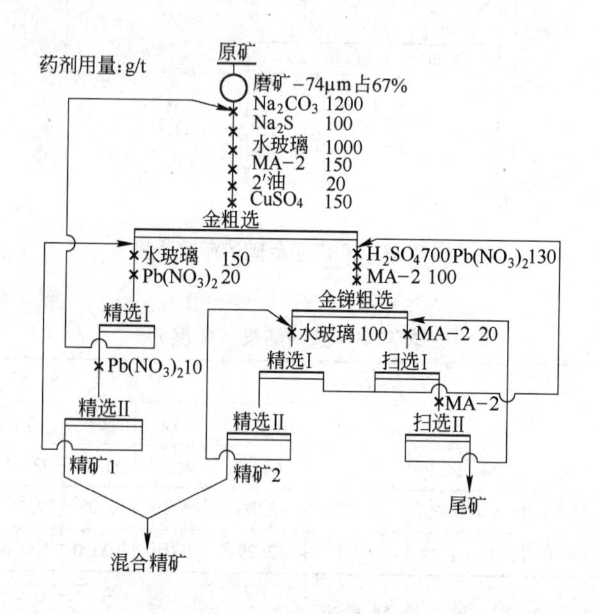

图 11-5　龙山金锑矿选别流程

五个月的生产平均结果见表 11-4。

表 11-4　五个月生产平均结果　（%）

原矿品位		精矿品位		尾矿品位		回收率	
$Au/g \cdot t^{-1}$	Sb	$Au/g \cdot t^{-1}$	Sb	$Au/g \cdot t^{-1}$	Sb	Au	Sb
2.16	1.32	50.14	32.98	0.35	0.12	84.36	91.01

11.3 硫化铜矿浮选

自然界中铜的矿物种类繁多，广泛与别的有用矿物共生，除了单一铜矿以外，与硫、铅、锌、钼、镍、钴、金、银等均能构成有价值的矿床。含铜矿物至少160多种，可分为硫化铜矿和氧化铜矿两大类。有工业价值的硫化铜矿物见表11-5。

表11-5 常见的硫化铜矿物

序号	矿物名称	分子式	含铜量/%	密度/g·cm^{-3}	硬度（摩氏）
1	黄铜矿	$CuFeS_2$	34.5	4.1~4.3	3.5~4
2	辉铜矿	Cu_2S	79.8	5.5~5.8	2.5~3
3	斑铜矿	Cu_5FeS_4	63.3	4.9~5.4	3.0
4	铜　蓝	CuS	66.4	4.6~6	1.5~2
5	黝铜矿	$4Cu_2S \cdot Sb_2S_3$	52.1	4.4~5.1	3~4.5
6	砷黝铜矿	$4Cu_2S \cdot As_2S_3$	57.5	4.4~4.5	3~4
7	斜方硫砷铜矿	$3Cu_2S \cdot As_2S_5$	48.3	4.4~4.5	3~3.5

11.3.1 硫化铜及其伴生硫化矿物的可浮性

（1）黄铜矿：黄铜矿（$CuFeS_2$）是最常见的铜矿物，有原生的，也有次生的，可浮性较好。在中性及中碱性矿浆中，能较长时间保持其天然可浮性。但在强碱性（pH > 12）的矿浆中，由于表面受OH^-的侵蚀，形成亲水性的氢氧化铁薄膜，可浮性变差。可以受嗜硫嗜铁杆菌（如T. f. 杆菌）氧化。当戊基钾黄药用量7.10~4mol/L，pH值为10时，浮游的E_h范围为-0.2~+0.2V的倒U字形区间，如图10-8*a*所示；pH值为7时，浮游的范围为-0.25V~+0.3V。

浮黄铜矿最常用的捕收剂是黄药类。而硫氮类及硫氨酯在有黄铁矿存在时更有选择性。前些年发现，对含金黄铜矿使用Y89能获得良好的结果。也有人推荐使用BK-330。近年来还有许多成分未公开的捕收剂，如MA-1、MAC-12、MOS-2、PN4055、

ZY-111、BJ、BD、EP、ECTC、T-2K 等等。

JT-235：黄药 = 2.5：1 可提高铜回收率，并大幅提高硫回收率。

用 ECTC 浮硫化铜矿的 pH 值可为 8.5（用黄药的 pH 值为 12.5；用 Z-200 的 pH 值为 10.5）和用黄药比较，可以大大降低石灰用量；使铜精矿品位提高 0.74%，回收率提高 2.61%；金银回收率分别提高 8.33% 和 9.08%；显然对后面浮硫也有利。

用 QF 浮金铜矿石，用 EP 浮含硫的矿石，都能大幅度地提高生产指标。

浮选黄铜矿一般不用活化剂，但近年来个别工厂发现矿浆缺氧添加双氧水（H_2O_2），提高了黄铜矿的选别指标（因为原矿浆电位过低）。

在碱性矿浆中，黄铜矿易受氰化物的抑制，过量的硫化钠也可以抑制黄铜矿。被氰化物抑制的黄铜矿，可以用硫酸铜活化。

（2）辉铜矿：辉铜矿（Cu_2S）是最常见的次生铜矿物。性脆、易泥化，在酸性和碱性矿浆中，都有很好的可浮性。由于辉铜矿结晶的晶格能较小，铜离子半径小，硫离子半径大，硫离子易氧化，使辉铜矿比黄铜矿更易氧化。在多金属硫化矿浮选中，由于辉铜矿氧化溶解放出大量铜离子，使分选过程复杂化，也增大氰化物的消耗。

辉铜矿的捕收剂是黄药。有效抑制剂是硫代硫酸钠、亚硫酸钠、铁氰化钾和亚铁氰化钾。大量的硫化钠对辉铜矿也有抑制作用。而氰化钠对它的抑制作用较短暂，因为氰化物容易被辉铜矿氧化产生的 Cu^+ 消耗。

（3）斑铜矿：斑铜矿（Cu_5FeS_4），有原生的和次生的两种。它的成分和性质都介于辉铜矿和黄铜矿之间。

其他硫化铜矿物，如铜蓝（CuS）的可浮性与辉铜矿相似，黝铜矿（$4Cu_2S \cdot Sb_2S_3$）、砷黝铜矿（$4Cu_2S \cdot As_2S_3$）的可浮性与黄铜矿相似。斜方砷黝铜矿（$3Cu_2S \cdot As_2S_5$）的可浮性与斑铜矿相似。

铜矿物中不含铁的可浮性最好，含铁的可浮性较差。含砷的对环保有害，影响铜精矿质量。

所有的硫化铜矿石几乎都含有黄铁矿和磁黄铁矿，要提高铜精矿的品位就要抑制铁的硫化矿物。

（4）黄铁矿：黄铁矿（FeS_2），分布极广，几乎各类矿床中都有。由于黄铁矿是制硫酸的主要原料，所以都把黄铁精矿称为硫精矿。黄铁矿在酸性、中性及弱碱性矿浆中都可以用黄药作捕收剂。用黄药时 pH =4.5 最易浮，在 pH =7 ~8 时用黄药捕收也经济有效。为了抑制黄铁矿浮黄铜矿或闪锌矿，主要是用石灰作黄铁矿的抑制剂。黄铁矿的抑制剂还有氰化物和二氧化硫。黄铁矿的活化剂可以是硫酸铜，为了活化被石灰抑制的黄铁矿，可用硫酸、碳酸钠或充入二氧化碳气体。碳酸钠和二氧化碳可以沉淀钙离子和降低 pH 值。

T. f. 杆菌可在黄铁矿表面作用抑制它浮游；黄铁矿浮游的矿浆电位 E_h 比较低，要低于 -0.05V 才能浮游。

（5）磁黄铁矿：磁黄铁矿（$Fe_{1-x}S$），分子式中 $x=0\sim0.2$，比较容易氧化和泥化，可浮性差，难浮而容易抑制。在弱酸性矿浆中一般先加硫酸铜或硫化钠活化，再用长链黄药或脂肪酸捕收。

磁黄铁矿的活化药方有：硫化钠 + 硫酸铜；草酸 + 硫酸铜；氟硅酸钠 + 硫酸；氟硅酸钠 + 硫酸铜。

磁黄铁矿的抑制剂有石灰、氰化物、亚硫酸及其盐，以加 CaO 和充入 SO_2 最有效，用氟硅酸钠加硫酸活化它比单用硫酸有效，用超声波清洗它表面的氢氧化铁也能活化它。

磁黄铁矿氧化时会消耗矿浆中的氧，对其他硫化矿浮选不利。浮选含磁黄铁矿的其他硫化矿时，要在调浆搅拌时充气以加速磁黄铁矿的氧化。为了除去磁黄铁矿对其他矿物浮选精矿的影响，有条件时可用磁选将它除去。

11.3.2 铜硫分离的基本方法

铜硫分离的原则一般是浮铜抑硫。

（1）石灰法　即用石灰抑制黄铁矿。过去用黄药作捕收剂处理黄铁矿多的矿石需用大量的石灰，使矿浆中的游离 CaO > 600 ~ 800g/m^3。对含黄铁矿较少的矿石，要使矿浆 pH 值达到 10 ~12。为了避免石灰用量过大造成“跑槽”和精矿难以处理，可以补加少量氰化物或用更有选择性的捕收剂。近年更重视用 ECTC 类可以在较低 pH 值下能浮铜而不浮黄铁矿的捕收剂。

（2）石灰 + 亚硫酸盐法　对于原矿含硫高或含硫虽不高，但含泥高或黄铁矿不易被石灰抑制的铜硫矿石，用石灰加亚硫酸（或 SO_2）抑制黄铁矿。并注意加强搅拌。在 pH = 6.5 ~ 7 的弱酸性介质中应用此法有效。与石灰法比较，此法操作稳定，铜的指标好，后面活化黄铁矿的硫酸用量低。

（3）石灰 + 氰化物法　对于含浮游活性大的黄铁矿的铜矿石，用石灰 + 氰化物法更有效。由于氰化物有毒，应力求用其他方法代替。

至于原则流程可用优先浮选、混合浮选或部分优先混合浮选。

11.3.3 硫化铜矿浮选实例

11.3.3.1 德兴铜矿浮选

德兴铜矿是大型斑岩铜矿。矿石中的硫化矿物有黄铜矿、辉铜矿、砷黝铜矿、铜蓝、斑铜矿、黄铁矿、辉钼矿等。脉石矿物以石英、绢云母为主，此外有白云石、绿泥石、方解石及长石，伴生有金银等贵金属。开始设计的工艺流程如图 11-6 所示，1991 年开始投产。混合浮选为二粗一扫；粗精矿再磨；混合精矿分离为一粗二精二扫；捕收剂-黄药；起泡剂MIBC。

经过多年生产改进后如图 11-7 所示的部分优先—混合浮选流程。

自 1991 年投产以来药剂制度也几经改革：

（1）pH 值由 12 以上变为 11，再慢慢变为 8 左右，同时起泡剂用量也由少相应地略有增加。pH 值调整剂用石灰。pH 值过

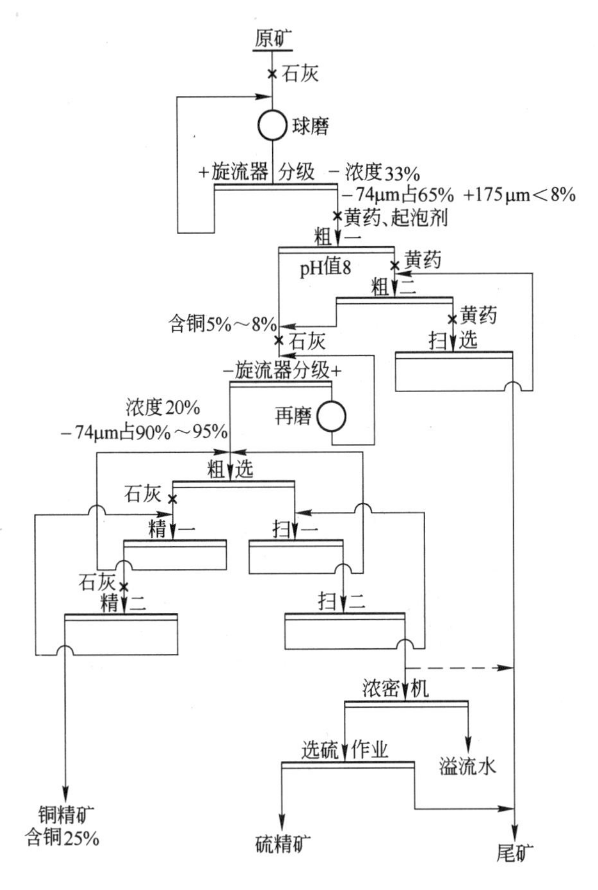

图 11-6　大山选矿厂原设计工艺流程

高时，黄铁矿及伴生的金、银、钼都受到强烈的抑制，粗选有时出现跑槽，有时泡沫层很薄，难以控制。石灰渣多，石灰供应不上，pH 值降低后，相关问题得到解决。

（2）捕收剂开始设计为一般黄药，1999 年将三种黄药配合使用。w(Y89)∶w(乙黄药)∶w(丁黄药) = 1∶5∶4（重量比）；部分使用 Y89 黄药，强化了金、银、铜的回收率。金的回收率比 1998 年提高了 4.77%；2002 年用 CSU-A 捕收剂，它具有良好的

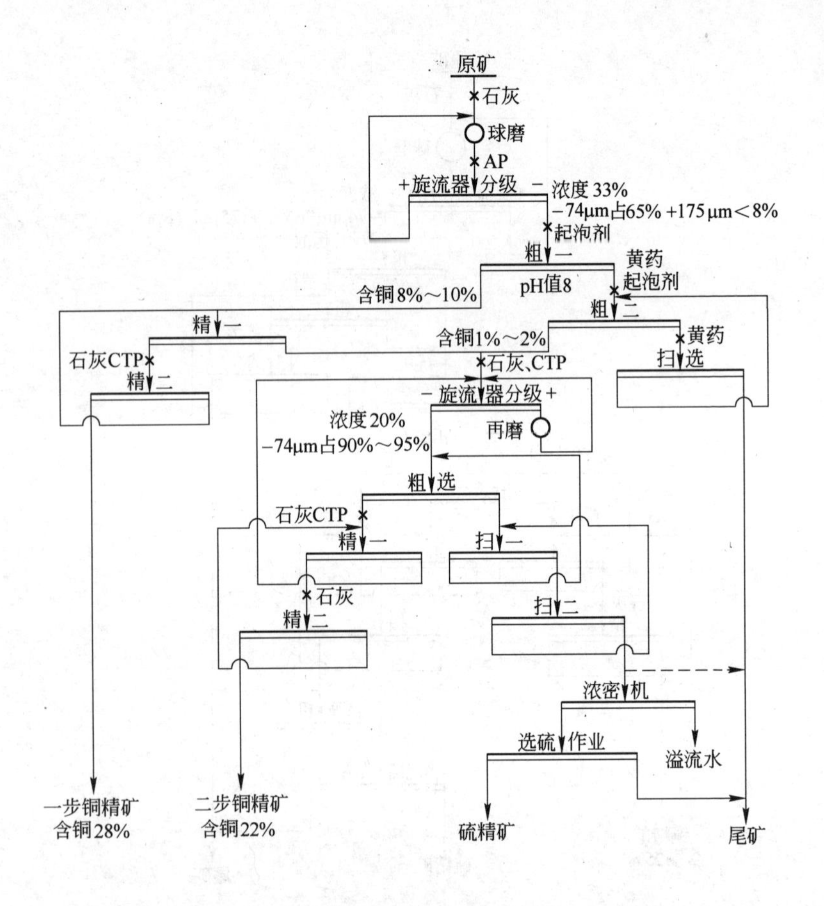

图 11-7　大山选矿厂优先—混合浮选工艺流程

选择性和捕收力；2003 年改用 MA-1 捕收剂，它具有浮选速度快，捕收力强的特点。

（3）起泡剂开始设计为 MIBC，后因货源短缺改用松醇油，松醇油泡沫过黏，影响生产，1997 年后改用 204 号起泡剂。2000 年已改用 111 号起泡剂，111 号的药性能好和价格比 204 号低。

该厂 2002 年生产指标见表 11-6。

表 11-6　大山选矿厂 2002 年全年累计生产指标　　（%）

原矿品位				精矿品位				回收率			
Cu	Au/g·t⁻¹	Ag/g·t⁻¹	Mo	Cu	Au/g·t⁻¹	Ag/g·t⁻¹	Mo	Cu	Au	Ag	Mo
0. 421	0. 213	0. 92	0. 0098	25. 16	9. 79	42. 42	0. 45	86. 86	66. 88	66. 87	66. 16

该厂在设备方面也有许多改进,其中需要一提的是 2002 年从加拿大引进一台 $\phi 2.44m \times 10m$ 浮选柱,代替二步精选精选二作业的浮选机,其分选精度高,一次精选可达到浮选机 2 ~3 次精选的效果,且精选作业品位比对比系列精选二作业精矿品位提高 4. 62% 。

11. 3. 3. 2　武山铜矿浮选

武山铜矿矿物组成复杂，其中铜矿物就有 13 种，主要铜矿物为黄铜矿，其次为铜蓝、蓝辉铜矿、斑铜矿及砷黝铜矿等含砷的铜矿物。其他金属矿物有黄铁矿、白铁矿、褐铁矿、方铅矿、闪锌矿、磁铁矿、毒砂等。脉石矿物有石英、石榴石、方解石、白云母、透辉石、长石等。

黄铜矿主要呈不规则粒状嵌布于脉石中，与黄铁矿的关系密切，与蓝辉铜矿、铜蓝一起常沿黄铁矿的裂隙充填胶结成网状结构。伴生金呈自然金的独立矿物存在。伴生银大部分存在于铜、硫矿物中。其代表性流程如图 11-8 所示。

该厂因原矿中目的矿物易过粉碎，磨矿细度一般控制在 55% ~60% -200 目。原使用的药剂和新的药剂制度见表 11-7。新老药剂的生产指标见表 11-8。

表 11-7　原用药剂和新的药剂方案（用量 $g \cdot t^{-1}$）

方案名称	原生产药剂方案				新生产药剂方案			
药剂名称	MA-1	MOS-2	石灰	BK208	ZY-111	PN4055	石灰	BK208
粗选一	15	15	6000	40	15	10	6000	40
粗选二	10	10			10	10		
合　计	25	25	6000	40	25	20	6000	40

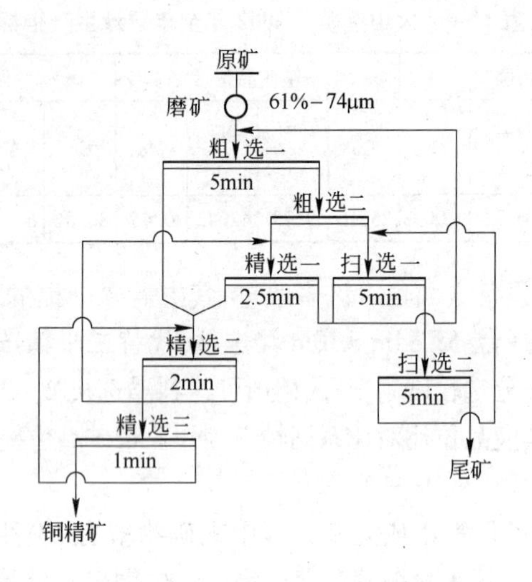

图 11-8　武山铜矿磨浮流程

表 11-8　新老药剂方案生产指标　　（%）

方案名称	产品名称	产率	品位			回收率	
			Cu	$Au/g\cdot t^{-1}$	$Ag/g\cdot t^{-1}$	Cu	Au
新药剂方案	原　矿	100.0	1.185	0.47	27.50	100.0	100.0
	粗精矿	4.98	20.996	3.40	29.70	88.85	81.03
	尾　矿	95.02	0.139	0.14	13.39	11.15	18.97
老药剂方案	原　矿	100.0	1.171	0.57	31.30	100.0	100.0
	粗精矿	5.04	20.014	3.25	333.5	87.67	78.76
	尾　矿	94.96	0.125	0.43	17.38	12.33	21.24

由表 11-8 可见，新药剂 ZY-111 和 PN-4055 在不改变任何条件的情况下，使铜、金、银的回收率分别提高 1.176%、2.27% 和 6.47%，效益显著。

11.3.3.3　某铜硫铁矿的选矿

铜硫铁矿多属大型矽卡岩含铜磁铁矿床。我国长江两岸有多个此类矿床。这类矿石中铜矿物以黄铜矿为主，品位不高；铁矿物以磁铁矿为主，品位较高，且含铁高时含铜下降；硫化铁矿物除了黄铁矿以外，常含磁黄铁矿，使铁精矿的含硫偏高。

铜硫铁矿石的分选，一般是先用浮选选出铜硫矿物，再用磁选选出铁的矿物。铜硫的浮选，可用优先浮选，或铜硫混选后再分离，视矿石中的铜硫矿物含量比及其嵌布特性而定。

某铜硫铁矿石，主要金属矿物有：磁铁矿、黄铜矿、含钴黄铁矿、磁黄铁矿，其次有赤铁矿、褐铁矿、菱铁矿、辉铜矿、铜蓝等。原生磁铁矿结构致密，由细粒和微粒磁铁矿组成，颗粒间为非金属矿物所充填。金属硫化矿呈细粒浸染或被包裹于磁铁矿颗粒中，要将它们解离必须细磨。图 11-9 是该矿选矿厂生产原则流程。

该矿在处理以磁铁矿为主的原生矿时，浮硫后的尾矿只经弱

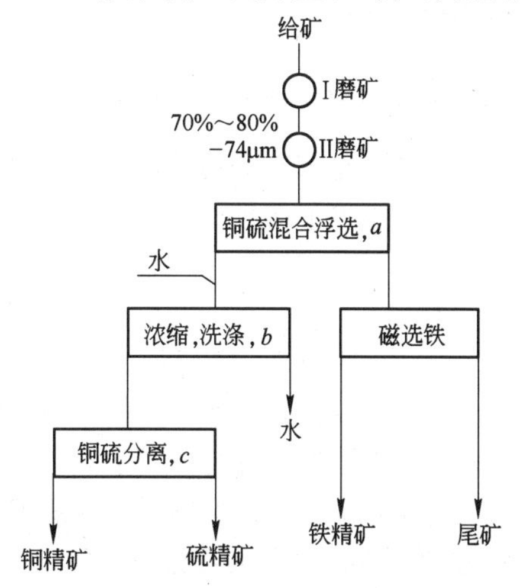

图 11-9　某铜硫铁矿生产原则流程

a——一粗二精；*b*—水洗浓密；*c*——一粗二精二扫

药剂制度：

铜硫混合浮选

硫化钠：80～100g/t　乙黄药：100～120g/t

松醇油：60～80g/t

铜硫分离浮选

石灰：2000g/t　　捕收剂 234：5g/t

磁选机选别可获得含铁65%以上的铁精矿。当处理混合矿（含大量菱铁矿）时，浮铜硫后的尾矿，先经弱磁选选出部分高品位铁精矿，其尾矿再经强磁选选出部分低品位铁精矿，铁精矿混合精矿品位为55%左右。该选矿厂选别指标如下：

成分	原矿品位（%）	精矿品位（%）	回收率（%）
铜	0.5～0.6	18～22	73～75
硫	2.5～3.0	40	40～45
铁	43～50	53～67	85～90

对于含磁黄铁矿高的矿石，当铁精矿含硫超标时可用脱硫浮选降低精矿的含硫量。

11.4 硫化铅锌铜矿浮选

11.4.1 硫化铅锌矿中几种主要矿物的可浮性

铅锌矿石极少以单一金属矿的形式出现，常以铅锌矿、铅锌硫矿、铜铅锌矿、铅锌萤石矿等形式出现。铅锌矿中常见的硫化矿物及其可浮性如下。

11.4.1.1 *方铅矿*

方铅矿（PbS）含Pb86.6%，可浮性良好，常用的捕收剂是黄药、黑药和乙硫氮，乙硫氮和丁铵黑药的选择性都不错。而乙硫氮捕收力比黄药强。方铅矿浮游的pH值常在10～13之间。用黑药时低一些，用硫氮时高一些，当伴生的黄铁矿量大用硫氮作捕收剂时，一般在12～13之间。大理铅锌矿的试验证明，用SN-9作捕收剂，在pH=8.0～12之间，粗选铅的回收率基本不变。

常用的抑制剂是重铬酸盐、硫化钠、亚硫酸及其盐，水玻璃与其他药剂的组合剂、淀粉、糊精，对方铅矿都有抑制作用。

从溶度积的观点（溶度积小的化合物优先生成）研究方铅矿与几种常用的捕收剂和抑制剂的关系，可以用lg*C*-pH值图讨论药剂作用的可能性。以方铅矿和黄药与几种抑制剂的作用为例。

（1）铅与乙黄药（EX）和己黄药（HX）的反应：

$Pb^{2+}+2EX^- \!=\!=\!= Pb(EX)_2$　溶度积 $L_{Pb(EX)_2}=10^{-16.7}$

$Pb^{2+}+2HX^- \!=\!=\!= Pb(HX)_2$　　$L_{Pb(HX)_2}=10^{-20.3}$

若黄药量浓度为 3×10^{-5}mol/L，则有

$pPb^{2+}=7.7$，　　$pPb^{2+}=11.3$

它们在 lg*C*-pH 值图中为两条水平线。

(2) 氢氧化铅的生成：

$Pb^{2+}+2OH^- \!=\!=\!= Pb(OH)_2$　　$L_{Pb(OH)_2}=10^{-15.1}$

故　$pPb^{2+} \!=\!=\!= -12.9+2pH$ 为一斜线

(3) Pb^{2+} 与抑制剂反应：

由　$Pb^{2+}+CrO_4^{2-} \!=\!=\!= PbCrO_4$　　$L_{PbCrO_4}=10^{-13.8}$

取　$[CrO_4^{2-}] \!=\!=\!= 10^{-3}$mol/L　　则有　$pPb^{2+}=10.8$；

由　$Pb^{2+}+S_2O_3^{2-} \!=\!=\!= PbS_2O_3$　　$L_{PbS_2O_3}=10^{-9.5}$

取　$[S_2O_3^{2-}] \!=\!=\!= 10^{-3}$mol/L　　则有　$pPb^{2+}=6.5$；

由　$Pb^{2+}+SO_4^{2-} \!=\!=\!= PbSO_4$，　　$L_{PbSO_4}=10^{-6.2}$

取　$[SO_4^{2-}] \!=\!=\!= 10^{-3}$mol/L　　则有　$pPb^{2+}=3.2$；

由　$Pb^{2+}+SO_3^{2-} \!=\!=\!= PbSO_3$　　$L_{PbSO_3}=10^{-13.9}$

取　$[SO_3^{2-}] \!=\!=\!= 10^{-3}$mol/L　　则有　$pPb^{2+}=10.0$

将上面各式绘成 11-10 图，其浮选意义是：用乙黄药的浓度

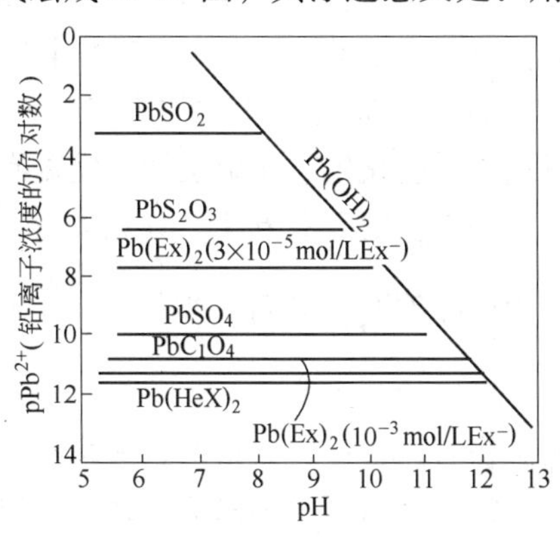

图 11-10　药剂与方铅矿作用的 lg*C*-pH 值图

为 3×10^{-5}mol/L 时，若硫酸盐及硫代硫酸盐的浓度为 10^{-3}mol/L 时，不能发生抑制作用；但同样浓度的亚硫酸盐和铬酸盐则可以抑制浮选；而改用己黄药则抑制作用受阻，浮选仍然可以发生。如果把乙黄药的浓度加大，浮选也可能发生。

方铅矿可以被几种嗜硫、嗜铁杆菌氧化和抑制。浮游的矿浆电位 E_h 在 -0.15V 附近。一般不用活化剂，但被重铬酸盐抑制过的方铅矿很难活化，要在酸性介质中用氯化钠处理后才能活化。

11.4.1.2 *闪锌矿*

闪锌矿（ZnS）含 Zn 67.1%，是锌的主要矿物，铁闪锌矿［(Zn，Fe) S］次之。闪锌矿的可浮性比铜、铅的矿物差，常用硫酸铜活化，用黄药捕收。Cu^{2+} 活化它是自发的过程，被铜离子活化后可浮性与铜蓝相似。氰化物、硫酸锌、硫酸亚铁、亚硫酸盐、硫代硫酸盐或二氧化硫气体都可以抑制它。它虽然可受嗜硫、嗜铁杆菌作用，但受细菌作用后其可浮性却很好，有不少用细菌处理抑铅浮锌的报道。

11.4.1.3 *砷黄铁矿*

砷黄铁矿（FeAsS），又名毒砂。是多金属硫化矿和贵金属加工中最有害的矿物。因为砷有剧毒，影响精矿质量。

毒砂在酸性介质中易浮，pH = 3 ~ 4 时，可浮性最好。pH 值大于 6 可浮性迅速下降，pH 值大于 12 毒砂难以浮游。可以被 Cu^{2+} 等重金属离子活化。充气氧化或加高锰酸钾、漂白粉等可以抑制毒砂，氰化物、硫化钠、亚硫酸钠、代硫酸钠与硫酸锌或石灰共用，都是抑制毒砂的有效方法（详见 11.8 一节）。

11.4.2 硫化铅锌矿浮选实例

11.4.2.1 *会理铅锌矿浮选*

矿石中有用矿物有闪锌矿、方铅矿、黄铁矿、黄铜矿，另外有少量菱锌矿、白铅矿，微量硫锑银矿。脉石矿物有方解石、白云石、绢云母和石英等。原矿多元分析如下：

元素	Pb	Zn	Cu	S	SiO_2	MgO	Au/g·t^{-1}	Ag/g·t^{-1}
含量/%	1.43	8.73	0.04	4.89	35.02	9.32	0.02	108

磨矿细度为 -74μm 时，闪锌矿的解离率约 90%，而方铅矿的解离率约 82%。而且方铅矿中夹杂有细粒闪锌矿，使方铅矿的可浮性受影响。

1994 年曾用等可浮流程，以苯胺黑药作捕收剂获得好的指标，1997 年以后矿石性质变化，选别指标下降严重。2001 年改用新的工艺。新工艺流程如图 11-11 所示，新旧工艺药剂配伍见表 11-9。

表 11-9　新旧工艺药剂配伍（药剂用量/g·t^{-1}）

工　艺	松醇油	石　灰	丁黄药	黑　药	硫酸锌	硫酸铜
新工艺	108	6730	114	—	308	909
原工艺	136	4105	116	69	421	992

工　艺	硫化钠	碳酸钠	六偏磷酸钠	YN	SN-9
新工艺	60	—	—	120	64
原工艺	230	93	52	—	—

新旧工艺生产指标对比见表 11-10。新工艺流程如图 11-11 所示。

表 11-10　新旧工艺生产指标对比　　（%）

工 艺	产品	产率	铅品位	锌品位	铅回收率	锌回收率	矿石氧化率
新工艺	原矿	100.0	1.54	10.24	100.0	100.0	14.34
	铅精矿	1.18	60.63	11.01	46.46	1.27	
	锌精矿	15.89	1.81	54.49	18.54	84.59	
	尾矿	82.93	0.65	1.75	35.00	14.14	
原工艺	原矿	100.0	1.78	10.44	100.0	100.0	10.84
	铅精矿	1.59	51.94	16.40	46.54	2.5	
	锌精矿	15.34	2.29	56.20	19.73	82.57	
	尾矿	83.07	0.72	1.88	33.73	14.93	

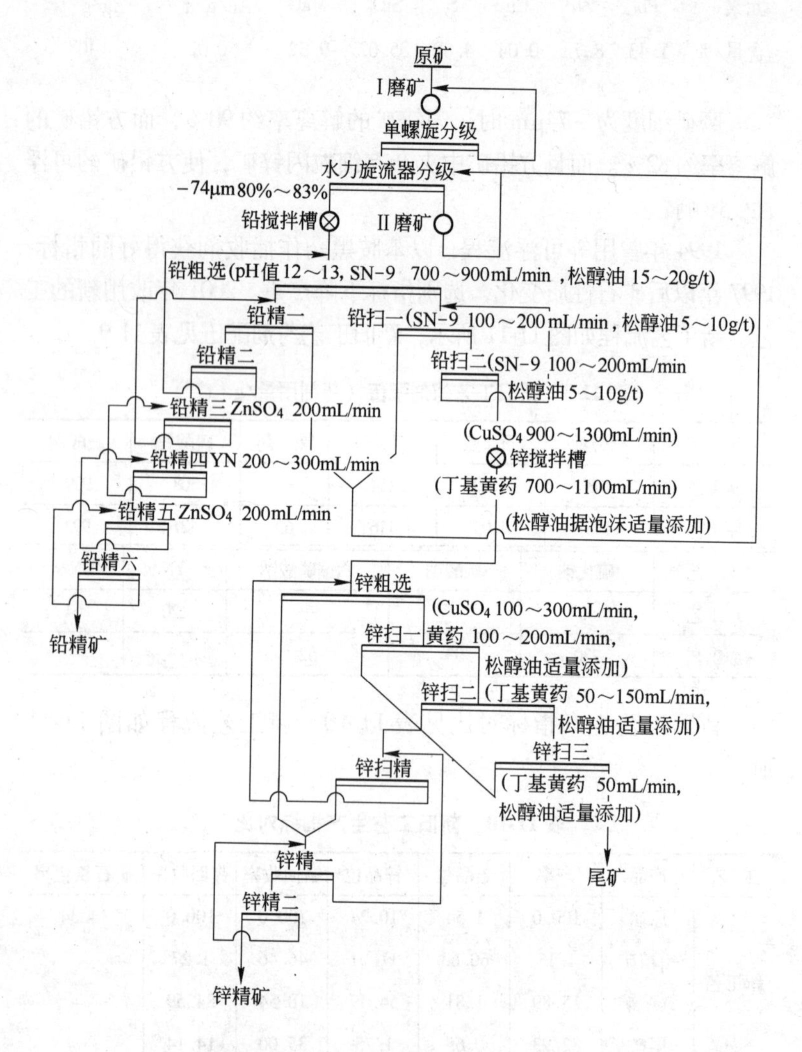

图 11-11　会理铅锌矿新工艺流程图

11.4.2.2　某铅锌硫化矿浮选

某铅锌硫化矿属中低温热液裂隙充填交代矿床，矿石类型以含块状黄铁矿的铅锌硫化矿为主，还有少量含粉状黄铁矿的铅锌氧化矿，氧化矿仅占金属量的6%，铅氧化率9%~10%，锌氧化率1.3%~2.3%。矿石中主要金属矿物为黄铁矿、闪锌矿、方铅矿，并含极少量白铅矿、菱锌矿、淡红银矿和辉银矿。脉石矿物主要为石英，其次为方解石、白云石等。矿石中黄铁矿、方铅矿和闪锌矿占矿物总量的63.6%。方铅矿呈他形粒状或细脉状嵌布在黄铁矿、闪锌矿的间隙和裂缝中。方铅矿粒度大部分在0.01~0.5mm之间，闪锌矿大部分粒度在0.1~0.15mm之间。

工厂投产后工艺流程和条件经过多次演变。曾用过一段磨矿（70% -74μm）中矿再磨和苏打—硫酸锌法分离工艺，后改为两段连续磨矿（82% -74μm）粗精矿再磨（85%~90% -44μm）和铅循环高碱度的优先浮选流程。原则流程如图11-12所示。

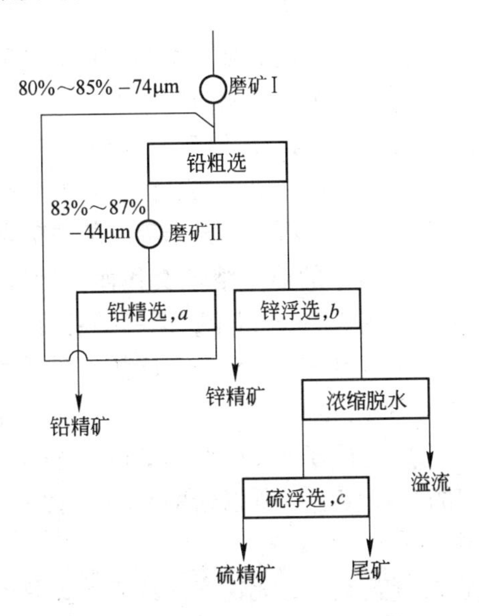

图11-12　某铅锌硫矿浮选原则流程

a—精选三次；*b*—二粗三精二扫；*c*—一粗一扫

采用该工艺后，使铅精矿品位由原来43.79%升至52%以上，回收率由75.795%提高到80%以上。锌浮选指标也有所提高，见

表11-11，表11-12。

表11-11　某铅锌矿的药剂制度　(g/t)

循环	pH值（石灰）	丁黄药	硫酸锌	硫酸铜	浓70松油
浮铅	11~12	300~500	1500~2500	—	8~15
浮锌	11~12	400~600	—	700~900	30
浮硫	8	150~250	—	—	80~120

表11-12　某铅锌矿的选别指标　(%)

元　素	原矿品位	精矿品位	回收率
铅	4~5	55~57	约80
锌	9~11	45~50	92~94
硫	20~25	42~49	45~55

11.4.2.3　凡口铅锌矿浮选

该矿矿石是热液交代形成的细粒不均匀复杂嵌布铅锌高硫复合硫化矿，主要金属矿物为黄铁矿、闪锌矿、方铅矿，次要矿物有白铁矿、磁黄铁矿、铅矾、白铅矿、毒砂、淡红银矿、辉银矿、黄铜矿等。还伴生有银、镉、锗、镓、汞等稀贵金属。脉石矿物有石英、方解石、白云石、绢云母等。黄铁矿成矿早、晶粒较粗，被闪锌矿、方铅矿的热液溶蚀交代而呈溶蚀交代残余结构。黄铁矿粒度一般在0.1mm以上，闪锌矿粒度为0.1~1mm，方铅矿粒度最小，为0.018~0.5mm。这使三种矿物难以分离。部分黄铁矿的可浮性很好。由于锗（Ge）的原子半径为0.146nm，镓（Ga）的原子半径为0.127nm，锌的原子半径为0.137nm，它们的半径相近，所以锗的93%、镓的70%以上都分布在闪锌矿中。

由于矿石性质复杂难选，无论产品或工艺条件40多年来有过几次大的变化。

产品：铅精矿、锌精矿、硫精矿→铅精矿、锌精矿、铅锌混合精矿、硫精矿→高铅精矿、低铅精矿、高锌精矿、低锌精矿、硫精矿。

流程：高碱铅、锌、硫优先浮选（高碱工艺）→高碱铅浮选、铅锌混合浮选、锌浮选、硫浮选（高碱工艺）→（一段）易浮铅浮选、（二段中矿再磨）铅浮选、易浮锌浮选、锌浮选、硫浮选→高碱电位调控浮选（流程基本结构同前）。

图 11-13 是凡口铅锌矿电位调控工艺流程图。其特点：（1）根据原生电位调控理论，将铅粗选电位控制在 165～175mV 的范围内；(2) 丁黄药：乙硫氮 = 1：1(药剂 质量浓度均为 7%)；(3) 精选中用 DS 抑制剂；(4) 为了防止扫选作业浮选时间过长对控制电位不利，缩短了浮选时间和减少了浮选机的使用容积(见表 11-13)，大大减少了设备和电功消耗；(5) 从流程的结构分析，是将入选物料分为易浮和难浮的两部分先后浮选，所谓快速浮选，其实质是将铅锌作业的入选物料分为当时可以浮游(易选) 的和暂时不能浮游(难浮)的两部分，分别处理，前一部

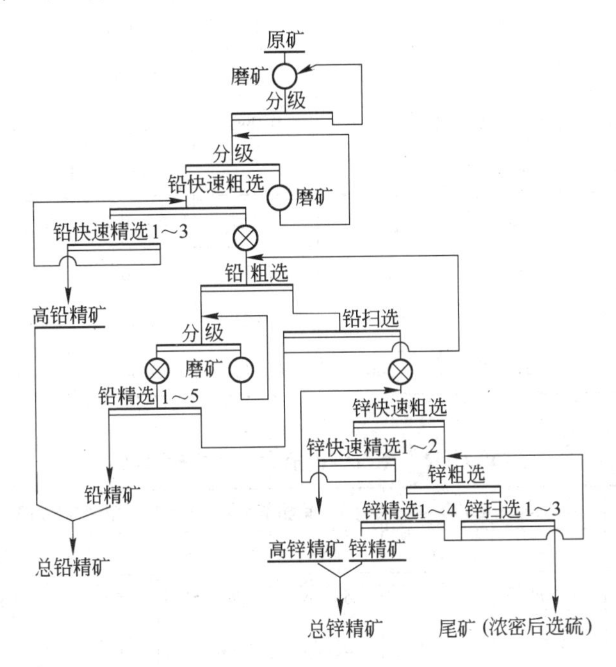

图 11-13　凡口铅锌矿高碱电位调控工艺流程

分得到高品位精矿，后浮出的部分得到低品位精矿。2000 年 2 月改造一系统，2001 年 2 月改造二系统。改造前后药剂消耗见表 11-14。

表 11-13　电位调控前后浮选机的容积

作业容积/m^3	一系列改前	一系列改后	差 值	二系列改前	二系列改后	差 值
浮 铅	284	183	101	284	183	101
浮 锌	232	205.6	26.4	237.2	199.8	37.4
总浮选机容积	516	388.6	127.4	521.6	382.8	138.8
总功率/kW	1804.5	1432	372.5	1766.3	1435.9	330.25

表 11-14　电位调控前后药剂消耗　　(kg/t)

年 度	硫酸铜	丁黄药	乙黄药	松醇油	DS
1999	0.772	0.422	0.103	0.120	0.014
2000	0.666	0.450	0.096	0.108	0.041
2001	0.598	0.473	0.091	0.113	0.070
年 度	硫酸	石灰	乙硫氮	氢氧化钠	总成本/元·t^{-1}
1999	12.07	10.13	0.176	0.006	18.848
2000	10.856	9.739	0.153	0.006	16.043
2001	10.997	8.804	0.128	0.006	15.462

表 11-15　电位调控前后生产指标对比

年度	原矿品位/%		铅精矿/%		锌精矿/%	
	铅	锌	品位	回收率	品位	回收率
1999	4.68	9.25	58.76	84.25	53.3	94.08
2000	4.57	8.94	59.06	84.58	53.12	94.14
2001	4.45	9.13	58.82	84.54	52.77	94.20

多年的生产实践证明，锗、镓选别后主要富集在锌精矿中，其回收率与硫酸锌的使用与否有密切关系。硫酸锌对它们有抑制作用。不用硫酸锌可以大幅度地提高它们的回收率。历年它们在锌精矿中的指标见表 11-16。

表 11-16　锌精矿中锌、锗、镓的指标（回收率/%）

流程（年度）	锌品位	锌回收率	锗品位①	锗回收率	镓品位①	镓回收率
高碱工艺（1980～1989）	51.35	90.48	99.00	70.09	171.00	52.31
高碱工艺（1990～1992）	53.37	93.48	120.00	80.44	203.33	52.13
快速优先浮选（1993～1997）	53.60	93.78	118.18	87.89	176.00	52.80
电化学调控浮选（1998～2000）	53.02	94.11	123.00	92.58	194.33	62.25

①它们的品位按每吨锌精矿中所含的克数计算，后面它们的回收率提高是因为用 DS 代替硫酸锌作抑制剂。

11.4.2.4　铜、铅、锌矿的分离方案

复杂的铜、铅、锌多金属矿，常常由于成矿时的互相溶蚀交代和选别过程中的离子活化难以分离，表 11-17～表 11-19 简明地列出了一些已经使用的方案。

表 11-17　浮铅抑锌无氰方案

序号	方　案	序号	方　案
1	硫酸锌法	5	二氧化硫法
2	硫酸锌 + 硫化钠法	6	氢氧化钠（pH = 9.5）+ 黑药
3	硫酸锌 + 亚硫酸盐	7	DS + 石灰（防止硫酸锌抑锗、镓）
4	硫酸锌 + 硫代硫酸盐	8	高锰酸钾法

表 11-18　铜铅分离方案

序号	药　剂	条　件
浮　铜　抑　铅		
1	SO_2+Na_2S	用于黄铁矿多、泥多、次生硫化铜多的矿石
2	SO_2+CaO	pH=5.5，蒸汽加温至60~70℃
3	SO_2+淀粉	pH=4.5~5，严格控制用量
4	$Na_2S_2O_3+H_2SO_4+FeSO_4$	pH=6.5对被Cu^{2+}活化的方铅矿有效
5	$Na_2S_2O_3+FeCl_3$	对Cu^{2+}活化的方铅矿有效
6	$Na_2SO_3+ZnSO_4+K_2Cr_2O_7$	适于未活化的方铅矿
7	$SO_2+K_2Cr_2O_7$+蒸汽加温	pH=5.5，温度50℃
8	$K_2Cr_2O_7$	未活化的方铅矿
9	C(活性)$Na_2SiO_3+K_2Cr_2O_7$+CMC	抑制方铅矿效果比方案7好
10	Na_2SiO_3+CMC	铜矿物以黄铜矿为主，方铅矿未被活化
浮铅抑铜（铅铜比小）		
1	$NaCN+ZnSO_4$	抑制原生铜矿为主
2	$NaCN+Na_2S$	抑制原生铜矿为主
3	$K_3Fe(CN)_6$	抑制次生铜矿物

表 11-19　铜、锌分离方案

序号	药　剂	条　件
浮　铜　抑　锌		
1	$CaO+NaCN+ZnSO_4$	严格控制氰化物的用量
2	$Na_2S+ZnSO_4$	适于含次生铜的矿石
3	$CaO+Na_2S+ZnSO_4$	适于含次生铜的矿石
4	$CaO+Na_2S+ZnSO_4+SO_2$	先用硫化钠脱药，加二氧化硫及硫酸锌使pH值为5，再加石灰调pH值至6.5浮铜
5	$Na_2SO_3+FeSO_4$	寻求合理的配比
6	$Na_2SO_3+CaO+ZnSO_4$	
7	只用丁黄药+选择性好的杂戊黄药	很个别

11.4.2.5 瑞典加彭贝格（Garpenberg）铜铅锌矿选矿

该厂年处理矿石100万t。矿石含有用成分为：

元素	$Au/g\cdot t^{-1}$	$Ag/g\cdot t^{-1}$	Cu	Pb	Zn
含量/%	0.5	160	0.1	2.3	4.2

矿石中金银以合金形式存在，银主要以银黝铜矿形式存在，还有自然银。硫化矿物有黄铜矿、方铅矿和闪锌矿，还有少量磁黄铁矿和黄铁矿。脉石矿物主要为硅酸盐矿物，有些矿石富含滑石。

原则流程是先用赖克特圆锥选矿机和摇床回收金、银和部分铅，它们的回收率分别为10%～15%、3%和60%。重选磨矿后是浮选。浮选中先用铜铅混选，其后分出铜精矿和铅精矿；混选尾矿浮锌。

铜铅混选循环为一次粗选、一次扫选和三次精选，扫选精矿再磨。一般在自然pH值下用戊基钾黄药和Dowfroth250（起泡剂）混合浮选铜铅。当矿石中有矿山回填的部分含泥水进入时，矿浆的pH值为10.5，可用SO_2和黑药浮选；当泥水量少时用硫酸锌抑制闪锌矿，另用少量糊精抑制滑石。

铜铅分离循环包括一次粗选、一次扫选和四次精选，扫选精矿再磨。只用重铬酸钾抑铅浮铜。

铜铅混选尾矿进锌浮选循环。包括一次粗选、一次扫选和四次精选，扫选精矿再磨。在pH=11.5的石灰介质中用硫酸铜活化锌矿物，加捕收剂丁黄药、起泡剂Dowfroth250浮锌，精选中加少量糊精抑制滑石。2001年选别指标见表11-20。

表11-20 2001年选别指标 （%）

铜精矿		铅精矿		锌精矿		铜铅精矿中
品位	回收率	品位	回收率	品位	回收率	银回收率
22.4	64.1	71.9	75.1	55.8	89.4	77.6

11.5 镍矿与铜镍矿选别

11.5.1 主要硫化镍矿物及其可浮性

含镍的矿物有数十种，其中主要镍矿物有镍黄铁矿[$(Fe,Ni)_9S_8$]、针硫镍矿(NiS)、紫硫镍铁矿[$(Ni,Fe)_3S_4$]、红镍矿(NiAs)和含镍黄铁矿，镍与铜经常伴生。镍铜矿中的铜矿物，一般为黄铜矿。镍矿石中常常含有铂、钯、铑、铱、锇等铂族元素。金川矿富矿含镍1.5%；贫矿含镍0.6%。

含镍矿物的浮选pH值与黄铁矿有点相似，在酸性介质中，铁离子对镍黄铁矿有活化作用，在pH=9~10以上，铁离子形成亲水性的氢氧化铁薄膜，起抑制作用。国外某些镍矿，浮选pH值多在3~5之间。我国金川二区贫矿浮选的pH=5.5~6.5，镍矿物可以被硫酸铜活化。

镍矿物的捕收剂可以用丁基黄药、戊基黄药、丁铵黑药、C-125、MBT（一种橡胶工业的硫化促进剂）、E-105等。一般是将上述捕收剂的两种以上配合使用。

由于镍矿石一般产于基性岩，含氧化镁的脉石矿物高，常用六偏磷酸钠、羧甲基纤维素（或改性CMC）、硅酸钠等作为脉石矿物抑制剂。

11.5.2 金川镍矿浮选的基本方法

该矿区矿石主要硫化矿物有镍黄铁矿、磁黄铁矿、紫硫镍矿、黄铁矿和黄铜矿，主要脉石矿物有橄榄石、辉石、角闪石和蛇纹石等。主要镍矿物镍黄铁矿与磁黄铁矿等硫化矿物组成硫化物的集合体，一部分呈不规则细脉状嵌布于脉石矿物中。磨矿细度70%~80% -74μm能使80%~85%的目的矿物单体分离。主要有用成分见表11-21。

在一般选别情况下富矿与贫矿选矿指标见表11-22。

表 11-21　矿石多元分析

矿石类型	含量/%					含量/g·t⁻¹			
	Ni	Cu	Co	Fe	S	Au	Ag	Pt	Pd
海绵晶铁富矿	2.08	1.31	0.059	18.65	7.7	0.16	5.84	0.19	0.53
浸染状贫矿	0.67	0.38	0.023	12.17	2.5	0.13	1.4	0.053	0.061

表 11-22　贫矿与富矿选别指标对比

矿石类型	原矿品位/%		精矿产率/%	精矿品位/%		回收率或占有率/%	
	Ni	MgO		Ni	MgO	Ni	MgO
富　矿	1.5	24	19.3	7	7	91	5.63
贫　矿	0.6	27	6.4	7	7	75	1.66

富矿已采选多年，原则流程如图 11-14 所示。

镍铜混选Ⅰ：一粗一精，自然 pH 值，丁黄药，松醇油。用六偏磷酸钠抑制脉石矿物；

镍铜混选Ⅱ：一粗三精；

浮硫：一粗一扫三精。

贫矿组织过多次攻关。1997 年九个单位推荐的流程及指标见表 11-23。

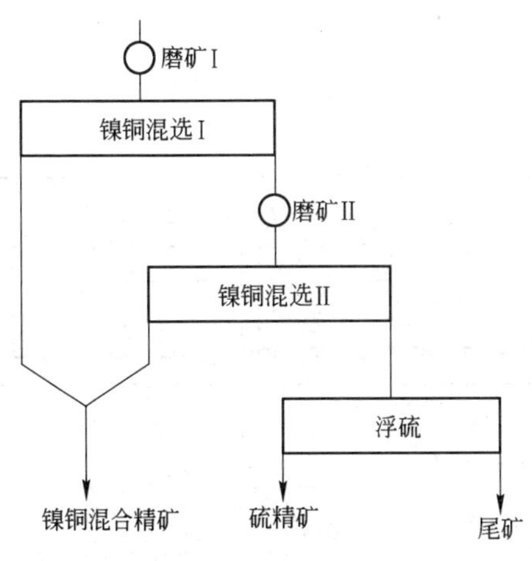

图 11-14　金川镍矿富矿浮选原则流程两段磨矿，三循环浮选

表 11-23　1997 年各单位推荐的浮选条件及指标　（%）

单位	元素	原矿品位	精矿品位	精矿回收率	精矿 MgO	磨矿细度 -74μm	浮选流程	pH 值	药剂名称及用量/$g \cdot t^{-1}$			
西北院							一粗		R2	5000	M6	100
	Ni	0.70	6.59	74.91	6.00	一段 65	一扫	自然	Y89	280	$CuSO_4$	600
	Cu	0.40	3.8	75.89		二段 -43μm	三精		J622	87	六偏磷酸钠	200
广东有色院							一粗		LD + MD	1000	$CuSO_4$	600
	Ni	0.64	7.60	77.25	6.40	一段 74	二扫	自然	AH + YH	330		
	Cu	0.35	4.12	76.05			二精		松醇油	60		
北京有色总院							一粗		Na_2CO_3	2500	$CuSO_4$	50
	Ni	0.63	8.44	75.14	7.81	一段 85	二精	碱性	CMC	490	丁胺黑药	60
	Cu	0.37	5.00	75.49			二扫		BY-2	80		
中南工大							一粗		Na_2CO_3	2000	$CuSO_4$	100
	Ni	0.66	6.70	75.42	5.24	一段 85	二扫	碱性	CMC	140	乙黄药	130
	Cu	0.35	3.59	77.51			三精		Na_2SiO_3	200	BA	37.5
金川钴镍院						一段 78	一粗		Na_2CO_3	2500	$CuSO_4$	200
	Ni	0.69	7.24	75.96	6.97	粗精矿再磨	二扫	碱性	CMC	150	丁黄药	100
	Cu	0.41	4.29	75.41		92% -43μm	三精		Na_2SiO_3	1000	松醇油	62.5

续表 11-23

单位	元素	原矿品位	精矿品位	精矿回收率	精矿 MgO	磨矿细度 −74μm	浮选流程	pH 值	药剂名称及用量/$g \cdot t^{-1}$			
							一粗		H_2SO_4	12000	松醇油	40
昆明理工大	Ni	0.63	6.6	75.16	4.32	一段 75	二扫	酸性	CMC	150		
	Cu	0.39	4.5	83.16			三精		MC	140		
							一粗		BK-382	3250	戊黄药	100
北京矿冶总院	Ni	0.66	7.22	78.32	3.42	一段 70	四扫	酸性	BK-220	170	BK-204	40
	Cu	0.34	3.77	80.99			四精		$CuSO_4$	300		
							一粗		F	15	$CuSO_4$	600
北京有色设计总院	Ni	6.4	6.55	80.20	4.25	一段 80	一扫	酸性	H_2SO_4	14000	松醇油	20
	Cu	0.37	4.04	84.25			三精		R-8	1500	抑制剂	E 85
							一粗		H_2SO_4	10000	丁黄药	170
成都综合所	Ni	0.65	6.16	75.57	7.54	一段 80	一扫	酸性	Na_2SiO_3	1700	丁铵黑药	170
	Cu	0.36	3.53	80.11			三精		CMC	270	松醇油	100

从表11-23不难看出：对于贫矿，原矿磨到 $-74\mu m$ 占80%就可以；浮选流程不要很复杂；用硫酸调制的酸性介质中浮选结果比较好，在 pH =5.5~6.5的条件下浮选，效果好，对设备的腐蚀不大；试用的药剂品种不少，但结果差别不大，一般可以将两种以上的捕收剂、抑制剂组合使用，硫酸铜有活化作用，但用量应小于600g/t。

有人认为该矿磁黄铁矿占硫化矿物总量的46%以上，含镍一般在0.1%以下，如果说从硫化物精矿中分出30%的磁黄铁矿，可以使镍精矿品位由7%提高到12%以上，而镍的回收率只损失0.5%，这样做对于冶炼非常有利。建议在九个试验方案的基础上进行扩大试验，以便作为设计依据。

11.5.3 超级镍精矿的制备方法

吉林磐石镍矿曾用该矿矿石作过有关研究。磐石镍矿中硫化矿物有镍黄铁矿、紫硫镍铁矿、针镍矿和磁黄铁矿，磁黄铁矿数量最大，而且与含镍矿物嵌布关系密切。脉石矿物属于超基性辉长岩型，有斜长石、滑石、透闪石、辉石、角闪石等。次生蚀变脉石矿物较多，滑石、绢云母、绿泥石等约占矿物总量的75%

矿石总的选别原则流程如图11-15所示。

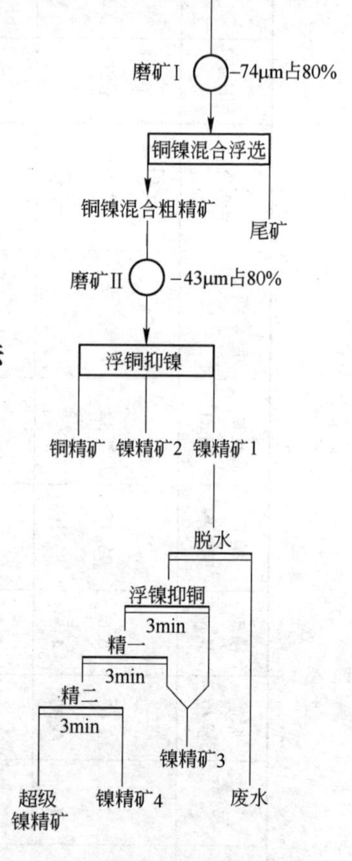

图11-15 磐石镍矿制备超级镍精矿选别流程

原则流程（药剂用量/$g \cdot t^{-1}$）

铜镍混选：pH = 6.5；NH_4SO_4　1000；Na_2CO_3　1000；丁黄药　190；C-125　75；CMC　600。

浮铜抑镍：CaO　8000；Q-2　60；$ZnSO_4$　400；$Na_2SO_3$400；Z-200　35；C-　150。

浮镍抑铜：丁黄药70；C-125　15；KQ　120；SK-118　50；硫酸300。

（SK-118为高分子聚合物，KQ为高分子化合物。二者组合使用，对黄铁矿、磁黄铁矿和含镁矿物有特殊的抑制作用）

浮铜抑镍分出三个产物：铜精矿，第一镍精矿和第二镍精矿。第一镍精矿含镍12.47%，含铜0.085%，用于制备超级镍精矿，先浓缩脱水脱药，用新水重调浆。接着用硫酸调pH值为3～5。浮镍抑铜，三个作业的用药情况见表11-24。

表11-24　浮镍抑铜的药剂制度　　（g/t）

作　业	pH值	丁黄药	C-125	KQ	SK-118	H_2SO_4
分离浮选一	3	50	10	120		300
精选一	5	20	5			
精选二	5				50	

最后得到超级镍精矿。含镍17.68%；含铜0.24%；含量比，镍∶铜 = 736∶1。

11.5.4　高镍锍浮选

对于浮选法难于分离的铜镍混合精矿，先用闪速炉熔炼，得到镍锍，其组成%为：Ni 31；Cu 14；Fe 28；S 24。接着送转炉吹炼得到高镍锍，其组成%为：Ni 51；Cu 23；Fe 2；S 2.6。其主要物相为硫化镍（Ni_3S_2）、硫化铜（Cu_2S）和铜镍合金。将它由800℃缓慢冷却到200℃后，可得到结晶粒度粗、性质稳定、好选的铜、镍硫化物。最后将高镍锍进行阶段磨选，浮铜抑镍，可以得到铜品位高于70%的铜精矿和二次镍精矿，后者的%含量为：Ni 63～67；Cu 3.5；Fe1.8；S 2.6。

11.6 锑矿浮选方法

我国锑的储量居世界首位，因为许多锑矿含可浮性差的氧化锑矿物，所以常用重浮联合流程处理。

常见的锑矿物有辉锑矿（Sb_2S_3）、锑华（Sb_2O_3）、黄锑矿（Sb_2O_4）和黄锑华（$H_2Sb_2O_5$）等。硫化锑矿易浮，氧化锑的矿物难浮而且不能硫化。

辉锑矿结晶属于疏水性矿物，但可浮性不如辉钼矿好。由于氧化等原因，常用硝酸铅活化，硫酸铜的活化作用较差，可用丁铵黑药、乙硫氮、黄药捕收，FX-127是它优良的起泡剂，对提高指标有益。非极性烃油，如页岩油可作辅助捕收剂。辉锑矿可在弱酸性或弱碱性介质中浮游。水玻璃对它有抑制作用，配合石灰抑制作用更强。

锑华、黄锑矿等锑的氧化矿物，用阴离子捕收剂难获好的结果，用十八胺或混合胺在 pH = 3.8 ~ 6.7 时浮选比较好。国内主要用重选回收。

11.6.1 某锑矿浮选

某选矿厂处理简单的硫化锑矿石，金属矿物以辉锑矿为主，伴生有少量的黄铁矿，脉石以石英为主。辉锑矿以粗粒为主，呈粗细不均匀嵌布。选矿厂采用手选 + 重介质选 + 浮选的联合流程。浮选流程为一段磨矿，分级溢流 -74μm 占 55% ~ 60%，一粗三精三扫。药剂制度及浮选指标见表11-25。

表 11-25 辉锑矿浮选的药剂制度及浮选指标

药剂制度/g·t^{-1}					
丁黄药	60 ~ 80	乙硫氮	100 ~ 110	油页岩	350 ~ 450
煤　油	60 ~ 80	新松油	120	硝酸铅	100 ~ 200
选别指标/%					
原矿品位		精矿品位		精矿回收率	
锑　3.08　3.5		48		93.74	

11.6.2 汞锑分离浮选

陕西旬阳汞锑矿床是一大型汞锑矿床，矿石中的主要有用矿物有辉锑矿和辰砂。辰砂以星点状和细粒浸染状分布于汞锑矿体中。其次有少量黄铁矿、褐铁矿和锑华等。脉石矿物以白云母、石英为主，其次为方解石、重晶石等。原矿含汞0.76%，含锑5.82%。

做过小型试验。原则流程为锑汞混合浮选—精选粗精矿再磨—脱药脱水—浮汞抑锑分离。详细流程及药剂制度如图11-16所示。选别指标（闭路试验）见表11-26。

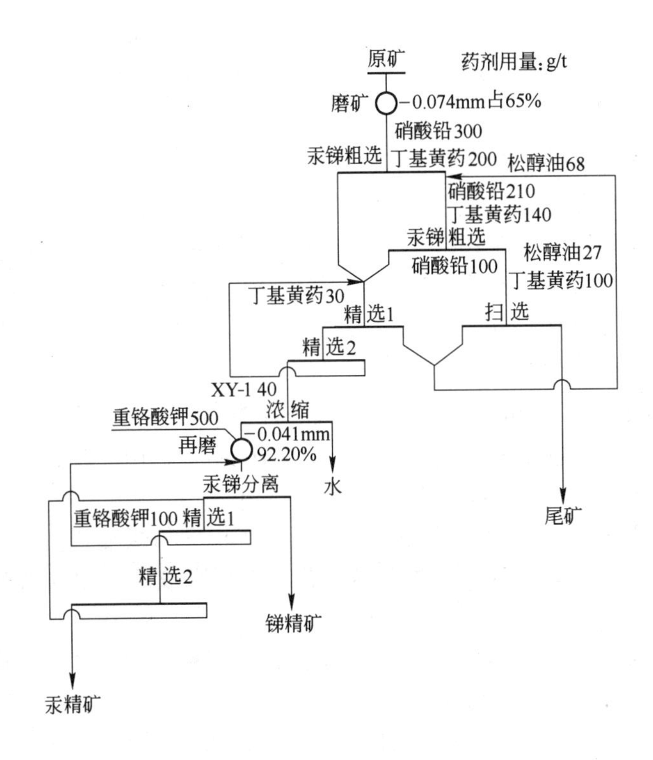

图11-16 某汞锑矿闭路试验流程

表 11-26 闭路试验指标 (%)

产品名称	产率	汞品位	锑品位	汞回收率	锑回收率
汞精矿	0.88	76.38	3.08	85.41	0.46
锑精矿	9.79	0.81	55.47	10.08	92.25
尾　矿	89.33	0.04	0.48	4.51	7.29
原　矿	100.0	0.78	5.88	100.0	100.0

11.7 钼矿浮选

11.7.1 钼矿物及其可浮性

常见的钼矿物有辉钼矿（MoS_2）、钼华（MoO_3）、彩钼铅矿（PbMoO）、钼钨钙矿［$Ca(Mo,W)O_4$］等。目前只有辉钼矿有回收价值。

辉钼矿是天然疏水性矿物，可浮性好。未氧化的辉钼矿只用起泡剂就能浮游。捕收剂主要是非极性油类，如煤油、变压器油、硫单甘酯（Pf-100，Sytex）等。硫单甘酯是一种兼有捕收力和起泡性的辉钼矿浮选活化剂，能增强烃油类在辉钼矿表面的浸润和扩散能力，能改善辉钼矿及其连生体的可浮性。近年来我国有些新的浮辉钼矿的药剂，如：

F 药剂，成分以烃油为主，是一种淡黄色液体，有较好的低温流动性，雾化性好，来源广，价格比煤油低 10% 左右，捕收力比煤油强，可代替煤油。

TBC-114，可代替煤油和松油，生产指标与煤油相近，成本低于煤油。但单用它泡沫发黏，需加入少量煤油，以降低其黏度。

另外，有必要时可用 FT 反浮钼矿中的滑石和蛇纹石；在浮钼时，可用 TZK-3 抑制易浮杂质。

辉钼矿较难被抑制，可以用淀粉、糊精、动物胶、皂素等作抑制剂。

辉钼矿硬度小易过粉碎，钼矿石的原矿品位低，所以选矿时常用多段磨选，加上对精矿质量要求高，其精选次数常为6~8次。

常用石灰或碳酸钠调pH值。用水玻璃分散矿泥和抑制脉石，当矿石中含碳质页岩时用六偏磷酸钠抑制页岩，用松醇油作起泡剂。

辉钼矿常与钨酸钙矿、黄铜矿、黄铁矿、钨锰铁矿、辉铋矿、磁铁矿等共生。在浮选辉钼矿时，常用硫化钠、氰化钠、巯基乙醇、巯基乙酸钠、丙三醇或诺克斯试剂等抑制伴生硫化矿物。在铜钼分离中也利用电位调控或用氮气代替空气作为浮选气相，以减少硫化钠的氧化，降低硫化钠的用量。

11.7.2 金堆城钼矿浮选

该矿是大型中高温热液细脉浸染矿床。主要有用矿物有辉钼矿、黄铁矿、黄铜矿、磁铁矿等，伴生有少量稀有元素铼、钴、镓等。原矿主成分见表11-27。

表11-27 原矿主成分含量 （%）

Mo	S	Cu	TFe	Re
0.11	2.8	0.028	7.9	3.59×10^{-5}

目前综合回收了钼、铜、铁等元素。原则流程如图11-17所示。

钼粗选，即钼铜硫混合浮选：用煤油作捕收剂，松醇油作起泡剂。

钼精选，即浮钼抑铜硫：丁黄药作捕收剂，松醇油作起泡剂，巯基乙酸钠和磷诺克斯试剂作抑制剂。钼精矿品位52%~57%，回收率大于85%。尾矿浓缩脱水脱药后浮铜抑硫。

浮铜抑硫：一粗二扫四精，以丁黄药或苯胺黑药为捕收剂，松醇油为起泡剂，石灰、水玻璃和木质素为抑制剂。铜精矿品位高于22%，回收率高于80%。银富集在铜精矿中，铜精矿含银

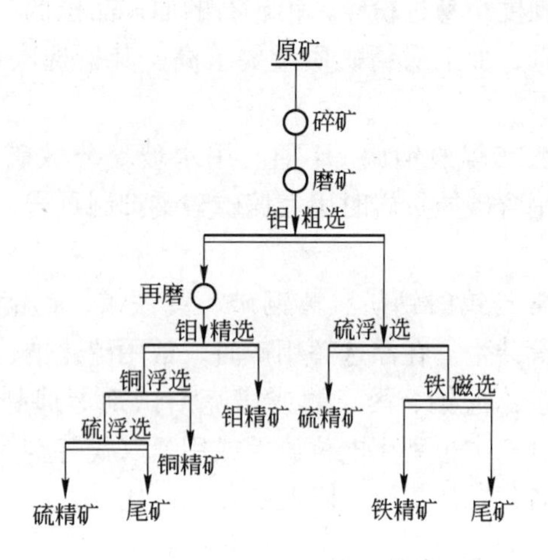

图 11-17　金堆城钼矿选矿原则流程

约 100g/t。尾矿浮硫。

浮硫：一粗一扫二精。丁黄药为捕收剂，松醇油为起泡剂。硫精矿品位大于 48%，回收率 63% 以上。

磁选磁铁矿：包括磁粗选、粗精矿再磨（细度 -38μm 占 90% 以上）、两次磁精选、一次筛分。获得铁精矿品位 62% 以上，含硫低于 0.2%。

11.8　硫化矿浮选降砷问题

砷是剧毒元素，其氧化物毒性也很大，是杀菌剂、防腐剂，砷是致癌物质。选矿和冶炼的废水、废渣和废气对环境影响都很大。我国地表水Ⅰ、Ⅱ、Ⅲ类（水源头或饮用水）规定总砷不大于 0.05mg/L，送冶炼的精矿含砷小于 0.5%。而砷的矿物种类繁多，有 150 多种。选矿工作者常遇到的有毒砂、硫砷铜矿、砷黝铜矿、雄黄、雌黄，以及含砷的铁、铅、锌、锑、银、金、镍、锡矿等。使选矿精矿降砷成为常见的难题。

要抑制矿石中的砷时先了解砷的存在形式。如果砷是矿物晶格中的成分，如硫砷铜矿、砷黝铜矿中的砷不易用选矿方法除去，只能用较复杂的方法将这些矿物抑制；如果砷是以独立的矿物形态存在，只是与有用矿物紧密共生，常常可用细磨或混合精矿再磨的方法，先使它单体分离，然后用药剂抑制。后面讲的各种药剂抑制方法，都是含砷矿物基本上单体分离为基础的。

硫化矿石中毒砂（FeAsS）最为常见。要抑制它需先了解毒砂的可浮性。毒砂氧化时生成 FeOOH、$Fe(OH)_3$、AsS、$HAsO_4^{2-}$、SO_4^{2+}和 S^0

$$FeAsS + 3H_2O \longrightarrow Fe\ (OH)_3 + AsS + 3H^+ + 3e$$

$$FeAsS + 7H_2O \longrightarrow Fe\ (OH)_3 + HAsO_4^{2-} + S^0 + 10H^+ + 8e$$

$$FeAsO_3 + 9H_2O \longrightarrow FeOOH + H_2AsO_3^- + SO_4^{2-} + 15H^+ + 12e$$

$$H_2AsO_3^- + H_2O \longrightarrow HAsO_4^{2-} + 3H^+ + 2e$$

在 pH 值为 7.0 时毒砂的电极电位为 0.32V。总的说来，毒砂的可浮性与黄铁矿相似，但毒砂比黄铁矿易氧化。毒砂在 pH 值为 3~4 时可浮性最好，容易为铜、铅等离子活化，可用黄药类捕收剂捕收。在高 pH 值下表面生成亲水的氢氧化铁等氧化物，pH>9.5~11，可浮性急剧下降。易受石灰、漂白粉、高锰酸钾等抑制。含毒砂矿石降砷可用下列方法：

（1）选择高选择性的捕收剂。如硫氮、Z-200、甲基硫氨酯、胺醇黄药等浮有用的目的矿物。

（2）用结构成分与捕收剂性质类似的抑制剂。如烷基三硫代碳酸盐（RSCSSNa）可以从毒砂表面排除黄药；以如丙烯基三硫代碳酸盐（ИТТК）和丙氧基硫化物（ОПС）组成的新药ПРОКС，可固着在毒砂的表面，阻止黄药在毒砂表面吸附，使其亲水。

（3）石灰与其他药剂的组合抑制剂。石灰本身有提高 pH 值的作用，Ca^{2+}也有抑制作用，将它与其他药剂组合，以加强抑制作用。如石灰+铵盐（硝酸铵或氯化铵）；石灰+亚硫酸钠；石灰+硫化钠（后者沉淀铜离子）；石灰+氯化钙。

（4）氧化剂加速毒砂氧化。有试验表明毒砂比黄铁矿容易氧化。从前面硫化矿物的氧化递减序知道黄铁矿比许多矿物都容易氧化，所以可以利用毒砂比其他矿物先氧化亲水的特性，加氧化剂抑制它。常用的氧化剂有：高锰酸钾、双氧水、二氧化锰、漂白粉、过氧二硫酸钾（$K_2S_2O_8$）、次氯酸钾、重铬酸钾等。在毒砂与黄铁矿的分离中，可用过氧二硫酸钾抑制毒砂。

（5）硫氧酸盐类组合剂。如亚硫酸钠、硫代硫酸钠与硫酸锌、硫化钠、栲胶等组合抑制毒砂都有成功的报道。

（6）硫酸锌+碳酸钠生成胶体碳酸锌。

（7）有机抑制剂。如糊精、腐殖酸钠、丹宁、聚丙烯酰胺、木素磺酸盐、H_{23}等单用或与其他药剂混合使用抑砷。

至于硫砷铜矿与含铜矿物的分离，其工业意义较小。有几种方法可考虑：

（1）黄药用量20mg/L，电位-250mV，pH值为9.0抑制黄铜矿反浮硫砷铜矿，可参见10.7.3节。

（2）在pH值为9时，用250mg/L MAA（是镁铵混合物，由0.5mol/L六水氯化镁，2.0mol/L氯化铵，1.5mol/L氢氧化铵混合）抑制硫砷铜矿，用黄药浮黄铜矿。

（3）在有H_2O和O_2的条件下，用氧化亚铁杆菌、氧化硫硫杆菌等细菌浸出硫砷铜矿。

对于高砷的精矿（如砷金矿）在不得已的情况下，使用焙烧法使砷变为氧化砷挥发除去。

12 氧化矿及其他矿石的浮选

12.1 铜铅锌氧化矿石的分类

铜铅锌矿床上部经长期风化会生成氧化矿带。由于氧化深度不同，会形成氧化矿物含量不同的矿石，按其金属氧化率的高低不同，可以分为三类：

氧化矿：金属矿物氧化率大于30%；

混合矿：金属矿物氧化率在10%～30%之间；

硫化矿：金属矿物氧化率小于10%。

氧化率高的矿石结构松散，含泥多，难选。氧化铜矿石，还根据铜与硅、铝、铁、锰、钙、镁等元素结合的多少，分为游离氧化铜和结合氧化铜。结合率的计算公式如下：

$$结合率=\frac{结合氧化铜量}{矿石的总铜量}\times 100\%$$

一般氧化率高的矿石难选，结合率高的尤其难选。结合氧化铜可能以微细粒的包裹体存在于非铜矿物中、或者以分子形式吸附于脉石上，或者作为晶格杂质与脉石相结合，使选矿指标变坏。

12.2 氧化铜矿的选别

12.2.1 氧化铜矿物的可浮性与处理方法

氧化铜矿物有如下几种：

(1) 孔雀石［$CuCO_3 \cdot Cu(OH)_2$］可用硫化钠硫化后用黄药或伯胺捕收，可以用长碳链黄药捕收，或用脂肪酸类捕收。

(2) 蓝铜矿［$2CuCO_3 \cdot Cu(OH)_2$］其可浮性与孔雀石相似。

（3）硅孔雀石［$CuSiO_3 \cdot 2H_2O$］，其可浮性很差，因为它是组成和产状不稳定的胶体矿物，表面亲水性很强，捕收剂吸附膜只能在矿物表面或孔隙内形成，而且附着不牢固，对浮选的 pH 值要求很严格。

（4）水胆矾［$CuSO_4 \cdot 3Cu(OH)_2$］，微溶于水，很难浮。

（5）胆矾［$CuSO_4 \cdot 5H_2O$］为可溶性矿物，浮选时溶解且破坏过程的选择性。

氧化铜矿石的处理方法有以下几种：

（1）硫化后黄药浮选法　这是较实用的方法。即先用硫化钠或硫氢化钠等药剂将氧化铜矿物硫化，硫化时 pH 值应小于 10 ~10.5，作用时间宜短，硫化剂应分段添加。硫酸铵和硫酸铝有助于矿物硫化。可以预先硫化的矿物为孔雀石、蓝铜矿和赤铜矿。硅孔雀石难以硫化。

（2）脂肪酸浮选法　该法只适用于脉石多为硅酸盐类矿物的矿石，多用 $C_{10} \sim C_{20}$ 的脂肪酸捕收，同时加碳酸钠调浆，用水玻璃和偏磷酸盐抑制脉石矿物。矿石中含大量铁、锰矿物及成盐矿物时指标不佳。

（3）特殊捕收剂浮选法　如用羟肟酸、苯并三唑、孔雀绿、B-130、N 取代二乙酸等捕收剂与黄药组合使用。

（4）浸出-沉淀-浮选法　用硫酸先将氧化铜矿物中的铜浸出，然后用铁粉置换出金属铜（沉淀铜），再用浮选浮出铜。酸的用量因矿石性质而异，可从数千克到 30 ~40kg。置换 1kg 铜需要铁粉 1.5 ~2.5kg，而且溶液中必须保留过量的残留铁粉。浮选的 pH 值为 3.7 ~4。

（5）捕收剂用双黄药或甲酚黑药。

此外还可以用离析—浮选或浮选—水冶法处理。

12.2.2　氧化铜矿浮选实例

某铁铜矿石，边缘过渡带为铜矿石。主要金属氧化矿物为磁铁矿、赤铁矿、自然铜、孔雀石；硫化矿物为黄铜矿、斑铜矿、黄铁矿、辉铜矿。次要矿物为白铁矿、砷黝铜矿、银金矿、蓝铜矿、赤铜矿、赤铁矿、褐铁矿等，脉石矿物为方解石、石英、蛇纹石、高岭土、绿泥石、绢云母等。该氧化矿含铜、铁量都高，氧化程度深、含泥量大，结合率高。其选别流程见图 12-1 所示。

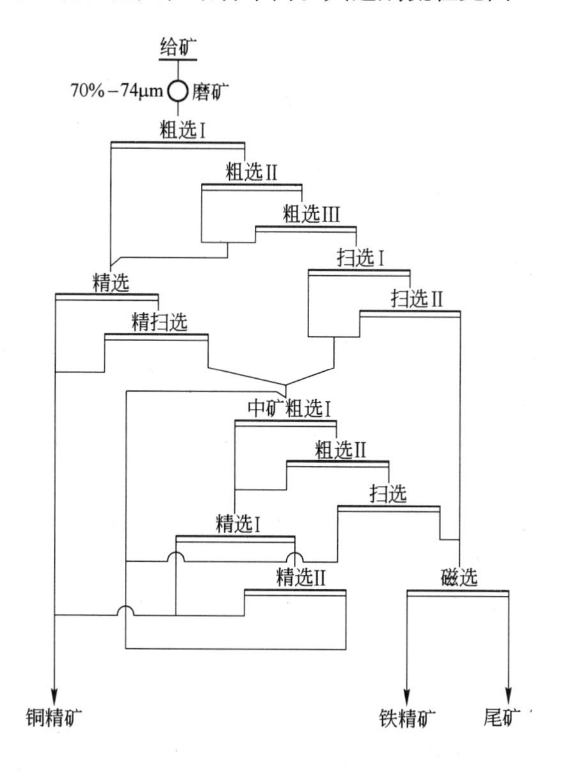

图 12-1　某氧化铜矿浮选流程图

矿石在常温下硫化后用黄药类（400g/t）捕收剂和起泡剂浮选，硫化钠（3000g/t）分段添加。pH =8.5 ~10。

浮选：尾矿用磁选选出铁精矿。

其技术指标（%）：

铜精矿：品位 β_{Cu}18.10；

回收率 89.10。

铁精矿：品位β_{Fe}66.80；

回收率65.30。

12.3 氧化铅锌矿浮选

12.3.1 主要氧化铅锌矿物的可浮性及选别方法

常见的氧化铅矿物有白铅矿（$PbCO_3$）、铅矾（$PbSO_4$）、砷铅矿[$Pb_5(AsO_4)_3Cl$]、铬铅矿（$PbCrO_4$）、磷氯铅矾[$Pb_5(PO_4)_3Cl$]和钼铅矿（$PbMoO_4$）等。白铅矿、铅矾和钼铅矿可用硫化钠、硫化钙、硫氢化钠等硫化。但铅矾硫化时要求硫化剂用量大而接触时间长。砷铅矿、铬铅矿和磷氯铅矿难以硫化，大部分会损失于尾矿中。

常见的氧化锌矿物有菱锌矿（$ZnCO_3$）、红锌矿（ZnO）、异极矿（$Zn_2SiO_4 \cdot H_2O$）和硅锌矿（$ZnSiO_4$）。锌的碳酸盐和氧化物可以加温（50～70℃）硫化，而硅酸盐矿物难硫化。只能用阳离子捕收剂捕收。

近年文献中推荐了一些捕收氧化铅锌矿的新药剂。如二烷基硫代磷酸铵系列，其通式为

$$\begin{array}{c} RO \quad S \\ \diagdown \ \| \\ P—O—NH_4 \\ \diagup \\ RO \end{array}$$

式中，R为C_2～C_6的烃基或丙烯基。对孔雀石、白铅矿、菱锌矿都有捕收力。CF捕收剂（主成分是N-亚硝基—N-亚苯胲铵盐）对白铅矿、菱锌矿都能捕收。巯基苯并噻唑（MBT）对氧化铅矿选择性好，氯基苯硫酚（ATP）对氧化锌矿选择性好。苯基硫脲基烃基硫酸二苯酯对白铅矿捕收力强。

氧化铅锌矿常用的浮选方法，原则上有三种：（1）硫化后用黄药类捕收剂捕收；（2）直接用脂肪酸类捕收；（3）氧化锌矿用伯胺类捕收。从浮选顺序看有“先硫后氧”与“先铅后锌”。有两种方案：

（1）方铅矿—氧化铅矿—闪锌矿—氧化锌矿；（2）方铅矿—闪锌矿—氧化铅矿—氧化锌矿。

在硫化过程中，硫化钠应分步添加，以防 HS^- 和 S^{2-} 过高起抑制作用，也应避免 pH 值过高（应小于 10.5）。为了防止 Ca^{2+}、Mg^{2+} 在白铅矿等矿物表面生成它们的氢氧化膜，应加入少量硫酸胺。氧化锌矿硫化后，也要用硫酸铜活化，用强力捕收剂加中性油类捕收。

用伯胺类捕收剂浮选氧化锌矿是常用的方法。它适合于处理含铁高的物料，胺类中以 C_{12} ~ C_{18} 的伯胺最好。C_{16} 以上的胺在 25 ~ 50℃才能很好地溶解。伯胺作捕收剂浮选的 pH 值为 10.5 ~ 11.5，用硫化钠调整最好。

用阳离子捕收剂浮选，矿泥的影响比较明显。小于 10μm 的细泥含量低于 15%，可以加苏打、水玻璃、羧甲基纤维素、木素磺酸盐、腐殖酸钠等消除矿泥影响。当小于 10μm 的细泥含量超过 15% 时要先脱泥，以减少药剂消耗，并在脱泥时加入硫化钠、硅酸钠等分散剂。

12.3.2 新疆某氧化铅锌矿浮选实例

该实例虽然是试验资料，但方法是成熟而有代表性的，而且矿山极有前途。原矿多元分析见表 12-1，原矿物相分析见表 12-2 所列。

表 12-1 该矿多元分析 （%）

元素	Pb	Zn	Cu	S	Fe	SiO_2	As	Mn	Au	Ag
含量	8.67	16.48	0.025	1.87	15.04	4.17	0.09	0.095	0.41	32.80

表 12-2 原矿物相分析 （%）

项目	总铅	碳酸铅	硫酸铅	硫化铅	其他铅	总锌	碳酸锌	硫化锌	其他锌
含量	8.56	5.97	0.94	0.42	1.23	16.32	15.02	0.83	0.47
占有率	100.0	69.74	10.98	4.91	14.37	100.0	92.03	5.09	2.88

矿石中的主要金属矿物有白铅矿、铅矾、菱锌矿、水锌矿、方铅矿、闪锌矿、黄铁矿、褐铁矿和针铁矿。脉石矿物主要有方解石、白云石、石英、石膏、黏土矿物等。要细磨至 -37μm，铅锌矿物才有90%单体解离。确定的磨矿细度为93% -74μm。

从表12-2可以看出铅矿物氧化率为95.09%，锌矿物氧化率高达94.91%，氧化铁矿物含量达23.85%。矿石松散呈土状。

浮选铅的条件是：浮选的pH =9 ~ 10，用碳酸钠调浆比用氢氧化钠好，用硫化钠作硫化剂，与黄药一起分段添加，硫化钠用量为2 +2kg/t，丁基黄药用量为400 +100g/t。做过丁黄药 + 丁铵黑药、丁黄药 + 环己胺黑药与单用丁基黄药的对比，结果是单一丁基黄药最好。由于氧化铅精选时容易掉槽，加入50g/t油酸钠有好处。对于脉石矿物抑制剂，作过水玻璃、淀粉、腐殖酸铵和栲胶对比，结果以水玻璃加腐殖酸铵为最好。

浮选锌的条件是：用栲胶抑制脉石比腐殖酸好，栲胶用量为400g/t。捕收剂用烷基十二胺500g/t，羟肟酸30 ~40g/t。试验中还发现加药顺序对结果有影响，最后定下的药剂用量及加药顺序见图12-2所示。表12-3为闭路流程浮选试验结果。

表12-3　闭路流程试验结果　（%）

产物名称	产物产率	铅品位	锌品位	铅回收率	锌回收率
铅精矿	12.21	54.82	7.75	77.06	5.68
锌精矿	35.84	1.85	36.13	7.63	77.73
尾　矿	51.95	2.56	5.32	15.31	16.59
原　矿	100.00	8.69	16.66	100.0	100.0

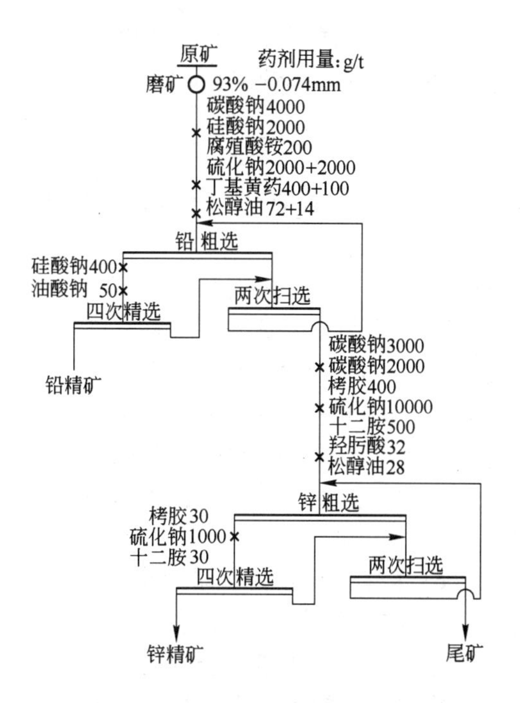

图 12-2　新疆某氧化铅锌矿闭路浮选流程

12.4　铁矿石的浮选

富的铁矿石可以直接送冶炼，磁铁矿可以磁选，嵌布细含杂多的赤铁矿、假象赤铁矿、褐铁矿才用浮选。

12.4.1　几种铁矿物的可浮性

（1）赤铁矿和假象赤铁矿（Fe_2O_3），含铁70%，在水中表面生成 $Fe(OH)_3$ 后，零电点为6.7～7.1。在中性或弱碱性介质中可用各种脂肪酸类捕收剂捕收。长沙矿冶研究院研制的RN665螯合剂作浮铁矿物的捕收剂，效果比脂肪酸类好。也可以用硫酸化皂、石油磺酸盐类作捕收剂。可以用淀粉（特别是玉米淀粉，其次是木薯淀粉）、单宁、纤维素、水玻璃等抑制，正磷酸对赤铁矿有抑制作用，而偏磷酸对赤铁矿有活化作用，Ca^{2+}、Al^{3+}、Mn^{2+}等在用脂肪酸浮选时对赤铁矿有抑制作用。

（2）菱铁矿（$FeCO_3$）含铁48.3%，在强碱性介质中可用阳离子捕收剂浮选。

（3）褐铁矿（$Fe_2O_3 \cdot H_2O$），含铁60%，可用脂肪酸类捕收，特别易泥化。

浮选铁矿石可以用下列四种方法：

（1）用阴离子捕收剂正浮选　用油酸、塔尔油、氧化石蜡皂、磺化石油等作捕收剂，单用或混用，用量0.5～1.0kg/t。用碳酸钠或硫酸调浆，pH值中性范围最好。有时要预先脱泥。优点是药剂价格低，缺点是只适用于脉石较简单的矿石，精矿品位不高，精矿泡沫发黏，脱水困难。温度对浮选影响明显。以前我国以此法为主。

近年用RN665（螯合剂）代替塔尔油浮选东鞍山铁矿石，以解决铁精矿品位过低的问题。

（2）用阴离子捕收剂反浮选　要浮游的石英类脉石，先用Ca^{2+}活化，再用脂肪酸类捕收。用淀粉、磺化木素等抑制铁矿物，用NaOH将pH值调至11以上。该法适用于铁品位高而脉石易浮的矿石。近年来我国齐大山用此法反浮磁选混合精矿，获得成功，并在工业中应用。

齐大山矿石中的主要有用矿物有赤铁矿、假象赤铁矿和磁铁矿，主要脉石矿物有石英、角闪石、透闪石、阳起石等。磨矿分级后用弱磁、中磁和强磁选出磁性混合精矿，进行阴离子反浮选。浮选流程为一粗、一精、三扫，药剂用量（g/t）为：NaOH 330；CaO 345；RA-315（捕收剂）465；玉米淀粉1570。半工业试验给矿品位α_{Fe}为44.05%；精矿品位β_{Fe}为65.91%；尾矿θ_{Fe}为13.72%；作业回收率86.95%。长沙矿冶研究院研制出的同系列阴离子捕收剂尚有RA515、RA715和RA915。

（3）用阳离子捕收剂反浮选　捕收剂为胺类捕收剂，浮选石英以醚胺[$R—(OCH_2)_3—NH_2$]为好，醚胺的中和度以25%～

30%为宜。醚二胺和单醚胺混合可以改善某些铁矿的浮选。将20%的柴油混合到醚胺中可以降低成本。可以用聚乙二醇作起泡剂。

武汉理工大学研制的阳离子捕收剂 GE609，具有选择性高、能耐低温浮选、易消泡等特点，对齐大山矿石，用淀粉作抑制剂，GE609 作捕收剂反浮硅酸盐矿物，经一粗二扫一精中矿循序返回的闭路浮选，获得铁品位 β_{Fe} 为 67.12%，回收率 ε_{Fe} 83.55%的铁精矿。

鞍钢研制出的 YS-73 阳离子捕收剂可在 15℃的低温下使用。

（4）选择絮凝浮选　方法见蒂尔登铁矿选矿实例。

12.4.2　东鞍山铁矿浮选实例

矿石属于沉积变质铁矿床，赤铁矿石英岩。主要矿物有假象赤铁矿、半假象赤铁矿，其次有磁铁矿、褐铁矿。脉石矿物主要有石英，其次为角闪石、绿泥石等，呈带状构造，浸染粒度细，原矿多元分析见表 12-4。

表 12-4　东鞍山铁矿原矿多元分析

元　素	TFe	FeO	SiO_2	Al_2O_3	CaO	MnO	烧损
含量/%	32.08	0.82	52.60	0.83	0.20	0.11	1.04

赤铁矿和石英粒度一般都为 0.02～0.2mm 左右。矿石磨至 90%～95% －74μm 才能较好地单体分离，但过去由于磨矿细度只有约 80% －0.74μm，使用一粗一扫三精流程，用改性氧化石蜡皂和硫酸化塔尔油类捕收剂，两者配比4∶3，总量265g/t，精矿品位只有 59%～60%。由于该精矿品位太低，影响后面的炼铁、炼钢及产品质量。后经长少矿冶研究院研究，改用螯合捕收剂 RN-665 作捕收剂，Na_2CO_3 调 pH 值至 9，鞍钢循环水，水温 28～32℃，并用精选Ⅰ尾矿再磨的流程中矿再磨细度 95% －74μm，（见图 12-3）。表 12-5 为用 RN-665 的药剂制度。改善了指标（见表 12-6 所列）。

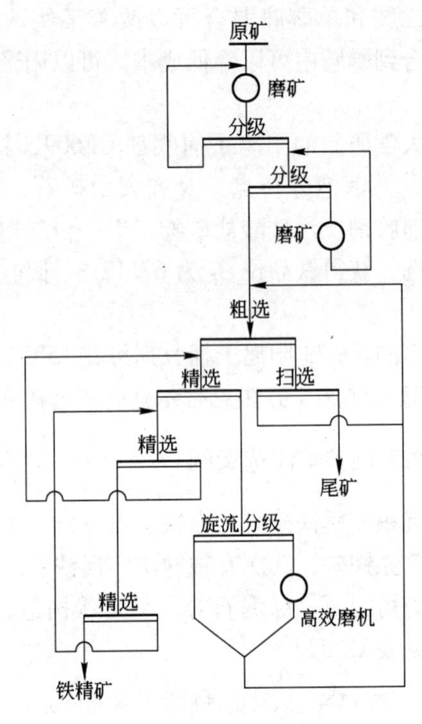

图 12-3　东鞍山矿正浮选流程

表 12-5　用 RN-665 前后的药剂制度　　(g/t)

作业名称	粗　选	扫　选	精选一	合　计
原捕收剂	500	100		600
RN-665	300	50		350
Na_2CO_3	1800	200		2000

表 12-6　新老工艺浮选对比指标　　(%)

指标名称	精矿含铁	铁回收率	尾矿含铁
新工艺	64.02	76.23	12.34
老工艺	62.14	74.87	13.14

12.4.3 蒂尔登铁矿选矿实例

蒂尔登铁矿是采用选择絮凝阳离子反浮选方法的特例。矿石中主要含铁的矿物是假象赤铁矿和赤铁矿。嵌布粒度平均为 10 ~25μm。脉石矿物除石英外，还有少量钙、镁、铝矿物，原矿含 Fe 35%，SiO_2 45%。生产流程如图 12-4 所示。

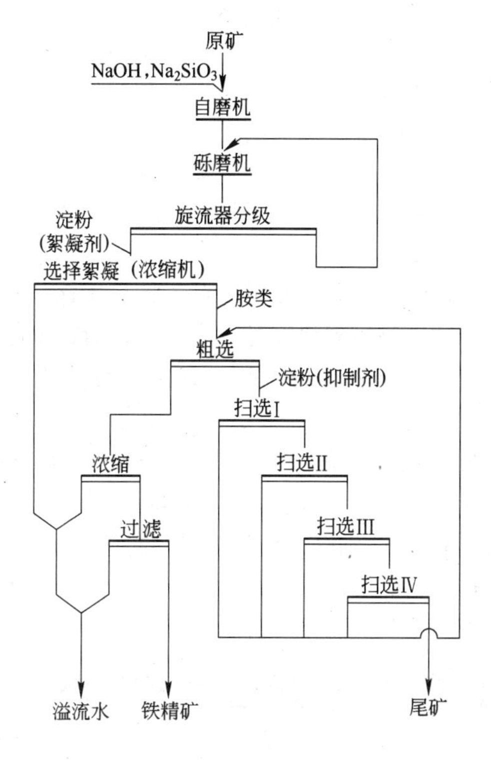

图 12-4 蒂尔登选厂选择絮凝流程

用水玻璃和氢氧化钠做矿泥分散剂，pH 值为 10 ~ 11，加入玉米淀粉，搅拌后的矿浆进入浓密机选择絮凝。在浓密机中，石英矿泥成溢流排出，沉砂即絮凝精矿。

当浓密机的给矿含铁 35% 时，溢流含铁 12% ~ 14%，沉砂含铁45% ~60%。沉砂经矿浆分配器进入搅拌槽，用玉米淀粉作抑制剂。用胺类捕收剂进行脉石矿物反浮选。最终精矿含铁65%。含石英5%，铁的回收率约为70%。该厂回水利用率达95%，但精矿脱水难。

12.5 稀土矿石浮选

12.5.1 稀土元素及常见的稀土矿物

稀土元素包括钪（Sc）、钇（Y）和镧系15个元素，一共17个元素，常用RE表示，镧系15个元素常用Ln表示。稀土元素在地壳中的含量不少，矿物种类也达250种以上，只是十分分散。我国稀土元素储量为世界之最。包头又是我国稀土元素储量最大的地方。

稀土元素在现代工业中非常重要。如氧化钇是核反应堆的中子吸收材料，钕、钐等氧化物是荧光材料，钐是永磁材料，稀土元素是高真空吸气材料，是钢铁、有色金属铸件的性能优化材料。

稀土矿物中重要的有独居石［$(Ce,La,Nd,Th)PO_4$］、氟碳铈矿$(Ce, La)(CO_3)F$、磷钇矿（YPO_4）、硅铍钇矿等。它们一般都可用脂肪酸类和羟肟酸类捕收剂捕收。但羟肟酸类更有实用价值，成为我国选矿工作者研究的重点。先后研究使用过的有下列几种，见表12-7。

表12-7 近年研制的几种稀土矿物捕收剂

烃基类型	捕收剂名称	化学式
烷基类	$C_{5\sim9}$烷基异羟肟酸及其盐	RCONHOH
	$C_{7\sim9}$烷基异羟肟酸及其盐	RCONHON
环烷基类	环烷基异羟肟酸及其盐	$C_nH_{2n-1}CONHOH$
芳香基类	苯基异羟肟酸	$C_6H_5CONHOH$
	水杨异羟肟酸	$C_6H_4OHCONHOH$

续表 12-7

烃基类型	捕收剂名称	化 学 式
芳香基类	N-羟基邻苯二甲酰亚胺	$C_6H_5NO_3$
	H205 2-羟基-3-萘甲羟肟酸	ROHCONHOH
	H203 1-羟基-2-萘甲羟肟酸	ROHCONHOH
	H316	未公开

12.5.2 白云鄂博稀土矿的选别

白云鄂博已发现矿物 142 种，其中铁矿物 5 种，稀土矿物 15 种，铌矿物 17 种。矿物粒度细，分布均匀，粒度多在 0.02 ~ 0.07mm 之间，稀土矿物多呈细粒集合体与萤石、磁铁矿、赤铁矿、白云石、钠辉石、磷灰石及铌矿物共生。原矿主要成分见表 12-8。

表 12-8 原矿多元分析（部分合并）

元 素	TFe	FeO	REO	TiO_2	ThO_2	Nb_2O_5	其他成分
含量/%	31.5	4.00	7.0	0.45	0.036	0.135	56.879

工艺流程有两种，都是在铁和稀土分离后，再对稀土中间产品进行选别。

（1）如三系统（图 12-5）用磁—浮—磁的流程选出“稀土泡沫”。“稀土泡沫”再用重—浮流程（图 12-6）选得高品位稀土精矿和中品位稀土精矿。浮选的捕收剂为异羟肟酸类。高品位稀土精矿品位可达 $\beta_{REO}60\%$ ，必要时再精选五次，可得 $\beta_{REO}68\%$ 以上的精矿。中品位精矿 $\beta_{REO}30\%$ 以上。

（2）浮选—选择絮凝—脱泥流程　该流程曾通过半工业试验鉴定。过程是原矿磨至 95% $-74\mu m$，用氧化石蜡皂为捕收剂进行混合物浮选，经粗选、扫选和精选后，使萤石和稀土矿物与铁、硅酸盐矿物分离，得到 $\beta_{REO}14\%$ 左右的稀土萤石混合产品。此泡沫产品经脱药后，用羟肟酸作捕收剂浮稀土抑萤石，得到

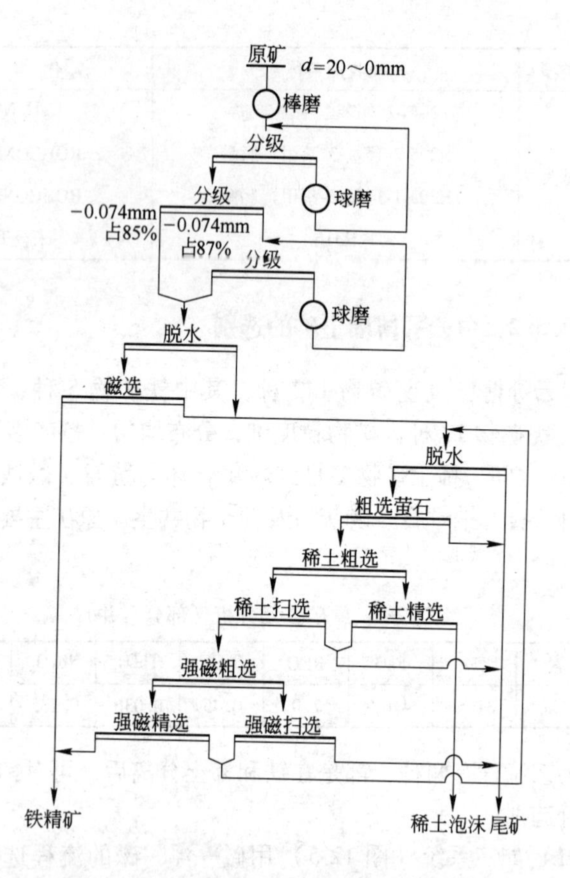

图 12-5　包钢选矿厂三系统原则流程

β_{REO}约 45% 的稀土粗精矿。再用羟肟酸铵精选获得 β_{REO}60% 以上、回收率大于 15% 的高品位精矿，同时得到品位 β_{REO}约 30% 的次级精矿。

羟肟酸类捕收剂与碱土金属阳离子 Ca^{2+}、Ba^{2+}、Mg^{2+} 形成的螯合物强度最小，而它们与稀土元素和钨等高荷电的阳离子形成的螯合物强度大。

几种羟肟酸类捕收剂选别稀土矿的药剂配伍如下：

（1）用 $C_{5\sim9}$烷基羟肟酸为捕收剂，应用碳酸钠为调整剂，

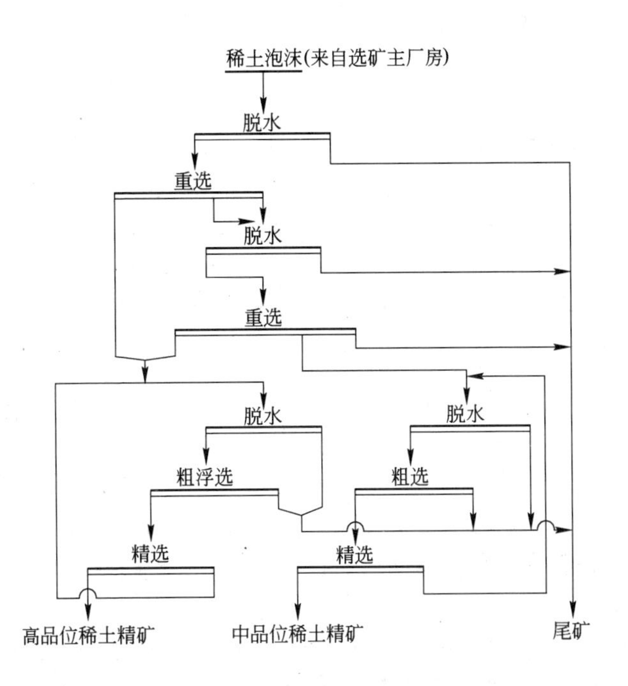

图 12-6 “稀土泡沫”精选原则流程

水玻璃为脉石矿物抑制剂，氟硅酸钠为稀土矿物活化剂。

（2）用水杨羟肟酸为捕收剂，只用水玻璃为调整剂就可以。

（3）H205 具有双活性基团，低毒、稳定。其捕收力和选择性比前述的品种好，适应性强，不要用有毒的氟硅酸钠作活化剂。只和水玻璃配合使用。

（4）H316 是 H205 的改性药剂，选择性好，性质稳定，无毒，不要氨水皂化，和水玻璃配合使用在分选 β_{REO}50% 品级稀土精矿时，H316 比 H205 能提高稀土回收率 10.09%。每吨稀土精矿药剂成本降低 44.22 元。H316 对解决稀土矿物与铁矿物、萤石、重晶石、硅酸盐和碳酸盐矿物的分离有明显效果。

（5）N-羟基邻苯二甲酰亚胺是氟碳铈矿与独居石分离的有效捕收剂，它与明矾组合从重选稀土粗精矿中分离稀土矿物与独居石效果显著。研究证明它在独居石表面基本不发生化学吸附。

12.6 钛铁矿的选别

常见的钛矿物为钛铁矿（$FeTiO_3$）、金红石（TiO_2）和锐钛矿（TiO_2）。以二氧化钛计，钛铁矿约占80%，而金红石和锐钛矿占20%。它们都属于金属氧化物，无捕收力和选择性都很好的捕收剂，如脂肪酸类、羟肟酸类、烃基膦酸类、烃油类对它们都有捕收力。$Pb(NO_3)_2$和H_2SO_4对它们有活化作用。

我国攀钢的矿石中α_{TiO_2}约3%。全厂选别铁、钛、硫、钴用磁—重—浮—电选的联合流程，只在选钛流程中部夹有一粗一扫的浮选钛作业。近年来颇多单位对该厂浮钛药剂作过研究。如将要进入电选的给矿筛出 $-74\mu m$ 细粒级，用改性塔尔油作钛矿物的捕收剂，用硫酸、草酸作调整剂浮钛的矿物，流程为一粗、一扫、三精，中矿循序返回。而且先后推出6种改性或组合新捕收剂。如：

MOS(三种捕收剂按比例组合成的)；R-2 （成分未公开）；

ROB(有机羟肟酸与煤油等组成的)；H717 （成分未公开）；

RST（塔尔油氧化加添加剂组成的）；ZY（油脂和石油工业副产物合成的）。

它们在使用中或者能提高指标，或者能降低成本。一般说来脂肪酸类的副产品价格低些。

12.7 钛锆稀土砂矿的选别

我国南方有不少钛锆稀土砂矿，如湛江东海砂矿，海砂中含有钛铁矿39.4%，锆英石($ZrSiO_4$)35.2%，金红石和白钛矿10.0%，独居石$(Ce,La,Nd,Th)PO_4$和磷钇矿(YPO_4)4.2%，电气石3.0%，石英8.2%。这些砂矿基本上没有太细的细泥。

从钛、锆、稀土的矿物成分，不难看出它们的成分可分为三类：钛的矿物为金属氧化物，其可浮性从前一节已经知道；锆英石为硅酸盐，胺类捕收剂对它有特殊的作用；独居石和磷钇矿为膦酸盐，膦酸类捕收剂对其有特定的选择性。烷基膦酸盐、苯乙烯膦酸、磺化琥珀酸盐、N-Sarcosine 两性捕收剂都可以作为它们的捕收剂。一般也可用脂肪酸类捕收，但选择性较差。脉石矿物主要为二氧化硅和硅酸盐，可浮性较差。

东海砂矿 1986 年前曾用复杂的重—电—磁—电—磁流程，后来研究成功浮选稀土、锆英石和钛矿三类矿物的优先浮选方法，其浮选顺序有二：(1) 浮稀土矿物—浮锆英石—浮钛矿物；(2) 浮锆英石—浮稀土矿物—浮钛矿物。一般采用一粗、一扫和一精的流程。

浮稀土矿物在碱性矿浆中进行，用肥皂和洗衣粉作捕收剂。

浮锆英石用 79A 组合药剂，它不含脂肪酸，是捕收剂、活化剂、脉石抑制剂和消泡剂的混合物。浮选在酸性矿浆中进行，选择性好、易脱药。粗选泡沫可以继续精选。

浮选钛铁矿、白钛矿、金红石等钛矿物，采用 79B 组合药剂在中性或弱碱性介质中进行。所谓 79B 组合剂，由 79A 衍变而来，用一种无机盐作钛矿物的活化剂，不用 79A 中的抑制剂，外加长链烷烃作辅助捕收剂，以提高浮选速度和回收率。

若要将钛铁矿选成单独的产品，可利用钛铁矿的磁性磁选出钛精矿，非磁性产物含金红石和白钛矿。这种流程比原来的重—磁—电流程简单有效。

12.8 钨矿浮选

钨的矿物可分为黑钨矿和白钨矿两类。黑钨矿按其成分中含铁锰的高低分为钨锰铁矿 [(Fe, Mn) WO_4]、钨铁矿($FeWO_4$)和钨锰矿 ($MnWO_4$)，它们主要的选矿方法是重选，矿泥才用浮选。白钨矿 ($CaWO_4$) 是典型碱土金属成盐矿物，可浮性比黑钨矿好，浮选是回收它的主要方法。

12.8.1 黑钨矿细泥的浮选

浮选黑钨矿常用的捕收剂有油酸、磺化琥珀酸盐 (A-22)、甲苯胂酸、烃基膦酸和异羟肟酸。用脂肪酸类浮黑钨矿在中等碱性介质中进行，用苯胂酸和烃基膦酸在酸性介质中进行，用硫酸或盐酸调浆，用硝酸铅作活化剂。近年来用 CF 捕收剂（N-亚硝基-N-苯胲酸盐）同时浮选黑白钨矿物。也有人推荐用兼有羧基和羟肟基的 COBA 作黑钨矿的捕收剂。黑钨矿可以被大量草酸、氟硅酸和水玻璃抑制，用有关药剂抑制其伴生矿物时应严格控制用量。其伴生的硫化矿物和脉石可以用重铬酸盐，水玻璃或水玻璃与金属离子的组合剂抑制。

某钨矿选矿厂处理精选钨细泥，其给矿粒度为 86% –74μm，钨品位 α_{WO_3}8% ~10%，金属矿物是黑钨矿、黄铁矿、褐铁矿、闪锌矿和辉铋矿，脉石矿物为石榴石和石英。用苯胂酸和氧化石蜡皂的混合物作捕收剂，浮选指标为：原矿品位 α_{WO_3}6% ~8%；精矿品位 β_{WO_3}40% ~47%；回收率 78.5% ~82%。

12.8.2 白钨矿浮选

白钨矿是含钙的成盐矿物，可浮性好，与脂肪酸类易发生化学吸附和化学反应。731 氧化石蜡皂、植物油酸都是它的良好捕收剂，尤其山苍子油酸对它有优良的捕收性和选择性。浮游的 pH 值为 9 ~10。用碳酸钠作调整剂。CF 捕收剂对它的捕收性能也很好，尤其是黑白钨共生时。白钨矿不易抑制，即使在加温的条件下也难抑制，和它伴生的硫化矿物一般预先浮出，未浮干净的部分用对应的硫化矿物抑制剂抑制，如硫化钠、氰化物、铬酸盐、淀粉等。抑制其伴生的脉石矿物可以用水玻璃、水玻璃与金属离子的组合剂、丹宁、多聚偏磷酸钠等。

抑制经过脂肪酸类捕收过的脉石，采用加大量水玻璃加温精选法（彼得罗夫法）。这是白钨粗精矿的加温精选法。该法是将脂肪酸类浮选得的低品位白钨精矿，加入按精矿量计约 40 ~90kg/t 的水玻璃，升温至 60 ~90℃ 煮一段时间，搅拌、脱水（即脱药），重调浆，再精选 4 ~8 次，可得到品位较高的精矿。

如果精矿中还含较多重晶石，可用烷基硫酸盐或磺酸盐，在 pH 值为 2.5～3.0 的条件下反浮重晶石。当精矿含磷超标时，可用盐酸浸出精矿，以溶解其中的磷矿物。一般用此法可以得到合格精矿。

湖南柿竹园多金属矿，是云英矽卡岩钨、钼、铋矿床。主要矿物有白钨矿、黑钨矿、辉铋矿（其可浮性与方铅矿类似）、自然铋、辉钼矿、黄铁矿、磁黄铁矿、锡石等，非金属矿物有萤石、石榴石、方解石、辉石、石英等。矿石磨到85% －74μm，依次经过等可浮和混合浮选，浮出钼、铋、铁的硫化矿，硫化矿的尾矿用弱磁选选出磁铁矿，浓缩后用 GY 法进行黑白钨混合浮选，得到含 β_{WO_3} 9%～30% 的钨粗精矿，用一粗三精四扫的加温精选流程，精选作业回收率低，主品位不稳定，含硫超标。后来改变药剂配伍才取得成功。

新的加温精选药剂条件为：水玻璃 40kg/t，A 药剂 3kg/t，B 药剂 1.2kg/t，GYT 2kg/t。新旧工艺生产指标对比见表 12-9。新工艺改善了指标，降低了成本，减轻了劳动强度。

表 12-9　新旧加温精选指标对比　　（%）

工艺类别	给矿品位		精矿品位		回收率
	WO_3	S	WO_3	S	WO_3
原工艺	18.76	1.38	66.49	0.98	52.63
新工艺	18.94	1.45	69.78	0.39	58.04

12.9　锡石细泥浮选

锡石的主要选矿方法是重选，其细泥可用浮选。锡石可用羧酸，烃基硫酸盐、烃基磺酸盐、羟肟酸、有机膦酸或甲苯砷酸类捕收剂捕收。但前三类捕收力强而选择性差，精矿品位不易达到要求。羟肟酸为螯合型捕收剂在矿物表面吸附的稳定性差，用量较大，价格较高。有机膦酸类对锡石捕收力强，但有 Fe^{2+}、

Ca^{2+}矿物时其选择性低。苄基胂酸类可与锡石发生化学吸附，作用牢固，只是它有毒，容易造成环境污染。

用油酸作捕收剂时，pH 值为 9.0 ~ 9.5 左右；用水杨羟肟酸作捕收剂，pH 值为 7 ~ 8；用苄基胂酸作捕收剂，粗选 pH 值为 5 ~ 6，精选 pH 值为 2.5 ~ 4。

锡石浮选时，通常加入水玻璃抑制伴生的石英和硅酸盐矿物，用六偏磷酸钠、羧甲基纤维素抑制钙镁矿物，加草酸抑制黑钨矿。

大厂长坡选矿厂对几种浮选锡石药剂优劣的对比结果是：胂酸 > 膦酸 > A-22 > 油酸 > 烷基硫酸钠（流程：浮选硫后浮锡，一粗二扫二精）。

大厂长坡用混合甲苯胂酸和苄基胂酸浮选锡石细泥的结果见表 12-10。

表 12-10　浮选锡石细泥结果对比　（%）

药剂品种	原矿品位 α_{Sn}	精矿品位 β_{Sn}	精矿回收率 ε_{Sn}
混合甲苯胂酸	1.405	30.86	90.17
苄基胂酸	1.010	30.85	87.88

12.10　钽铌矿及锂云母浮选

12.10.1　湖南某钽铌矿的浮选

我国湖南和江西两个大型钽铌矿中的主要钽铌矿物有：铌钽锰矿[$(Mn,Fe)(Nb,Ta)_2O_6$]、富锰钽铌铁矿（其分子式应与前者一样，只是类质同象成分比例不同）、细晶石[$(Na,Ca)_2Ta_2O_3(O,OH,F)$]和高钽锡石。三者中细晶石含 Ca 和 OH、F 等成分，能与捕收剂形成钙盐、生成氢键。

它们都是金属的氧化物，可浮性与锡石和铁锰的氧化物有相似性。可以用脂肪酸类、羟肟酸类、苯胂酸类、膦酸盐类捕收。可以用硝酸铅活化。

钽铌矿的选矿方法有重选和浮选两种，但次生矿泥用重选法获得的回收率不过11%～18%，很不可取。湖南某矿根据其原矿组成的特点，采用高梯度强磁选+浮选的方法，获得较好的结果。

湖南该钽铌矿的主要金属氧化矿物含量（%）为：铌钽锰矿0.0229，黑钨矿0.03，磷铁锰矿0.9858，毒砂、黄铜矿、磁黄铁矿、黄铁矿等共计0.9186，石英、长石87.0223，云母11.0111，先用SLHGI-1200-5型湿式高梯度磁选机选出产率γ为27.08%的磁选精矿，$\beta_{Ta_2O_5}$ 0.0294%，作业回收率78.45%；尾矿产率γ为72.925，$\theta_{Ta_2O_5}$为0.003%。

由于高梯度磁选精矿中含有多种硫化矿和铁质矿物，故用浮选脱硫、磁选脱铁后再进入钽铌矿浮选。流程为一粗、一精、一扫。药剂用量（g/t）为：

改性水玻璃	1250（加入粗选搅拌桶）
硝酸铅	1000（加入粗选搅拌桶）
苯甲羟肟酸+WT_2	400（粗选前6min+$WT_2$130扫选前）
松醇油	20（粗选前）

试验结果（%）见表12-11。

表12-11 试验结果 （%）

产物	产率	Ta_2O_5含量	回收率
精矿	2.947	0.882	88.45
尾矿	97.035	0.0035	11.55
给矿	100.00	0.0294	100.00

浮选精矿中除含钽铌矿物和黑钨矿外，还含有大量硫化矿、铁质矿物及磷铁锰矿。精选工艺为：用浮选脱除硫化矿物，用磁选脱除铁质矿物，再用重选脱除磷锰铁矿。精选的结果见表12-12。

表 12-12　湖南某钽铌矿精选结果　　（%）

产　物	作业产率	对给矿产率	Ta_2O_5品位	作业回收率	对给矿回收率①
钽铌精矿	5.82	0.171	13.53	89.25	78.94
铁质矿物	10.68	0.315	0.084	1.02	0.90
硫化物	19.85	0.585	0.101	2.28	2.02
尾　矿	63.65	1.876	0.103	7.45	6.59
给　矿	100.0	2.947	0.882	100.00	88.45

①对细泥给矿的回收率为61.93%。

12.10.2　宜春钽铌矿锂云母浮选

宜春钽铌矿的主要钽矿物为：富锰铌钽矿、细晶石和钽锡石；云母有锂云母、锂白云母、磷锂云母、铁锂云母；脉石矿物为钾长石、钠长石、石英、黄玉和绿柱石等。钽铌矿物用重选选别。锂云母是浮选的主要目的矿物，石英和长石是除去的对象。云母粒度较粗，-0.75mm 部分 Li_2O 的品位低于尾矿品位，金属占有率只有 14.60%，故重选尾矿用旋流器分级脱泥，浮选用一粗一扫（即二粗），其精矿与一粗合并的流程，如图 12-7 所示。

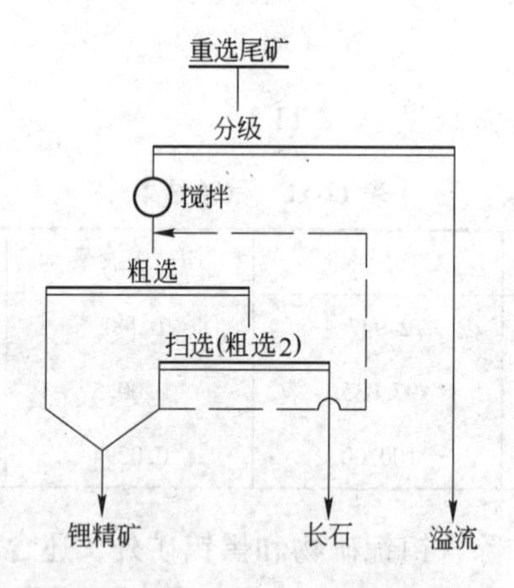

图 12-7　锂云母浮选流程

捕收剂椰子油胺：盐酸 = 1∶1.5(体积比)，反应完后加水稀释至 2% ~5%。以胺计的用量为 130 ~160g/t。矿浆 pH 值为中性。温度高于17℃（胺的凝固点）比较好。

酸和胺用计量泵按比例送入反应釜中，溶解、搅拌、稀释都在精密控制下在密闭容器中进行。各加药点的加药量用电脑控制的自动加药机进行。

浮选机为CLF-4型粗粒浮选机（参见8.2.6节）。该机的特点是，叶轮直径相对较小，周速低，叶轮与定子间的间隙大，磨损轻；叶轮结构及其与叶片间流道设计合理，叶轮磨损均匀，使用寿命长，外加充气有空气分配器。槽中部有格子板，槽两侧设有矿浆循环通道，在压力差及叶轮抽吸的作用下，使槽内矿浆有较大的上升速度，可保持粗粒悬浮。

12.11 伟晶岩矿物（云母-长石-石英-绿柱石）浮选

现代工业对原料的要求很高，对伟晶岩中的云母、长石和石英需要浮选分离。浮选分为三个回路：（1）浮云母可以在碱性回路中用脂肪酸浮选，也可以在酸性回路中用伯胺浮选，后一方法更普遍。（2）除含铁杂质（称为“铁浮选”），在酸性回路中用石油磺酸盐及起泡剂浮选铁石榴石和黑云母。（3）铁浮选尾矿用旋流器脱水，用新鲜水重调浆，加入氢氟酸将pH值调到2.5，用胺类浮出长石，槽内产品为石英。

当矿石中绿柱石有回收价值时，可用胺类先浮云母，接着浮绿柱石。浮绿柱石时，用氢氟酸作活化剂，油酸作捕收剂。如先加氟氢酸1300g/t，在pH为2.5~3.0下调浆，再加碳酸钠调浆，使pH为6.5~7.3。最后加油酸110g/t浮绿柱石。将长石和石英留在尾矿中。

12.12 硬水铝石浮选

12.12.1 硬水铝石浮选综述

我国铝土矿资源位居世界第五，不算少，但硬水铝石占总量的99%，铝硅比10以上的矿不到7%，多数铝硅比在4~6之间，加工困难。必须经过选矿使其铝硅比高于10，才能用拜耳法冶炼。

我国铝土矿中的主要矿物有硬水铝石(或叫一水硬铝石)($Al_2O_3 \cdot H_2O$)、高岭石[$Al_4(Si_4O_{10})(OH)$]、叶蜡石[$Al_2(Si_4O_{10})(OH)$]、伊利石[$K_{1-x}(H_2O)_xAl_2(AlSi_3O_{10})(OH)_{2-x}(H_2O)_x$],此外有些锐钛矿和铁的矿物。显然铝土矿本身是氧化物，而高岭石、叶蜡石和伊利石三个主要的脉石矿物是硅酸盐。钛铁的矿物是氧化物。

12.12.2 铝土矿的正浮选

从矿物组成分析，氧化矿物用脂肪酸类捕收比较容易浮游，有试验表明，铝土矿的可浮性比锐钛矿好些。用RL捕收剂（新型阴离子捕收剂）浮硬水铝石，用无机抑制剂（如水玻璃类）抑制铝硅酸盐矿物，可以使铝精矿中的铝硅比大于11，铝的回收率大于90%。在用DDA作捕收剂时，用YN-2作抑制剂，其用量80mg/L，pH=7时，高岭石的浮选几乎完全被抑制。

我国铝土矿浮选“九五”攻关时，曾做过正浮选的工业试验。原矿中硬水铝石为主要有用矿物，含量66.72%；脉石矿物主要为伊利石、高岭石和叶蜡石，它们的含量分别为15.43%、6.45%和1.96%。此外含钛矿物2.92%。其他矿物6.52%。正浮选工业试验流程为一粗二扫二精。浮选条件是：在磨机中加碳酸钠作分散剂，磨矿细度为75% -0.076mm。用阴离子捕收剂HZB浮选硬水铝石，用组合剂HZT作矿浆分散剂和硅酸盐矿物抑制剂。工业试验指标见表12-13。

表12-13 硬水铝石工业试验指标 (%)

产品	产率	品位		回收率		铝硅比
		Al_2O_3	SiO_2	Al_2O_3	SiO_2	
精矿	79.52	70.87	6.22	86.45	44.76	11.39
尾矿	20.48	43.13	29.81	13.55	55.24	1.45
原矿	100.00	65.19	11.05	100.0	100.0	5.90

正浮选的基本特点是：（1）精矿脱水难，精矿水分高；（2）用脂肪酸要求较高的矿浆温度；（3）精矿含大量有机物，对后面的溶出过程有一定的影响。

12.12.3　铝土矿的反浮选

由于与硬水铝石伴生的三种主要脉石矿物都是铝硅酸盐，可以用胺类捕收剂捕收，近年来我国大的研究机构做过许多硬水铝石反浮选的工作。

中南大学研究者在详细分析有关矿物结晶构造以后，认为硬水铝石单位表面破坏键的密度比高岭石等大，其天然亲水性比高岭石、叶蜡石和伊利石大。而且后三者表面有破裂的硅氧键，有利于胺类捕收剂的吸附；再则硬水铝石的等电点为 pH =6.4，高岭石、伊利石和叶蜡石的等电点分别为 3.6、2.8 和 2.4。等电点间有一定的差距，在 pH =3.6 ~6.4 之间，硬水铝石表面荷正电，而高岭石等黏土矿物表面荷负电，用胺类捕收剂反浮黏土矿物是有依据的。他们先后用了十二烷基胺（DDA）、*n*-（2-胺基乙基）-十二酰胺（AEDA）、*n*-（3-氨基丙基）-十二酰胺（APDA）和 *n*-癸基二胺基丙烷（$RNHC_3H_6NH_2$，式中 $R=n\text{-}C_{12}H_{25}$—，简记为 DN_{12}）等阳离子捕收剂做反浮选试验。试验表明，在 pH =3 ~9 的范围内，DN_2 使高岭石的回收率高于85%，而伊利石的回收率为60%，在中性 pH 值矿浆中，用 DN_{12} 作黏土矿物的捕收剂反浮选是合适的。

用 DDA 作捕收剂时，六偏磷酸钠可以有效地抑制硬水铝石。一种用羟肟酸改性的淀粉 HA - 淀粉能够活化高岭石。据分析这是因为 HA 淀粉在高岭石颗粒间的（001）基面起絮凝桥联作用，使颗粒絮凝并减少了亲水面，如图 12-8 所示。

对河南省硬水铝石矿的反浮选条件是：磨矿细度 85% -0.074mm，磨矿后先脱泥两次，接着进行了二粗、二扫、一精浮选，流程如图 12-9 所示。用 DTAL 阳离子捕收剂，用 SFL 作分散剂。结果见表 12-14。

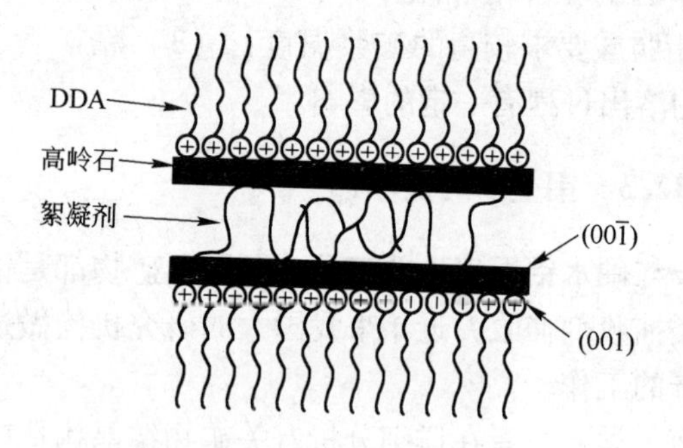

图 12-8　用 DDA 作捕收剂时，HA 淀粉对高岭石的絮凝活化作用示意图

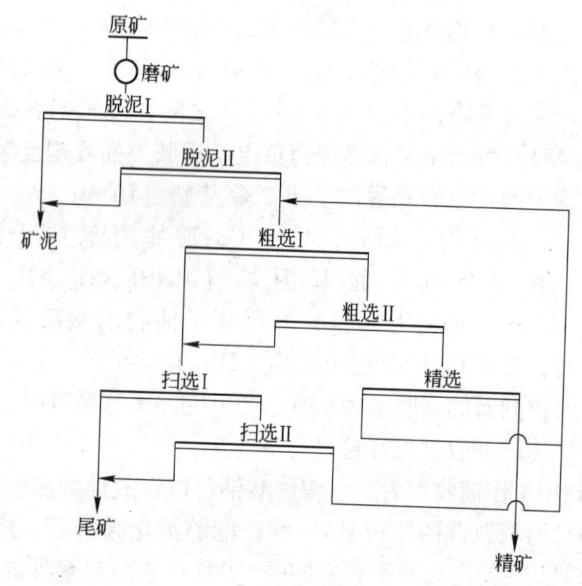

图 12-9　铝土矿反浮选扩大试验工艺流程

表 12-14　铝土矿反浮选结果　（%）

槽底精矿	产　率 γ	$\beta_{Al_2O_3}$	β_{SiO_2}	Al_2O_3/SiO_2	回收率 ε
	80.4	68.88	6.46	10.6	86.2

该反浮选的基本特点为：（1）浮少抑多，原则上更合理；（2）进入精矿的浮选药剂较少，对后面溶解过程的影响较小；（3）阳离子捕收剂 DTAL 可在不小于 5℃ 的低温下使用；（4）精矿脱水性好。

12.13 萤石浮选

12.13.1 萤石的可浮性及选矿方法

萤石的可浮性　萤石（CaF_2）属碱土金属成盐矿物，可浮性好。可用油酸、油酸代用品（如提取油脂的下脚、石油化工生产中含羧酸的副产物）、烃基硫酸盐、烃基磺酸盐、人工合成的双膦酸、两性捕收剂美狄兰（烯基-N-甲基羧酸）等捕收。为了提高油酸在低温下使用的效能，可以用增效油酸 HOL710、HOL224 或 AOS 等乳化剂。它浮游的适当 pH 值为 8 ~ 11，用碳酸钠调浆。萤石一般不易受抑制，但浮重晶石抑制萤石时，可用柠檬酸、氯化钡、铵盐等作萤石抑制剂。

萤石的浮选方法，因矿石类型而异。

（1）含硫化矿物的萤石矿　较多见的硫化矿物为铅、锌的硫化物，但湖南柿竹园多金属矿则含钼、铋的硫化物。一般先用黄药类捕收剂先浮选硫化矿物，后用油酸类捕收剂浮选萤石，同时根据影响精矿质量的硫化矿物种类，选择性地用硫酸锌、硫化钠等抑制剂抑制残存的硫化矿物。

（2）石英萤石型萤石矿　用油酸类捕收剂捕收萤石，pH 值为 8 ~9，用水玻璃抑制脉石，注意控制用量，少量水玻璃对萤石浮选有利，过量水玻璃使萤石的浮选受影响，也常将水玻璃与 Fe^{3+}、Al^{3+}、Cr^{3+}、Zn^{2+} 的离子组合使用。精矿降硅的一个重要问题是使萤石与石英充分单体分离。

（3）方解石萤石型萤石矿　用油酸类捕收剂时，萤石与方解石的分离比较难一点。但可以在合适的 pH 值下，用水玻璃、酸性水玻璃、栲胶、六偏磷酸钠、苛性淀粉、柠檬酸、木素磺酸钠、白雀树胶等抑制方解石。

如某碳酸盐萤石矿浮选，将酸化水玻璃 M 与抑制剂 Y、添加剂 A 三者组合成抑制剂，W∶Y∶A = 0.5∶0.3∶0.05，而酸化水玻璃用硫酸酸化，其配比（体积比）为 Na_2SiO_3∶H_2SO_4∶H_2O = 4∶1∶40。浮选的 pH 为 9～10，油酸 240g/t。效果较好。

（4）重晶石萤石型萤石矿　这类矿石可以采用优先浮选萤石或优先浮选重晶石的方案，也可以用先混合浮选再分离的方案。混合物浮选用碳酸钠调 pH 值，水玻璃抑制硅酸盐矿物，油酸捕收萤石和重晶石。分离时用油酸浮萤石，用木素磺酸、糊精、氟化钠、水玻璃组合剂等抑制重晶石；或在氢氧化钠调制的强碱性介质中，用烷基硫酸钠浮重晶石，用柠檬酸、氯化钡、铵盐、水玻璃等抑制萤石。

12.13.2　柿竹园矿的萤石浮选

该矿富含钼、铋、钨的矿物，萤石储量约占全国 5%。在综合回收钼、铋、钨的矿物后，用强磁选除去强磁性物质，得到浮选萤石给矿。其中主要矿物有萤石、石英、长石、方解石，此外有绿帘石、绿泥石、云母和透闪石。含 CaF_2 26.55%，SiO_2 41.76%，$CaCO_3$ 4.28%。萤石主要富集在 -39μm 粒级中，粗粒级中含有相对较多的硅质脉石和萤石连生体。萤石浮选流程如图 12-10 所示。

与一般流程比较，其特点是一粗、二精、三精都放尾矿，精选总次数多。捕收剂是改性油酸。抑制剂作过多种药剂比较：

NL 由水玻璃、硫酸铝、硫酸和羧甲基纤维素组成；

NS 由水玻璃、硫酸钠和硫酸铵组成；

NO_3 由水玻璃、01 号和 02 号三者组成。

三种抑制剂效果的比较见表 12-15。

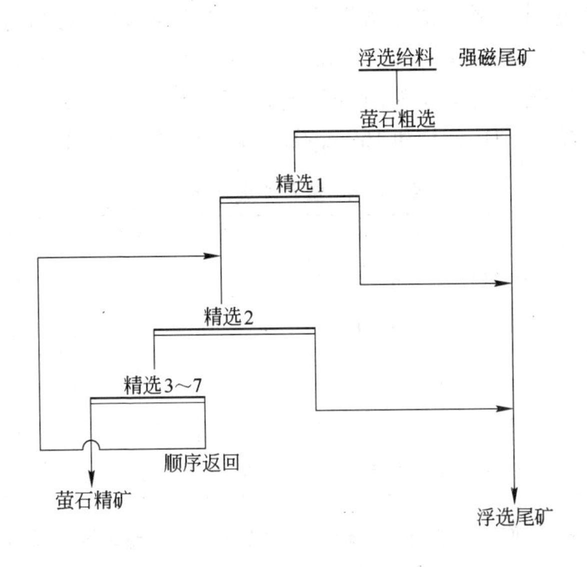

图 12-10　柿竹园萤石浮选流程

表 12-15　三种抑制剂效果比较　　（%）

抑制剂品种	产　物	产　率	CaF_2含量	回收率
NL	萤石精矿	7.65	95.86	27.87
	中矿 1-4	38.62	46.73	68.59
	尾　矿	53.73	1.73	3.54
	给　矿	100.0	26.31	100.0
NS	萤石精矿	12.60	94.52	44.22
	中矿 1-4	12.6	94.10	53.88
	尾　矿	32.90	44.10	53.88
NO_3	萤石精矿	22.25	93.95	75.16
	中矿 1-4	26.50	23.34	22.24
	尾　矿	51.25	1.41	2.60
	给　矿	100.0	27.81	100.0

在作抑制剂对比时，始终利用$\zeta=\varepsilon-\gamma$（即选矿效率＝萤石

在精矿中的回收率－萤石精矿产率）作判据来确定药剂的用量。从表12-15的萤石精矿回收率高可见NO_3最好，又根据用量和效率的关系曲线，确定在配制NO_3时，水玻璃、01和02的用量各为100mg/L、100mg/L和160mg/L。浮选结果见表12-16。

表12-16 萤石浮选结果 （%）

产品名称	产 率	CaF_2含量	SiO_2含量	$CaCO_3$含量	CaF_2回收率
粗选尾矿	60.18	0.39			2.02
精一尾矿	10.29	26.29			10.19
精二尾矿	9.79	41.72			15.38
萤石精矿	19.74	97.39	1.06	0.68	72.41
浮选给矿	100.0	26.55	41.76		100.0

对萤石精矿的组成和单体解离度分析的结果表明，萤石精矿中含各种硅酸盐矿物1%，萤石的单体解离度为97%，说明进一步提高磨矿细度和改良工艺方法，可能进一步提高指标。

12.14 磷灰石浮选

磷矿石种类繁多，有火成岩型、沉积岩型、硅酸盐型、碳酸盐型和黏土型之分，可以采用擦洗、磁选、煅烧、浮选等方法提高品位，但浮选法最重要。

12.14.1 磷灰石的可浮性

磷灰石在浮选过程中与方解石和白云石都微溶于水，可以相互转变。如

$$\underset{\text{磷灰石}}{Ca_{10}(PO_4)_6(OH)_2(s)} + 10CO_3^{2-} = \underset{\text{方解石}}{10CaCO_3(s)} + 6PO_4^{3-} + 2OH^-$$

在pH=9.3附近有一个转变点，pH<9.3磷灰石比方解石稳定；pH>9.3方解石比磷灰石稳定。磷灰石和白云石[$CaMg(CO_3)_2$]间也有类似的转变，转变的pH值为8.2～8.8。

这就使三者的分离异常困难。

浮选磷灰石的捕收剂种类较多，如油酸、塔尔油、改性氧化石蜡皂、十二烷基硫酸钠、十二烷基磺酸钠、乙基氧化膦酸盐、乙基氧化磺酸盐、磺化琥珀酸及其盐、羟肟酸、阳离子捕收剂动物脂胺醋酸盐、两性捕收剂肌氨酸等。此外也常加些添加剂（又叫捕收剂的调整剂），如烷基酚基乙氧化物、壬基酚基乙氧化物、Tween80、脂肪异醇（Exol-B）燃料油等，以改善气泡表面和捕收剂的性质，增大接触角。有一种抗硬水能在常温下浮磷灰石的捕收剂 APE，其通式为$[R_m,(OC_2H_4)_nO]_2P(O)OH$,可以抗 Ca^{2+}、Mg^{2+}影响。耐低温，pH =8 时，能将磷灰石与方解石分离。国内近年也推荐许多未公布成分的新药，如用 S-08 浮磷矿，PA-55 反浮镁，TA-03 反浮硅。

用油酸类捕收剂浮磷灰石的 pH 值约在 9 ~ 10，比抑制磷灰石的 pH 值低得多，如用硫酸将 pH 值调到 4 ~6。磷灰石可以用双膦酸盐抑制，也可以用硫酸铝和酒石酸（2：1）抑制。

浮火成岩磷灰石矿，玉米淀粉是最好的脉石矿物抑制剂。它比古尔胶、丹宁、乙基纤维素都好。

12.14.2 磷灰石的浮选方法

浮选磷灰石可用正浮选、反浮选、双反浮选、正反浮选或反正浮选。下面列举几种：

（1）火成岩型磷灰石　矿物结晶好，脉石矿物较简单，可用塔尔油、氧化石油等浮磷灰石，用水玻璃、淀粉等抑制脉石，pH 值为 10 左右，用一粗、二扫、三精流程。或用 N-取代肌氨酸在 pH 值为 8 ~ 11 时捕收磷灰石（正浮）。

（2）含碳酸盐的磷灰石浮选法之一是：在 H_2SO_4调制的酸性介质（pH 值为 5. 5 ~6）中，磷灰石可能由于表面生成 $CaHPO_4$而受抑制，用脂肪酸类浮选白云石等矿物，有的只加起泡剂就能浮出白云石（反浮）。

（3）含白云石—硅酸盐—磷灰石矿，可以用反正浮选，如用硫酸铝和酒石酸在 pH 值为 5.5 ~ 7.8 时抑制磷灰石，用脂肪酸先反浮白云石，在反浮白云石后用硅酸钠调浆，于 pH 值为 6 ~ 7时用脂肪酸类浮磷灰石（反正浮）。

（4）含白云石-硅酸盐-磷灰石矿，也可以用双反浮法，如 TVA 法。先脱去 -400 目的矿泥，脱泥矿在矿浆浓度 65% 下加双膦酸搅拌抑磷，用油酸和松油浮出白云石，再用胺从磷酸盐矿物中浮出二氧化硅（双反浮）。

（5）IMC 法。用胺缩合物先浮出二氧化硅。槽内产品脱水，在弱酸性和高固体浓度下加牛脂胺醋酸盐和柴油搅拌，用一粗、一扫和 1 ~ 2 次精选，从白云石中浮出磷酸盐矿物（反正浮）。

（6）含重晶石的磷灰石矿用 C_{16} ~ C_{18} 的烷基硫酸钠为捕收剂，聚亚烷基二醇醚为起泡剂先浮重晶石。

（7）有硫化矿时先浮硫化矿，有磁性矿物先磁选。

12.14.3 新浦磷矿浮选实例

新浦磷矿为沉积变质磷灰岩矿床，磷矿石以细粒磷灰岩为主，矿物以磷灰石、方解石和白云石为主，石英、白云母次之。选矿厂生产采用一粗二扫二精流程，调整剂为 Na_2CO_3、脉石抑制剂为 Na_2SiO_3、捕收剂为 ZX986。由于 ZX986 用量大、要加温、价贵，拟改用新捕收剂 S-08。评价流程如图 12-11 所示。

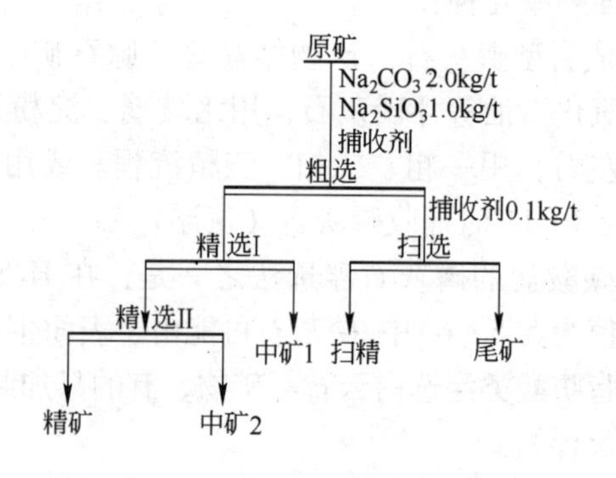

图 12-11　新浦磷矿捕收剂评价流程

新老药剂对比结果见表12-17。

表12-17　新老药剂对比　　（%，温度20℃）

药　剂	精矿产率	精矿品位 $\beta_{P_2O_5}$	回收率
S-08	54.90	38.05	83.13
ZX986	38.05	37.29	56.83

生产温度，用ZX986要求35℃，而用S-08只要20℃就可以。

12.15　可溶盐类浮选

可溶盐矿中，一般含有石盐（NaCl）、钾石盐（KCl）、光卤石（$KCl \cdot MgCl_2 \cdot 6H_2O$），此外还有钾镁矾（$KCl \cdot MgSO_4 \cdot 2.75H_2O$）、无水钾镁矾等。浮选分离盐类矿物中，钾石盐和石盐的分离最受人注意。先看表12-18中有关离子的数据。

表12-18　26℃时，电解质溶液中几种离子水化作用的特性

[据刚切罗夫（Goncharov）等]

离　子	半径/μm	ΔE/kJ · mol^{-1}	水化能/kJ · mol^{-1}
Na^+	0.95×10^{-3}	+2.345	422.9
K^+	1.333×10^{-3}	-1.507	339.1
Mg^{2+}	0.65×10^{-3}	+3.350	1943.9
Cl^-	1.81×10^{-3}	-0.879	351.7

由于Na^+的半径小，Mg^{2+}的价数高，带有高密度的电荷有正的短程水化作用；而K^+和Cl^-离子半径大，电荷密度小，有负的水化作用。钠镁离子水化壳中水的迁移率低，接触角小；而钾离子的离子半径大，水化壳中水的迁移率高，在小于26℃的温度下，钾盐接触角比钠盐的接触角大。大于27~28℃两者的接触角相等。在捕收剂的使用上两者也不同。钠盐用烷基吗啉作捕收剂，而钾盐用烷基胺作为捕收剂。

世界各地有许多组成不同的可溶盐矿床，加工方法各异。我国主要以光卤石为原料生产氯化钾。生产氯化钾有热溶，冷结晶分离和正浮选（浮氯化钾即钾盐）、反浮选（浮石盐）等方法。下面介绍正反浮选的要点。

12.15.1 石盐浮选

以前通过光卤石加热至95～100℃溶浸，然后冷结晶分出KCl的方法，燃耗高，设备腐蚀大，现在研究先反浮NaCl，再从其尾矿中正浮KCl的方法。

浮选NaCl，在18～20℃时，用十六烷基吗啉($OC_4H_8NC_nH_{2n+1}$)作捕收剂,比十四到二十烷基的其他吗啉更好，泡沫产品中石盐的回收率更高。而以乙二醇酯为基础的起泡剂V-1作起泡剂最好，V-1能改善烷基吗啉水溶的胶体性质，促进烷基吗啉在石盐上的吸附，使捕收剂的用量降低1/3～1/2，并降低烷基吗啉在液相中的残留浓度。

石盐浮选前预先脱泥，使矿泥含量降至2.9%，用KS-MF作抑制剂，C_{16}和C_{18}烷基吗啉作捕收剂，V-1作起泡剂处理矿泥，可使70%～75%的细粒级石盐回收到泡沫产品中，使经过选矿处理的细粒矿石中的KCl含量增加到48%～51%，改善钾盐的浮选指标，降低其捕收剂和抑制剂的用量。

12.15.2 钾盐浮选

钾盐浮选可用C_{16}到C_{18}的脂肪胺作捕收剂；用乙二醇酯作起泡剂，能促进烷基胺对钾盐的捕收作用，能降低捕收剂的用量，使钾盐的浮游粒度从-0.55mm增至-0.70mm；用KS-MF（俄文为KC-MΦ，是一种由尿素和甲醛缩合成的药剂）作抑制剂，其效果与古尔胶接近，但比古尔胶便宜得多，用它比用羧基甲基纤维素、糊精、木素磺酸盐都好。它不与胺作用，可以降低矿泥对胺的吸附量50%～60%。降低胺用量20%～25%，提高KCl的回收率1%～2%。由于矿泥对过程的影响很大，必须先脱泥。见图12-12所示。

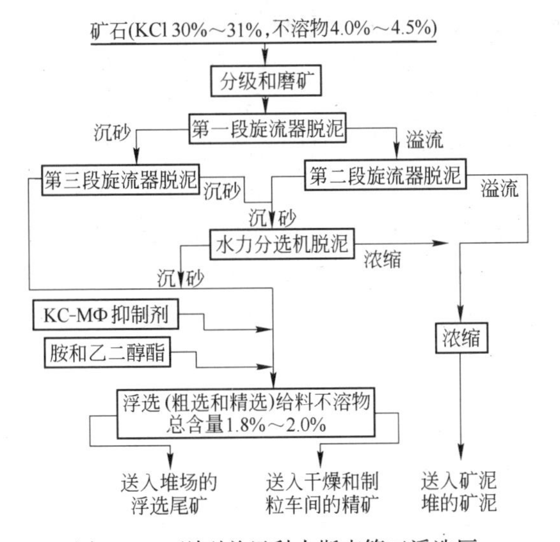

图 12-12　别列兹里科夫斯克第三浮选厂
钾盐浮选的工艺流程
（胺的用量 80g/t；KS-MF 用量 50～100g/t）

12.16　煤泥和石墨浮选

煤和石墨都是以碳为主要成分的矿产，因为它们的成分以碳为主，都有较好的可浮性。但采出的煤中常常夹有许多大块矸石和粗粒黄铁矿等杂质，选煤排除灰分和硫以重选为主，洗煤厂排出的煤泥才用浮选。石墨加工中，浮选则是初步提纯（纯度提到95%左右）的主要方法，最后提纯要用化学浸出。

12.16.1　煤泥浮选

煤是复杂有机化合物的混合物，其煤岩组成可分为丝碳、暗煤、亮煤和镜煤，它们的外观不同，成分略有差异。依照煤的使用特点，可以分为表 12-19 中的牌号，它们的接触角稍有不同。

表 12-19　各种煤的接触角

煤 别	长焰煤	气 煤	肥 煤	焦 煤	瘦 煤	贫 煤	无烟煤
接触角	60°～63°	65°～72°	83°～85°	86°～90°	79°～82°	71°～75°	73°

从表可见煤的接触角比黄铁矿等金属矿物高，易浮。但煤在自然界或矿物加工中，会氧化，表面生成氧化物或孔隙，伴生的泥页岩、黏土等在选矿过程中会泥化，影响浮选。

煤泥浮选的目的一方面是脱除不可燃的灰分（包括方解石、石英、黏土），另一方面是要尽可能减少其中的含硫量。但煤中的硫有无机硫和有机硫两类，前者如成煤树木中的硫，后者如黄铁矿、白铁矿、石膏及其他硫酸盐，有机硫更不易除去。

浮选煤的捕收剂　主要是煤油、轻柴油及一些新的合成药剂。

（1）煤油　主成分为 $C_{11} \sim C_{16}$ 的烃类，分馏温度 200 ~ 300℃。由不等量的烷烃、环烃和芳香烃组成。性能略优于轻柴油，而价格高于轻柴油。

（2）轻柴油　烃链中含 15 ~ 18 个碳，分馏温度为 165 ~ 365℃，除了含碳氢化合物以外，还含少量的硫、氮、氧的有机化合物和金属化合物。

煤油和轻柴油由于原料和加工方法不同，组成和浮选活性也不同，裂化法所得的产品比直馏法所得的产品浮选活性高一些。

此外有几种合成或按比例混合成的产品。如：

（1）FS-202　是以直馏煤油为原料，经加氢脱蜡提取正构烷烃后的抽余油，也叫脱蜡煤油，浮选用量比煤油低 40% 左右。但来源有限。

（2）FS-201　其主成分为轻质烷基苯，浮选用量比煤油低 30%。

（3）MZ 系列药剂　主要组分是八到十三碳的烷烃、芳香烃、脂肪醇及少量其他成分。系黄棕色透明液体。密度为 0.88g/mL。具有多种浮选药剂的功能。以捕收剂的功能为主，兼有起泡剂、分散剂和增溶剂的作用。它有下列四个品种：

1）MZ-101　适于选别难浮、高灰、细泥较少的煤；

2）MZ-102　适于选别易浮、高灰、细泥较多的煤；

3）MZ-103　适于选别难浮、高灰、细泥中等的煤；

4）MZ-104　适于选别难浮、高灰、细泥较多的煤。

（4）OC 添加剂　是一种含有多种官能团的非离子表面活性剂。其外观为黑褐色黏稠液体。密度为 0.92 ~0.94g/mL。

其中有的官能团，可以和煤表面氧化后生成的含氧基团（如—COOH）作用，主要用于浮选受氧化的煤。

（5）FX-127　由工业副产品和其他原料组成。为淡黄色至暗红色油状液体，密度约 0.87g/mL。兼有捕收和起泡性能。几种合成药剂的工业对比指标见表 12-20。

表 12-20　几种药剂浮选煤泥指标对比　（%）

选煤厂名	药剂种类	药剂用量 /g·t⁻¹	精煤产率 γ	精煤灰分 A	尾煤产率 γ	尾煤灰分 A	入料灰分 A
芒岭选煤厂	FS202/GF	1100	78.13	10.23	21.87	51.10	19.17
	煤油/GF	1800	75.59	10.32	24.41	47.07	19.29
	MZ/GF	520	79.35	10.31	20.65	52.77	19.08
邯郸选煤厂（氧化煤）	煤油 + OC4%	2060	66.81	11.28	44.03		
	+ 杂醇油(起泡剂)	196					
	煤油 +	1400	76.27	11.20	54.06		
	+ 杂醇油	112					
邯郸选煤厂	GF	1814	22.61	10.93		50.60	18.12
	FX-127 + 煤油	1343	22.31	10.51		46.45	16.95

浮选煤泥的其他药剂种类较少，起泡剂可以和浮选其他矿石相同，pH 值一般用中性或弱碱性，要防止黄铁矿上浮最好用石灰调整。

浮选流程通常较为简单，最简单的用六槽一次粗选就可以。稍为复杂一点的加一次精选或一次扫选。

12.16.2　石墨浮选

石墨本身疏水性强，原则上用与浮选煤相似的捕收剂进行正浮选，如果反浮选，捕收剂可以根据反浮选的脉石不同进行选择。起泡剂可用松醇油、醚醇或其他。调整剂可用石灰、碳酸钠、水玻璃等。

由于石墨本身易浮、硬度小容易过粉碎，对精矿的质量要求高而且粒度粗的好，所以常用多次再磨再选，多次精选的流程。再磨次数可达 3 ~4 次，精选次数可达 5 ~6 次。然而浮选精矿品位还只能达到 95% 左右。要生产做润湿剂一类的高纯石墨，必须用酸浸的方法作化学方法处理。

12.17 板状大洋富钴结壳浮选

为了实现富钴结壳与基岩的分离，以 YHS 为捕收剂，TH 为调整剂，松醇油为起泡剂，分别加于图 12-13 所示的地点。

浮选指标：

原矿品位 $\alpha_{Co} = 0.312\%$；$\alpha_{Mn} = 13.86\%$；

精矿品位 $\beta_{Co} = 0.44\%$；$\beta_{Mn} = 19.54\%$；

回收率 $\varepsilon_{Co} = 96.46\%$；$\varepsilon_{Mn} = 96.52\%$。

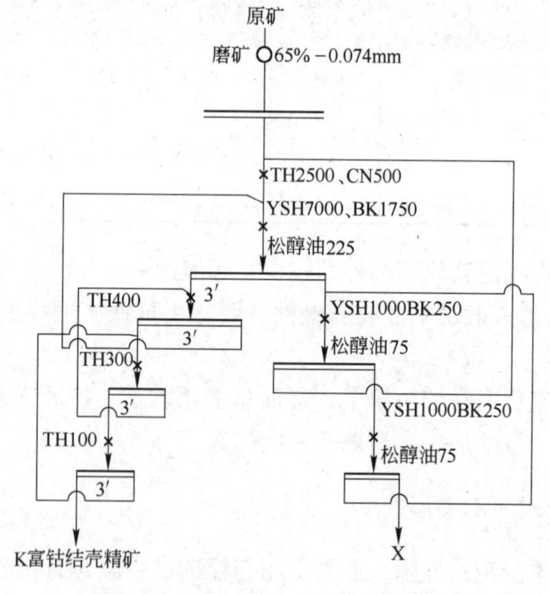

图 12-13 大洋板状富钴结壳浮选流程

13 浮选在环保中的应用

13.1 三废的存在及其危害

由于人口数量不断增加，现代文明对生活的质量要求越来越高，人类对资源的需求不断扩大，一方面资源紧缺，另一方面矿山、冶炼厂、油田、离岸平台、工厂和生活区产生的废渣、废水、废气不断增加，使空气、生活用水甚至粮食、蔬菜、鱼肉都受污染，给人们的生活和健康带来诸多痛苦和不适，给人类和生物界的生存造成极大的危害。因此如何处理好三废并使资源再生是当今人类的重大课题。在三废治理中，磁选、浮选、重选都有其特殊的作用，而浮选的作用更为广阔。下面介绍一下浮选在有关方面的作用。

13.2 浮选在矿物加工以外的用途

从本书的前面已经知道，浮选是以化学原理为基础对细粒物料进行分离的方法。由于它可以利用药剂改变物料的表面性质，有比较高效的设备，处理量大，生产费用低，所以用途很广。可以用于：

（1）分析化学；

（2）蛋白质分离；

（3）处理废照相显影液；

（4）除去气味；

（5）收获和除去藻类；

（6）分离和回收有机体；

（7）回收和分离塑料；

（8）提纯鲜果液；

（9）除去硫化染料、种子壳、血清、树脂、橡胶和蔗糖中的杂质；

（10）对废纸脱墨；

（11）分离微生物及虫卵；

（12）清洗土壤；

（13）回收和除去水中的金属离子；

（14）除去水中的油污；

（15）除去水中的悬浮物；

（16）处理老尾矿；

（17）回收炉渣和浸出渣中的有价金属；

（18）分离煤灰中的碳及微珠。

13.3 处理废水的浮选设备

常规浮选和废水处理中的浮选有如下的区别：

（1）一般浮选处理的矿粒较粗，气泡直径常在 300～1500μm 以上；而废水处理中的颗粒很小，甚至是胶体，要求气泡直径小于 100μm；

（2）水处理中要浮游的通常是团聚的胶体，应避免剪切速度过高；

（3）一般浮选矿浆中固体含量常在 20% 以上，而废水处理中固体含量很低，甚至没有固体；

（4）分离的相不同，一般浮选要分离的是固 1/固 2/液，而水处理中分离的是固体/液 1/液 2 或液 1/液 2；

（5）矿物浮选中要求形成稳定的泡沫层，而水处理中不一定要求形成稳定的泡沫层；

（6）矿物浮选中一般有可观的经济效益，而水处理中不一定能增加收入，往往要增加成本。

处理老尾矿、炉渣、浸渣等物料的粒度与一般浮选差别不大，使用的设备也和前面讲的一样。处理废水时由于其中的固体颗粒微细，要求浮选过程的气泡微小，所以浮选设备与前面有较大的不同。废水处理中按其发生气泡的方法不同有下列几种：

（1）电解生泡法（EF）：是用两个电极将稀溶液电解产生气泡。用铝板或钢板作电极，通入5～10V的直流电，产生H_2、O_2和CO_2气泡。该法已用于从水中除去离子、颜料和纤维。优点是处理的水透明，缺点是处理能力低，散发出气泡，费用高、维修量大，产生的渣的体积大。

与此相关的有铝电极的电解凝结—浮选法（ECF）。用该法从阳极释放出来的铝离子，引起凝结，而铝阴极上产生的氢气泡使凝结的絮团浮游。实验室小试证明：在处理有颜色的水时，ECF法比常规硫酸铝凝结法好。在铝用量相同时，ECF法可多除去20%的可溶有机物。

（2）加压溶解空气浮选法（DAF）：是处理废水广泛应用的一种方法。是在200～400kPa下使水预先被空气饱和，通过针形阀或特殊的孔使水被气体超饱和，减压后生成直径为30～100μm的气泡群。有时也加入适量的起泡剂。该法已在以下领域得到应用：

1）精炼厂废水净化和废水回收；

2）分离饮用水中的固体和其他物质；

3）渣的浓密和生物絮团分离；

4）分离和除去离子；

5）处理超细矿物；

6）除去固体有机物：

7）除去可溶油和有毒的有机物；

8）除去水中的藻类；

9）除去贾第虫卵囊和隐孢子虫卵囊。

由处理水的浮选槽和气体饱和器组成的常规DAF机组见图13-1所示。

（3）喷射浮选（NF）：基本原理及其优缺点，在前面FJC充气器部分已有介绍。利用文丘里管喷射原理配合不同的槽体，可以制成多种不同的浮选设备。如高的一般浮选柱，矮一点的

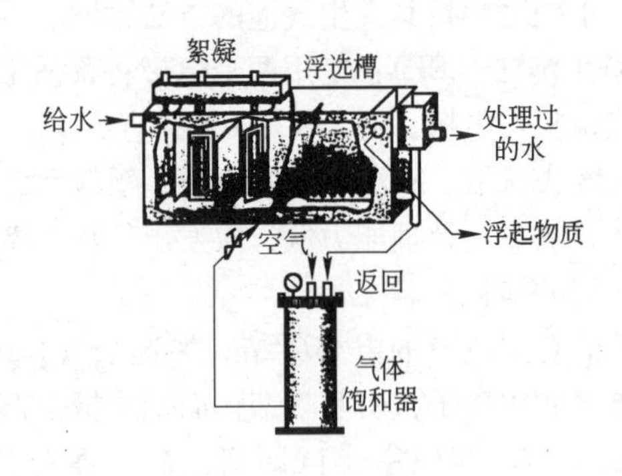

图 13-1　DAF 机组

VOS 槽，更矮的杰姆逊（Jameson）浮选机，本节讲的喷嘴浮选、微槽（Microcell）柱、IAF 柱（IAF 意即引入空气浮选法，如在充气式浮选机和浮选柱中浮选）等，它们工作原理大同小异。下面介绍两种喷射浮选：

1）喷嘴喷射浮选（NF）：应用吸气的喷嘴（由喷射器和送风管组成）将气体吸入处理水中，然后排入浮选槽，见图13-2所示。在水气混合物中产生 400 ~ 800μm 的气泡。它专用于油水乳浊液分离和有金属的含油废水处理。

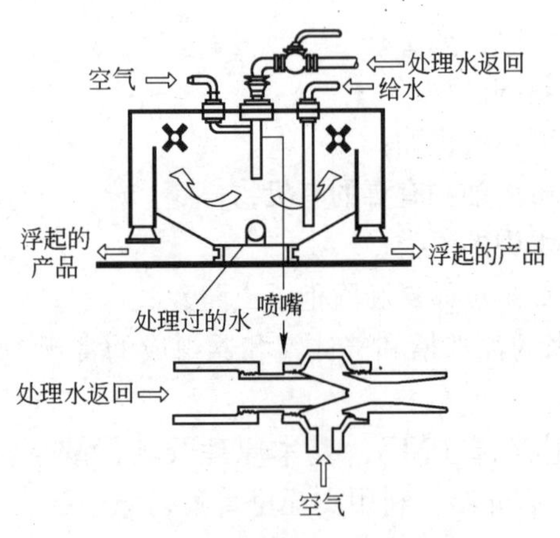

图 13-2　带喷嘴的浮选装置

2）VOC 油水分离柱（见图 13-3）：工作原理与带多个喷射器的浮选柱相似。只在上部有积油填料层和撇油器取代泡沫层，最上方有废气罩。

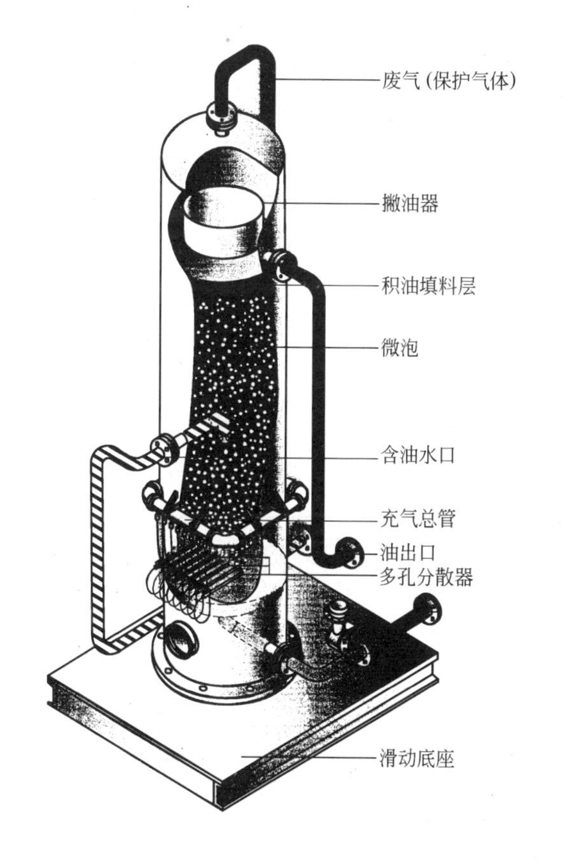

图 13-3　VOC 油水分离柱

（4）离心浮选（CF）：即在离心力场中浮选，其分离器可以是水力旋流器或图 13-4 中的圆柱形气泡室。可注入空气或压缩充气（静态混合或喷嘴），产生直径为 100 ~ 100μm 的中等尺寸气泡。有两种形式：

一是喷射旋流器（ASH）空气通过充气器的多孔管壁喷射

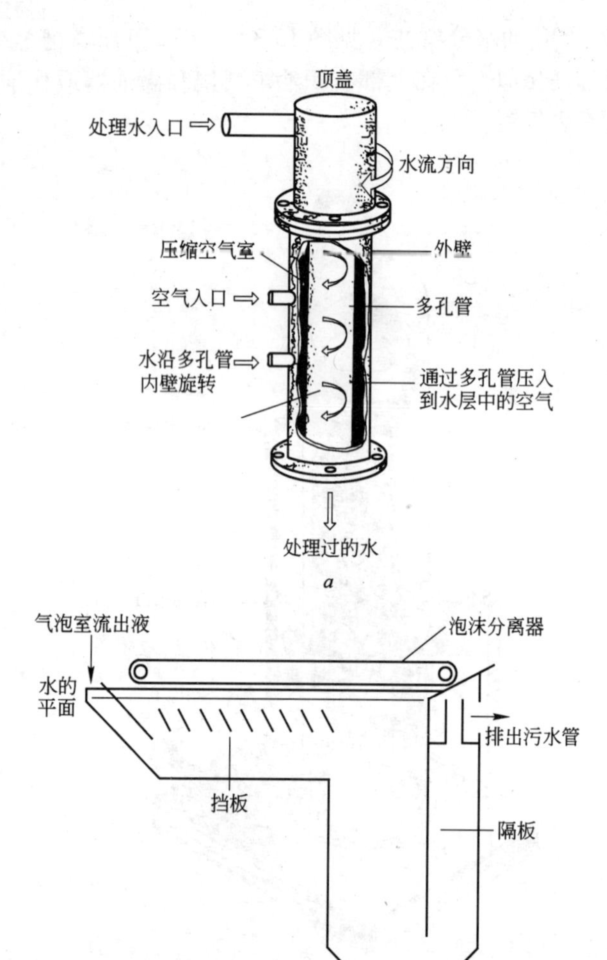

图 13-4　BAF 浮选的气泡室和浮选槽

a—BAF 浮选法的气泡室结构；*b*—BAF 浮选槽的截面图

出来，被高速漩涡液流剪切成大量的小气泡，研究证明 ASH 中产生气泡的平均半径为 50 ~ 150μm，最小的气泡半径为 10μm。和 DAF 法相比，其优点是引入的空气量比 DAF 法大很多，DAF

法所用的空气与水的最大体积比 为0.15∶1,而 ASH 法引入空气与水之体积比为(2 ~ 100)∶1 。

它可用于除油和解决生化需氧量问题。有报道说在用酸化—挥发—再生（AVR）法处理氰化厂贫液中用它代替汽提塔效果显著。见图 13-4。即在 AVR 法中用硫酸酸化含氰化物的贫液，使 NaCN 转化为 HCN 气体，用 ASH 吸收。

二是气泡加速浮选系统（BAF），如图 13-4 所示。其气泡室的工作原理是：处理水从气泡室（BC）的头部切线方向引入，产生离心加速度，沿多孔管壁旋转，而低压鼓风机以比水压稍大的压力将空气压入多孔管内的液流中，由于离心液流的切割和管子孔隙的切割作用，产生微泡。又由于漩涡层中有径向压力梯度，这些气泡加速流向漩涡层的内表面。在一般作业中，漩涡层的加速范围为 25 ~ 1000 倍的重力加速度。这种离心力不仅使气泡上浮产生径向加速度，也使比水密度大的粒子起分级作用。水在 BC 中的停留时间只有十分之几秒。在这短时间中，穿过厚度约 1cm 而且轴向均匀的漩涡层（BC 直径约 15cm），并与水中的粒子碰撞形成气泡-粒子集合体，由于轴向均匀，比在一般旋流器中，泡沫与粒子有更高的碰撞几率。喷入气体的另一个作用是能清洗多孔管，防止它结垢和堵塞。由于气体运动速度非常高，使水中的挥发性有害物质随之挥发。

气泡室排出的水可以进入另一个浮选槽（图 13-4*b*）处理。这种槽可被视为两部分组成。第一部分是入口倾斜的浅水槽，较大的气泡有在此上升的趋势，而倾斜挡板可阻止大气泡上升造成紊流。水流沿斜面进入槽子的较深部分——第二部分。在深槽部分，水流流过的横截面大于浅槽的横截面，这使水流速度变小而气泡-粒子集合体的上升速度最大，有利于集合体在隔板前排到泡沫分离器一侧。排完集合体的净化水，从隔板底下穿过从右上方排出。在槽中简单地插入一块以上的隔板就可以进行多段加工。由于喷入的气体量大，净化水的速度非常高。BC也是聚合物和表面活性剂的高效分散器。聚合剂、凝结剂、絮凝剂和洗涤剂，可在水的切线引入点直接加入，加入后瞬间就可与污染物混合，不需要复杂的混合系统。经验证实，用BC可获得比其他浮选系统更优异的絮凝强度、高泡沫固体含量以及从水中除去污染物的高速率。表13-1是BAF浮选系统的工业数据。

表13-1　带气泡室的BAF浮选系统工业数据

项　目	BC系统给料	BC系统排料	脱除率/%
食品加工厂废水			
总悬浮固体	2350×10^{-6}	50×10^{-6}	98
化学需氧量	5093×10^{-6}	873×10^{-6}	83
脂肪酸、油类和油膏	3100×10^{-6}	13×10^{-6}	99
网板印刷车间废水			
总悬浮固体	168×10^{-6}	36×10^{-6}	79
铜	0.70×10^{-6}	0.32×10^{-6}	56
制造、汽车和金属精加工废水			
总悬浮固体	10000×10^{-6}	500×10^{-6}	95
化学需氧量	48000	14000	71
锌	200×10^{-6}	20×10^{-6}	90

（5）空穴空气浮选（CAF）：见图13-5。用一个旋转盘做充气器，它将周围环境中的空气抛向轴的下面，直接将微泡注入水中（目前对于这种浮选法的基础理论还不很了解）。CAF已应用于食品工业中，特别是牛奶、颜料和制革工业中，除去悬浮的固体、脂肪、油、油脂和COD（化学需氧量物质）。

（6）FF絮凝浮选机：如图13-6所示。该机是用空气泡的新型紊流在线絮凝装置，它可产生充气的絮团。仅在高分子聚合物和气泡存在而且絮凝器中有高剪切作用时，才能形成这种浮选速度快的絮团。空气由顶部侧面进入离心浮选槽，絮团在几秒钟内浮起。充气的絮团尺寸很大，直径为几毫米，但密度较低。

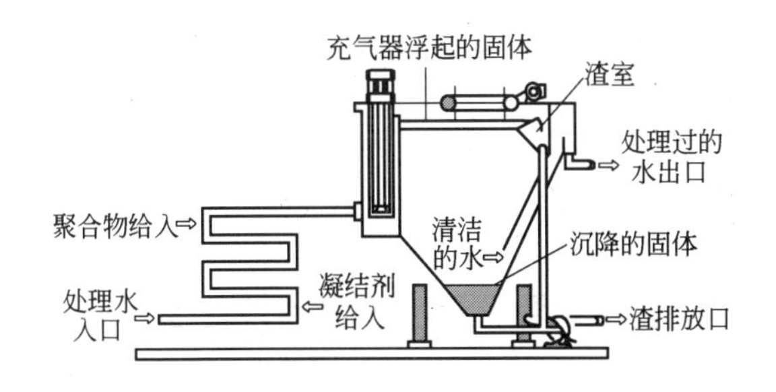

图 13-5　CAF 浮选装置

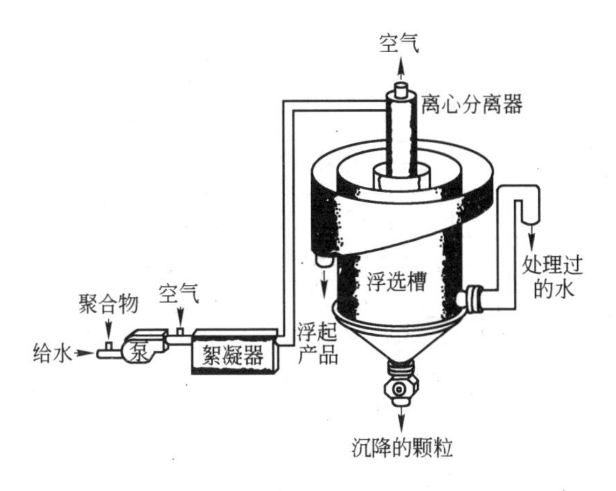

图 13-6　FF 絮凝浮选机

（7）电化学 pH 值调节器：由俄罗斯化工技术大学研制。用于从污水中回收有色金属离子。设备如图 13-7 所示。

溢流挡板 1 将槽体分为三区。刮板机构 8 和电机减速器 7 构成矿泥收集装置。借助离子交换膜 17 分隔阳极槽 5 和阴极槽 18。污水进水管 4 安装在阴极槽 18 的下部。在阳极槽 5 中安装有电解液进入管 3 和电解液排出管 6。为提高设备处理能力，电化学浮选净化室分隔板 13 分成两个独立的部分。两个梳状组合电极（阴极 16 和阳极 15）分别安装在两个浮选净化室中。电极板 15 和 16 由阴极耐腐蚀钢和不溶氧化物电极 ОПТА、ОКТА、

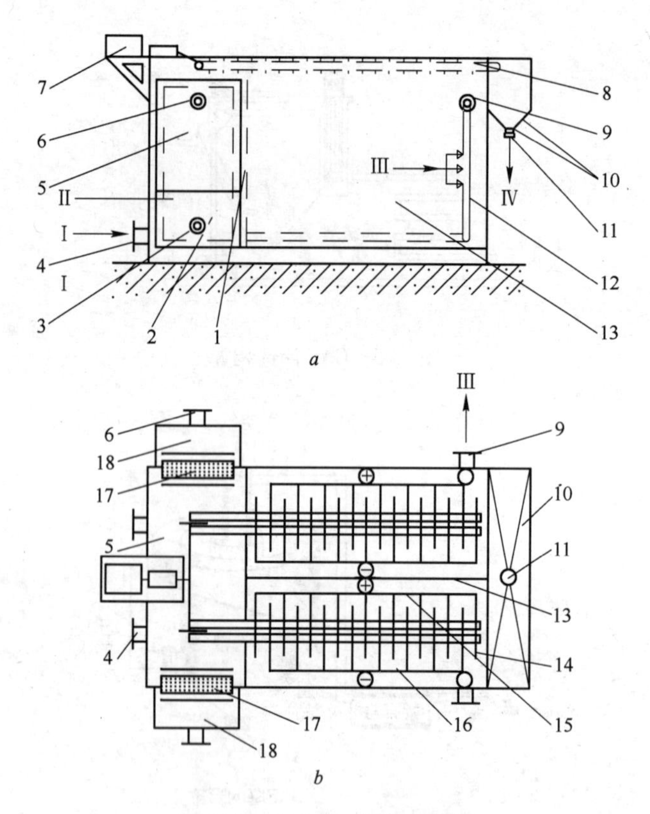

图 13-7　电化学 pH 值调节器

a—电化学 pH 值调节器侧视图；*b*—电化学 pH 值调节器俯视图

1—溢流挡板；2—pH 值调节器；3—电解液进入管；4—污水进水管；5—阳极槽；6—电解液排出管；7—电机减速器；8—刮板机构；9—出水管；10—泡沫收集箱；11—泡沫污泥排出口；12—集水管；13—电化学浮选净化室分隔板；14—浮选净化室；15—组合电极板 A；16—组合电极板 B；17—离子交换膜；18—阴极槽；

Ⅰ—污水；Ⅱ—阳极电解液；Ⅲ—已净化水；Ⅳ—泡沫污泥

ТДМА 组成，钛基体表面上涂有 Ti、Ru、Mn 和 Co 的氧化物的活性混合层。电极板的结构特点是，它由竖直安装的穿孔阴极和阳极组成。设备用两个电源供电，一个电源供 pH 值调节器使用，输出的电压为 48V，电流强度 400A。另一个电源供电化学浮选净化设备使用，输出工作电压12V，电流强度100A。

电化学pH值调节器的设备工作方式如下：在处理酸性污水时，污水Ⅰ进入图未示出的储存器中，用泵通过污水进水管4输送到电pH值调节器的阴极槽18中，用MA-40型离子交换膜17将阴极槽18与阳极槽5隔开。在阴极槽中，由于氢离子在阴极上还原，污水碱化，使其pH值达到生成氢氧化物和发生颗粒聚集所需的pH值。同时阴极电解析出的氢气，将金属氢氧化物的分散相浮出。在电化学浮选净化室中水继续净化，在组合电极板15上，电化学反应产生的气泡使氢氧化物颗粒浮游。净化过的液流Ⅲ进入集水管12，该集水管可保证液体充满设备，使其具有恒定的水位，净化过的液流经出水管9从设备中排出。在电化学浮选过程中，浮在液体表面上的污染物形成泡沫层，被刮板机构8刮到泡沫收集箱10中，此泡沫产品Ⅳ经泡沫污泥排出口11从设备中排出。在阳极槽中形成的酸性阳极电解液Ⅱ，可用于将净化过的水的pH值调到7~8，或用于其他工艺中。

pH值调节器可同时实现四个功能：使污水的pH值达到生成金属氢氧化物所需要的值；使气泡饱和溶液；使离子通过离子交换膜脱盐；以浮选矿泥的形式除去液体中的分散相。其最重要的作用是调整溶液的pH值，保证能生成金属的氢氧化物。

和用化学药剂调节pH值相比，该法有很大的优点。它不用稀缺的药剂，可防止残余的酸碱离子再污染水；电解的结果改变了水的理化性质，保证了它的活性。这种水有较好的脱脂性和生物活性，用途广泛。

设备使用连续工作制度，可以从污水中提取Cu^{2+}、Ni^{2+}、Zn^{2+}、Cd^{2+}、Cr^{3+}、Fe^{3+}、Al^{3+}、Sn^{4+}等金属离子。可单独提取它们，也可以在初始浓度为20~300mg/L时混合提取它们。净化后80%的水可以在工艺中循环利用。净化碱性污水时80%~85%的碱可以再生。水中金属的残余浓度为0.5~5.0mg/L，处理时间为15~20min，净化程度为90%~95%。单位能耗小于3.5kW·h/m^3。设备外形尺寸1400mm×1000mm×1115mm。

（8）电化学浮选-过滤器：也由俄罗斯化工大学研制。是废水深层次净化用的另一种设备，它利用电化学浮选和吸附的联合作用，来除去污水中的有害物质。前者用于除去污水中的悬浮物和胶体颗粒，后者是用活性炭的吸附与过滤作用，除去污水中的某些离子与有机物，并降低水的色度。

电化学浮选过滤器如图13-8所示。是用丙烯制的矩形槽，用挡板1分成两部分。每一部分用挡板2，3分成粗净化槽16、细净化槽6和吸附净化槽7。每一部分都有阴极组9和阳极组8。吸附净化槽中有活性炭过滤器。过滤器的高度为800mm。设备的电源为直流电，经导线10输入。

设备工作方式如下：污水Ⅰ经污水进水管11送到粗净化槽底部，依靠气液紊流使气液间的物质充分交换形成浮选颗粒。接着，初步处理过的水，溢过竖立的挡板2流到细净化槽6中，在其中形成稳定的泡沫层，经电极组净化过的水经挡板3底部的孔进入吸附净化槽7中，在其中吸附和过滤。已净化水Ⅳ经净化水排出管5排出。浮选矿泥被刮板刮入泡沫收集槽14中，经泡沫排出管13排出。由于金属羟基磷酸盐的溶解度比金属氢氧化物小，故将磷酸盐的碱性溶液Ⅱ经药剂进入管12送入电化学浮选过滤器中，以期得到含金属离子浓度更低的净化水。

使用电化学浮选—过滤器，可以使水中的有色金属离子浓度降到0.05～0.1mg/L，水的硬度降到0.05～0.1meq/L，有机物含量降到30～50mg O_2/L。净化过的水可以作为设备冷却水、循环水或养鱼用水。净化时电能的消耗为0.2～0.5kW·h/m^3。药剂消耗为1～5g/m^3。设备外形尺寸为2100mm×115mm×1500mm。2004年前，研制单位已在此基础上研制出了新型电渗析器。

上述的DAF和IAF法在化纤工业（如腈纶）的除氰污水处理中，常简称之为气浮。在其他工业中，根据使用时的某些工艺特征不同，也常用不同的名称。如离子浮选、沉淀浮选、吸附颗粒浮选、载体浮选、FF型絮凝浮选等。

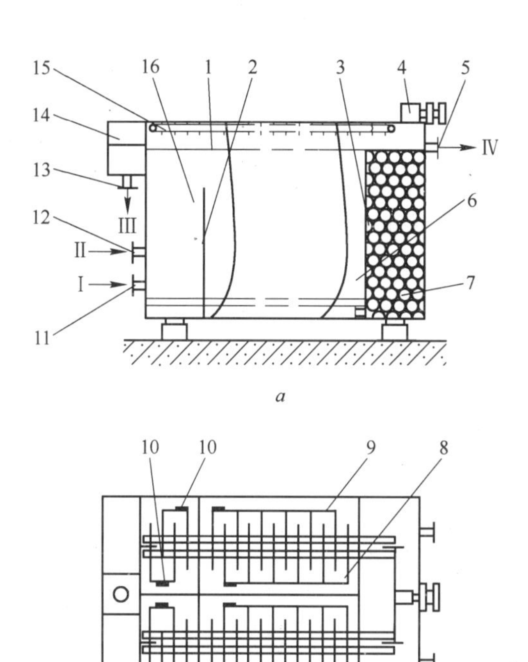

图 13-8　电化学浮选过滤器

a—电化学浮选过滤器侧视图；*b*—电化学浮选过滤器俯视图

1，2，3—挡板；4—电动机；5—净化水排出管；6—细净化槽；

7—吸附净化槽；8—阳极组；9—阴极组；10—导线；

11—污水进水管；12—药剂进入管；13—泡沫排出管；

14—泡沫收集槽；15—刮泡机构；16—粗净化槽；

Ⅰ—污水；Ⅱ—药剂；Ⅲ—浮出的泡沫；Ⅳ—已净化水

13.4　浮选在处理废水中的应用举例

（1）离子浮选：就动力学的性质而言，离子浮选处于液体萃取法的水平，就有机物的损失量来说，它接近于离子交换法的水平，在溶液中金属离子浓度很低，从小于 1mg/L 到几百 mg/L 的情况下都能进行。离子浮选法的生产能力比凝聚和沉淀法要高

4 ~6 倍，所需场地面积小，缺点是药剂再生比较困难。

它能在适当的 pH 值下使金属离子变为 $Me(RCOO)_2$ 皂的形式捕收。随后再通过活性炭过滤器苯乙烯过滤的方法再净化污水，有可能使残留的有色金属离子浓度降至 0.1 ~0.6mg/L。

文献介绍的离子捕收剂有脂肪族羧酸、环烷酸、烃基 R 的 $C_n > C_{16}$的蜡、烷基硫酸盐、烷基磺酸盐、黄药、硫氮、螯合剂（有 OH、—SH、═N—、═S、═O 的药剂）季铵盐等，其中烷基羧酸、环烷酸类用得最多，其次是烷基硫酸盐和烷基磺酸盐。下面介绍几种结构较特殊的药剂的结构式。

	结构式顺序号
1）环烷酸	Ⅰ
2）1，2-二乙酰肼（ДАГ）	Ⅱ
3）羧酸酰肼（ГКК）	Ⅲ
4）甲基羟基双膦酸	Ⅳ
5）苄胺	Ⅴ
6）2，4，6-三（2-吡啶基）1，3，5-三氮杂苯	Ⅵ
7）季铵碱	Ⅶ
8）4-苯胺基硫的络合物	Ⅷ
9）四亚甲基二硫代氨基甲酸盐	Ⅸ

它们的结构式如下：

①环烷酸

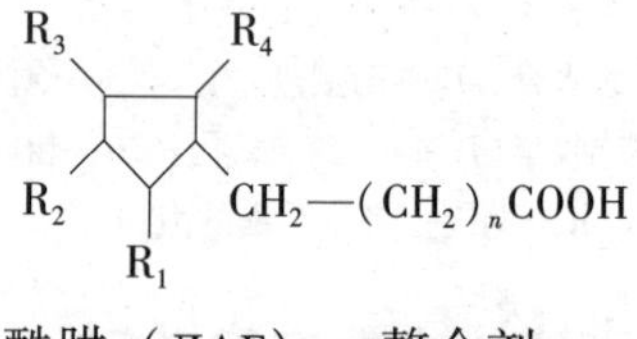

R₃ R₄ R₂ R₁ $CH_2—(CH_2)_nCOOH$ （Ⅰ）

②1，2—二乙酰肼（ДАГ）—螯合剂

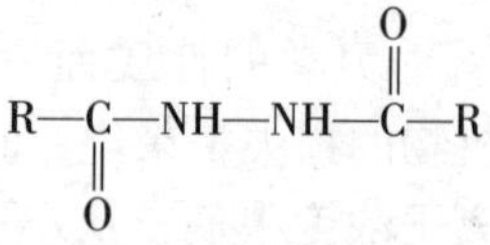

$$R—\overset{\overset{}{}}{\underset{\underset{O}{\|}}{C}}—NH—NH—\overset{\overset{O}{\|}}{C}—R \qquad (Ⅱ)$$

R 为 C_2H_5 ~ C_5H_{11}

③羧酸酰肼（ГКК）—螯合剂

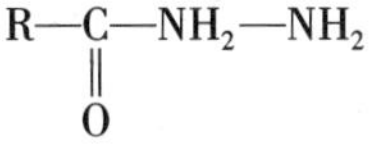

$$R-\underset{\underset{O}{\|}}{C}-NH_2-NH_2 \tag{Ⅲ}$$

R 为 $C_8 \sim C_9$

④甲基羟基双膦酸

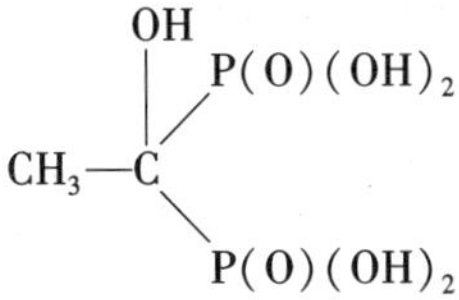

$$CH_3-C(OH)(P(O)(OH)_2)_2 \tag{Ⅳ}$$

⑤苄胺

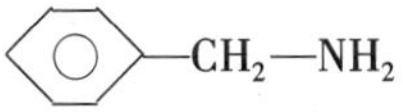

$$C_6H_5-CH_2-NH_2 \tag{Ⅴ}$$

⑥2，4，6（2—吡啶基）1，3，5 三氮杂苯

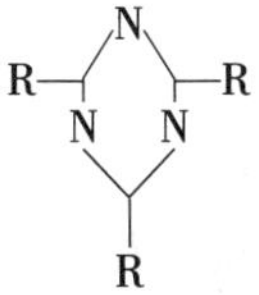

$$C_3N_3R_3 \tag{Ⅵ}$$

⑦季铵碱

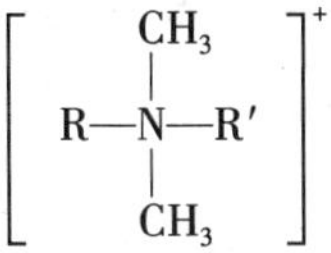

$$\left[R-\underset{CH_3}{\overset{CH_3}{N}}-R'\right]^+ \tag{Ⅶ}$$

R 为 $C_{18} \sim C_{20}$烷基，R^-为丙烯基、CH_3、$C_{10}H_{37}$或苄基

⑧苯胺基硫的络合物（浮海水中的钯）

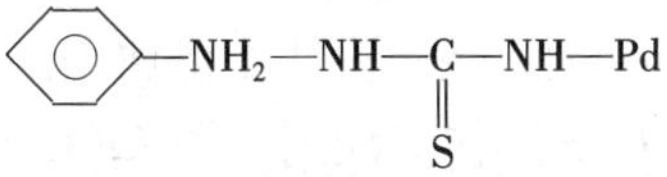

$$C_6H_5-NH_2-NH-\underset{\underset{S}{\|}}{C}-NH-Pd \tag{Ⅷ}$$

⑨四亚甲基二硫代氨基甲酸盐

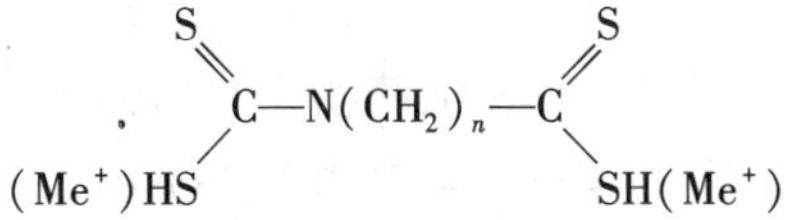

$$(Me^+)HS-\overset{S}{\overset{\|}{C}}-N(CH_2)_n-\overset{S}{\overset{\|}{C}}-SH(Me^+) \tag{Ⅸ}$$

与 $Fe(OH)_3$ 作捕收剂浮水中的 Co、Cu、Ni、Cr

另外说明蜡的使用方法。为了除去电镀废液中的 Ni 和 Cu，先加入一些乙醇（30～60g/L Me），然后再加褐煤蜡悬浮液（15～20g/L Me），溶液经碱化处理后浮选，试剂再生。褐煤蜡用超声波分散在水中成石蜡悬浮液，其中固体含量为35%。为了回收 Ni 和 Cu，在 pH = 9.5～11.5 的条件下按每克金属加入 20～40g 悬浮体的固相，处理电镀废液后残留含量（mg/L）为 0.03～0.05Ni；0.4～0.75Cu。

用十二烷基硫酸钠作捕收剂，加上适当的起泡剂除去水中的镉离子，当金属离子：捕收剂 = 1∶2 时，镉的除去率最高(用体积分数 0.1% 异丙醇为起泡剂时,除去率为 98%)。

（2）离子沉淀浮选：用适当的药剂使离子先沉淀，例如金属离子形成氢氧化物、硫化物或碳酸盐，羟基磷酸盐，或加阳离子使阴离子形成相应的化合物沉淀，然后用适当的捕收剂浮选。

（3）吸附胶体浮选：是利用三价铁或三价铝的氢氧化物胶体吸附金属离子，然后用油酸钠或十二烷基硫酸钠捕收它们。有报道说：智利用该法已成功地从铜钼精矿过滤液中分出钼离子，使过滤液达到排放标准。其特点是：在“粗选段”先除去悬浮的固体和钙离子，在“精选段”于 pH = 5 除去钼。用的是 DAF 法和油酸钠。

（4）团聚 DAF 法浮选：先用沉淀、凝聚、絮凝法处理不稳定的可溶离子，使其形成胶体颗粒，其后用凝结法增大颗粒尺寸，最后用絮凝剂形成稳定的疏水絮团，用 DAF 法浮选。有报道说已用该法从金氰化回路的液体中除去 Hg、As、Se 离子。过程中用二硫代氨基甲酸钠作沉淀剂，用 $AlCl_3$ 或 $FeCl_3$ 作凝结剂，用 Blufloc 作絮凝剂。用 DAF 法除去了 98% 的离子。过程的效率决定于下列参数。

1）离子 + 沉淀剂 = 胶体沉淀物 3～10μm；

2）胶体沉淀物 + 絮凝剂 = 絮团 1～3mm；

3）絮团 + 微气泡（5～150μm）和中等到尺寸气泡（200～

600μm）。

（5）吸附颗粒浮选（APF）或简单载体浮选（CF）：APF实际上是吸附胶体浮选的变种。该法的关键是选择具有高比表面积和与污染物有高反应活性和可浮性好的吸附载体。载体可以是矿物、树脂、活性炭、工业副产物和微生物。表13-2列出了近年来推出的载体和负载物。

表13-2　APF载体与其负载物

载　体	负载物	载　体	负载物
煤跳汰尾矿	Ni，Cu，Zn	交换树脂	Cu
沸　石	Ni，Cu，Zn	羟磷灰石	Cd
沸　石	Hg，As，Se	活性炭	染料（罗丹明B）
黄铁矿	Cu，As	煤跳汰尾矿	油
赤　泥	Cu	重晶石	乳化的油
白云石	Pb	黏土（水滑石）	Cr^{6-}离子
飞　灰	Ni		

下面介绍一些吸附颗粒浮选中应用生物表面活性剂的研究工作。所用的吸附剂是针铁矿、α-氢氧化铁和氧化铁。浮选捕收剂不是一般的化学捕收剂，而是特定的生物表面活性剂。研究工作者认为：多数化学表面活性剂不能生物降解，会发生生物积累，对环境有害，而生物表面活性剂容易降解，对环境无害。试验中用的生物表面活性剂为里钱尼兴A（Lichenysin A）和色或克仃（Surfactin）。

Lichenysin A是从地衣芽孢杆菌中分出的表面活性脂肮，它们有一定的亲水和疏水基团。可使水的表面张力从72降至28mN/m，临界胶束浓度CMC低到12μmol/L，其烃链的性质与Surfactin相似。Surfactin名称来自细菌的脂肮，是有名的粉状表面活性剂，在浓度低至20μmol/L时，可使水的表面张力从72降至27mN/m。生物表面活性剂在农业、化妆品、制药、去污、食品工业、纺织工业、金属处理、造纸和颜料工业中都有很大的用途。此处用这两种生物活性剂捕收吸附有 Cr^{4+} 和 Zn^{2+} 的针铁矿。

吸附胶体浮选表明：1）这两种生物表面活性剂可以在 pH = 4 ~ 7 的范围内浮选针铁矿，在试验条件下，它们的捕收活性比十二胺和十二烷基硫酸钠好；2）在 pH = 4 附近，用它们浮选吸附有 Cr^{4+} 和 Zn^{2+} 的针铁矿，可以有效地除去这两种离子；3）在 pH = 4 附近，Zn^{2+} 吸附于针铁矿表面后，可以被 Surfactin 浮选除去，而 Lichenysin A 浮选除锌的效果不好。

（6）分离油和有机化合物：当废水中的油滴尺寸小于 50μm 时，用常规的油水重力分离和 DAF 法处理很困难，分离 20 ~ 30μm 的油滴需要小的气泡，而且要求浮选设备中有安静的环境，应该在浮选前破乳。这是因为捕收和固着细油滴很慢，特别是在以高流速处理水时。广泛应用 IAF 和 DAF 除去稳定的油乳浊液。IAF 法使用直径 40 ~ 1000μm 的气泡和紊流状态流体动力学条件，处理时间通常少于 5min。而用 DAF 法，情况不同，使用 30 ~ 100μm 的微泡和安静的操作制度，需要接触时间长，要 20 ~ 60min。处理量大时效果差。

（7）藻类分离：用浮选法除去藻类是热带国家很好的选择。市政污水和废水塘中所产生藻类细胞，其尺寸为 3 ~ 7μm。为了使它们能与气泡有效地接触，其集合体尺寸应该大于 10μm。试验发现阳离子聚合物絮凝剂可有效地絮凝藻类细胞，而非离子或阴离子型絮凝剂效果不好。相同的表面活性剂可有效地絮凝不同类型和不同形状的藻类细胞（如微胞藻和鱼腥藻）。杰姆逊（Jameson）浮选机可同时除去藻类及使其形成的磷化合物。

（8）蛋白质分离：用 DAF 法可从水中除去各种非脂肪有机化合物，如大豆加工厂产生的可溶蛋白质，浮出的蛋白质可作为动物饲料。先用无机盐和（或）聚合物使大分子团聚再用微泡浮选是分离蛋白质的基础。

（9）废水絮凝：用三氯化铁、三氯化铝、硫酸铝和硫酸亚铁做絮凝试验，结果是三氯化铁 16mg/L 效果最佳，处理后可以达到国家排放标准。另一试验表明，在 pH = 7，15℃条件下，加聚丙烯酰胺 24g/t 絮凝效果最佳。处理煤泥废水用聚丙烯酰胺效果也好。

13.5 浮选在处理废渣中的应用举例

(1) 清洗土壤：土壤中含有有毒的低挥发性疏水化合物，如重油、芳香化合物、聚氯联苯等疏水性的化合物，因为它们与土壤附着不牢固，可以用浮选法除去。有人用浮选柱从被放射性核物质污染的土壤和珊瑚砂中除去核物质，希望获得富核物料精矿和低放射性土壤，但只获得低水平放射性物料。

(2) 处理选矿厂老尾矿：如黑龙江某金矿采用浮选法从氰化尾矿中回收铜，回收率达 89%；南方另一矿山从老尾矿中回收金、锑、钨，其回收率 (%) 分别达 81.18、20.17 和 61.00。一般说来，处理老尾矿在工艺上与处理原矿无大的区别，只是常用擦洗代替破碎。

(3) 贵溪冶炼厂转炉渣选铜：流程为三段磨浮，第一段为单槽浮选（即安装在磨矿分级循环中的单个浮选槽），第二段为一粗、一扫、三精。自然 pH 值，用 Z-200 250g/t，SF-C 适量，松油 90g/t。固体浓度粗扫选 45% 左右，精选 35% 左右。选得铜精矿品位 β_{Cu}35%，回收率 92%。尾矿仅含铜 0.4%。

(4) 株洲冶炼厂湿法炼锌浸出渣浮选银：流程为一粗、三扫、三精。丁胺黑药 300 ~ 400g/t，二号油适量。选别指标 (g/t)：原渣含 Ag 200 ~ 400，精矿含 Ag 1500 ~ 6000，回收率 55% ~75%。

(5) 发电厂煤灰处理：当前发电厂的煤灰常用作铺路基或制灰渣砖。其实煤灰中常含有许多值得循环开发利用的成分。据分析：煤灰中一般含有 5% ~7% 未燃尽的炭（有三分之一的发电厂煤灰含炭达 10% 以上），有的煤灰含有镓、锗、镍、钒、铀等稀有元素。一般含有 50% ~80% 的空心微珠，它们由 SiO_2、Al_2O_3 和 Fe_2O_3 组成，微珠由于冷却速度和成分不同，又分为漂珠（可浮于水面的）、沉珠和磁珠。微珠由于空心、质轻、隔热、隔音、耐高低温、耐磨、强度高，有电绝缘等性质，可作为塑料、橡胶的充填料，防火防水涂料，刹车材料。在煤灰分离中可用重选、磁选及浮选，但浮选由于适应性强、处理能力大，应用的前景最好。从煤灰成分不难看出，在浮选中可以根据浮选的对象不同，用非极性油类、阴离子或阳离子捕收剂，和一般浮选设备处理。

（6）废纸再生用浮选脱墨：废纸再生要包括高浓度碎浆、除渣、净化筛选、浮选脱墨等工序（见图 13-9 废纸脱墨流程）。而浮选脱墨是极重要的一环。

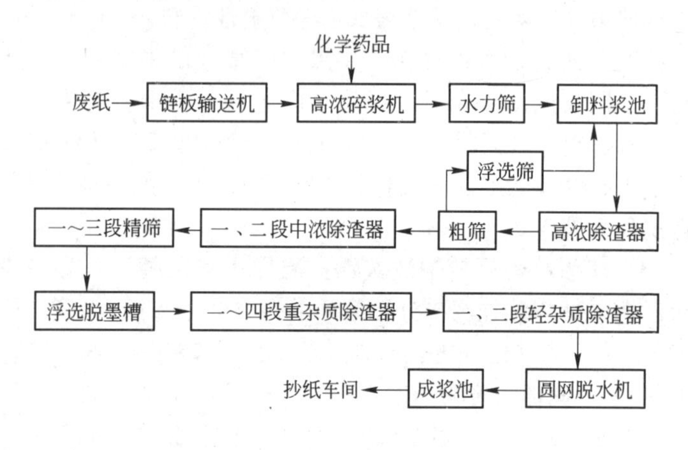

图 13-9　废纸脱墨流程

一般在浮选前，先用一系列的方法处理废纸，以分离纸中之油墨与纤维，用脂肪酸类捕收剂浮选油墨。有人在 DAF 和 IAF 浮选脱墨中，使用油酸钙、油酸钠、十二烷基硫酸钠和苯基十二烷基硫酸钠做试验，结果表明是用油酸钙和十二烷基硫酸钠的混合物作捕收剂，效果最好。也有试验表明 OP-10∶油酸 = 80∶20 和吐温∶油酸 = 60∶40 都是较好的脱墨剂。

用高分子絮凝剂选择絮凝法脱墨在工业中尚未应用。但有人认为由于纸纤维亲水而油墨颗粒疏水，可以采用选择絮凝法进行纸浆脱墨。研究选用高分子凝聚剂 P717（是丙烯酸盐和丙烯酰胺的共聚物，分子量 700 万以上）在过程中起桥联作用，选择性地促进墨粒凝聚。试验证明：P727 改善了浮选脱墨效果，经两段浮选，可增加白度 6.85，脱墨率达 99.88%。

江西纸业集团从美国 TBC 公司引进的 150t/d 生产线，用图 13-9 流程。脱墨方法有水洗和浮选两种。水洗的主要药剂是 NaOH、Na_2CO_3、清洗剂、漂白剂和分散剂等。浮选时的 pH = 8 ~9，纸浆质量浓度为 1%，捕收剂常用油酸，有时也用硬脂酸和煤油等。质量指标；白度范围 55% ~ 60% ISO；裂断长 3800mm 以上；油墨尘埃小于 $500mm^2/kg$，能耗 550kW · h/t。该生产线流程短，操作简单，设备运行稳定。

（7）从废锂电池中回收锂钴氧化物　近年来由于笔记本电脑、移动电话、便携式仪器的用量增加，可反复充电的二次废锂离子电池数量也不断增加。废锂离子电池除了含有铝、铜箔以外，还含有大量钴锂氧化物（$LiCoO_2$），具有极大的回收价值。

工业中已用不同的方法回收。如用小型焙烧炉将废锂电池焙烧后，用粉碎机、磁选机、筛分机处理、回收钴、铜、铁等金属。但在回收的产品中，钴品位较低，β_{Co} 约为 55%。有人认为还有提高钴品位的余地，故进行了用浮选法回收钴、锂氧化物的再生试验。研究材料为移动电话超薄废锂离子电池。用粉碎机粉碎、分级、筛分后分别得到合成树脂隔板 4.3%，铝、铜箔 39.8%，钴锂氧化物（$LiCoO_2$）和石墨粉混合物 46.1%。由于锂钴氧化物和石墨颗粒表面都覆盖有聚乙烯叉二氟化物，两者都疏水，不能直接浮选分离，所以先将混合物粉末加热到 773K 维持 2h，脱除锂钴氧化物表面上的胶结剂，使锂钴氧化物的表面由疏水变为亲水，而石墨仍然疏水，可以用浮选法分离。浮选分离前锂钴氧化物的回收率为 97%，锂钴氧化物质量占 70%，石墨质量占 30%。最佳浮选条件为煤油 0.2kg/t，MIBC 用量 0.14kg/t，矿浆浓度 10%。回收的锂钴氧化物产品中，锂钴含量高于 93%，锂钴的回收率为 92%。

附　录

附录1　近年成分不明的浮选药剂代号

药剂代号	特点及用途
捕收剂	金银铜铅锌矿浮选
捕金灵	金银矿浮选
AP	浮硫化铜矿
A666 +25 号黑药	浮金银矿
B-130	浮氧化铜矿
BK301	
BK320	浮选含银铅锌矿
BK330	浮选硫化铜矿
BK-901	
BK905B	浮选硫化铜矿
BK906	浮选方铅矿
CSU-ATJ	硫胺酯类，浮硫化铜矿
EP	浮选硫化铜矿
FZ-9538	快速浮选增效剂，强化金银铜矿物浮选
G-624	混合捕收剂，浮铅锌硫化矿
JT-235	浮硫化铜矿
LD	浮硫化铜矿
KM-109	浮硫化铜矿，对于降砷有利
MA-1，MA-2	浮锑金矿
MAC-10，MAC-12	浮高硫的铜矿石

续表

药剂代号	特 点 及 用 途
MA + MOS	浮硫化铜矿
PN405	浮硫化铜、镍矿物
PN4055	浮硫化铜矿
NXP-1	浮硫化铜矿的捕收剂，有起泡性
QF	浮金铜矿
RC	对浮铜抑硫化铁效果好
SK	浮细粒金
SMG-1 ~ SMG-5	浮含金银的硫化铜矿
T-2K	浮含金银的硫化铜矿
T-208	浮镍矿物
TBC-114	浮辉钼矿
XF-3	浮硫化铜矿
YBJ	弱碱性浮铜矿物
Z-96	浮硫化铜矿
ZJ-1	是良好的浮金药剂，浮含金硫化矿
ZH	浮铜矿
ZY-101	浮闪锌矿
捕收剂	浮其他硫化矿
A203 + Z300	浮铜镍矿
BF-3，BF-4	浮镍矿物比丁黄药的捕收力和选择性好，可降低镍精矿中的镁
C-125	浮镍矿物
OSIM	浮铜镍矿
PN403 + Y89	代替丁黄药 + J-622 浮金川铜镍矿，可以降低精矿中的氧化镁

续表

药剂代号	特点及用途
PN-405	浮硫化镍矿
T-208	浮镍矿物
TBC-114	浮钼矿
TK-3	浮钴矿
ZNB1、ZNB2、ZNB3	组合药方，对回收铜镍矿中的墨铜矿有利，可降精矿中的镁
W-3、W-4	浮硫铁矿
F 药剂	浮辉钼矿
捕收剂	浮非硫化矿
	氧化铁矿正反浮选
CS_1 : CS_2 = 1 : 1	阳离子捕收剂，铁矿石反浮选
FC-9502	阴离子捕收剂，赤铁矿、稀土和萤石浮选
GE-601，GE-609	阳离子捕收剂，铁矿石反浮选
LKY	阳离子捕收剂，铁矿反浮选
RA315、RA515、RA715、RA915	阴离子捕收剂，铁矿反浮选，一般用于处理铁磁选粗精矿
RN665	螯合剂，铁矿正浮选
SH-A	氧化铁矿捕收剂
SKH	反浮铁精矿中的钾、钠矿物
YS-73	阳离子捕收剂，铁矿反浮选，15℃可用
捕收剂	磷灰石正反浮选
ABSK	代替 OP-4 和脂肪酸浮选磷灰石
H969	磷灰石正浮选，可代 PS-5

续表

药剂代号	特 点 及 用 途
Mg + GE609	难选胶磷矿反浮选
PA-55	磷灰石矿反浮白云石
PA-900B	8 ~ 9℃下可浮磷灰石
PA-8042、PA9013	可在较低温下浮磷灰石
S-08	浮磷灰石可代替 ZX986
TA-03	阳离子捕收剂，选磷灰石反浮硅
TA-55	选磷矿反浮白云石、方解石，在弱酸性介质中对方解石有选择捕收作用
TS	用于从胶磷矿中反浮脉石
ZP-02	可浮选铜尾矿中的磷灰石，浮磷灰石的捕收力和选择性比油酸和氧化石蜡皂好
WHL-P1	油脂工业下脚制品，可在 15℃浮磷灰石
捕收剂	其他氧化矿
B-130	螯合剂，浮氧化铜矿
BK-125	天青石捕收剂
GYB、GYR 组合剂	浮黑白钨矿
H-717	浮钛铁矿
LF 系列	稀土矿物捕收剂
MOS、MZ-201	浮钛铁矿
RL	浮铝土矿
ROB	浮钛铁矿
R-3、RST	浮钛铁矿
TAO	浮钛铁矿

续表

药剂代号	特 点 及 用 途
YHS	浮大洋富钴结壳
XT、ZY	浮钛铁矿
ZJ3	浮锡石，高效低毒
	抑制剂
CCE 组合剂	铜锌分离中用它对闪锌矿去活
CLS-01	铜铅分离时抑制方铅矿比 $K_2Cr_2O_7$、Na_2SO_3、$FeSO_4$、$ZnSO_4$等组合剂有效
D6	闪锌矿的抑制剂
DF-3	代替石灰抑制黄铁矿，用于铜硫分离
DPS	对方铅矿和黄铜矿有抑制作用
DS + YD	pH 值为 9 时抑制黄铁矿浮方铅矿
KS-MF	浮钾盐时用它抑制粘土
M-2	抑制石英
MAA 镁铵混合剂	抑制毒砂
MY	抑制闪锌矿
PALA	抑制毒砂
RC	抑制黄铁矿和磁黄铁矿，成分中含羧基、磺酸基及羟基
TH	抑制富钴结壳基岩
ZL-01 + CaO	浮铅抑制闪锌矿
	其他调整剂
B2	活化氧化铜矿物
D-2	活化氧化铜矿物

续表

药剂代号	特点及用途
D2、D3	活化硫化铜矿物，直接加入磨矿机
L-1	活化闪锌矿，pH 值为 9
M2	抑制二氧化硅
MHH-1	活化磁黄铁矿，用于磁黄铁矿和磁铁矿的分离
PB2	活化氧化铜矿，由两种螯合剂混合而成
YO	活化被氰离子抑制过的闪锌矿，可用于氰化渣中闪锌矿的浮选
BKN	絮凝闪锌精矿浓密机的溢流水
PDA 三元共聚物	处理赤泥比聚丙烯酰胺效果好
TS1、TS2	助滤剂
YF-1	分散剂，浮铝土矿分散伊利石
YO	活化氰化渣中的闪锌矿
YX-1	絮凝剂，对铝土矿选择絮凝
ZM-2	活化黄铁矿

起泡剂

11 号油、12 号油、145 起泡剂、605 起泡剂、730 系列起泡剂（成分可依选别需要调整）、903 起泡剂、904 起泡剂、A-200 起泡剂、BK-201、BK-204、BK205（起泡力强起泡速度快）、BK206 起泡剂、FR 起泡剂、FRIM-ZPM、FX-127（选辉锑矿和煤）、ФРИМ-8С、ФРИМ-9С（后者浮钼指标比 MIBC 高）、ОФС、RB_7、RB_8、（浮黄铁矿）SDT-2、SK_{96}、TXO-1、YC-111 起泡剂、矿友 321、矿友 322 起泡剂。

附录2　标准电极电位

25℃下一些水溶液中的标准电极电势（V，相对于 NHE）①

反　应	电势/V
$Ag^{+} + e \rightleftharpoons Ag$	0.7991
$AgBr + e \rightleftharpoons Ag + Br^{-}$	0.0711
$AgCl + e \rightleftharpoons Ag + Cl^{-}$	0.2223
$AgI + e \rightleftharpoons Ag + I^{-}$	-0.1522
$Ag_2O + H_2O + 2e \rightleftharpoons 2Ag + 2OH^{-}$	0.342
$Al^{3+} + 3e \rightleftharpoons Al$	-1.676
$Au^{+} + e \rightleftharpoons Au$	1.83
$Au^{3+} + 2e \rightleftharpoons Au^{+}$	1.36
p-苯醌 $+ 2H^{+} + 2e \rightleftharpoons$ 氢醌	0.6992
$Br_2(aq) + 2e \rightleftharpoons 2Br^{-}$	1.0874
$Ca^{2+} + 2e \rightleftharpoons Ca$	-2.84
$Cd^{2+} + 2e \rightleftharpoons Cd$	-0.4025
$Cd^{2+} + 2e \rightleftharpoons Cd(Hg)$	-0.3515
$Ce^{4+} + e \rightleftharpoons Ce^{3+}$	1.72
$Cl_2(g) + 2e \rightleftharpoons 2Cl^{-}$	1.3583
$HClO + H^{+} + e \rightleftharpoons \frac{1}{2}Cl_2 + H_2O$	1.630
$Co^{2+} + 2e \rightleftharpoons Co$	-0.277
$Co^{3+} + e \rightleftharpoons Co^{2+}$	1.92
$Cr^{2+} + 2e \rightleftharpoons Cr$	-0.90
$Cr^{3+} + e \rightleftharpoons Cr^{2+}$	-0.424
$Cr_2O_7^{2-} + 14H^{+} + e \rightleftharpoons 2Cr^{3+} + 7H_2O$	1.36
$Cu^{+} + e \rightleftharpoons Cu$	0.520
$Cu^{2+} + 2CN^{-} \rightleftharpoons Cu(CN)_2^{-}$	1.12
$Cu^{2+} + e \rightleftharpoons Cu^{+}$	0.159
$Cu^{2+} + 2e \rightleftharpoons Cu$	0.340
$Cu^{2+} + 2e \rightleftharpoons Cu(Hg)$	0.345
$Eu^{3+} + e \rightleftharpoons Eu^{2+}$	-0.35
$\frac{1}{2}F_2 + H^{+} + e \rightleftharpoons HF$	3.053
$Fe^{2+} + 2e \rightleftharpoons Fe$	-0.44
$Fe^{3+} + e \rightleftharpoons Fe^{2+}$	0.771
$Fe(CN)_6^{3-} + e \rightleftharpoons Fe(CN)_6^{4-}$	0.3610
$2H^{+} + 2e \rightleftharpoons H_2$	0.000
$2H_2O + 2e \rightleftharpoons H_2 + 2OH^{-}$	-0.828
$H_2O_2 + 2H^{+} + 2e \rightleftharpoons 2H_2O$	1.763
$2Hg^{2+} + 2e \rightleftharpoons Hg_2^{2+}$	0.9110
$Hg_2^{2+} + 2e \rightleftharpoons 2Hg$	0.7960
$Hg_2Cl_2 + 2e \rightleftharpoons 2Hg + 2Cl^{-}$	0.26816
$Hg_2Cl_2 + 2e \rightleftharpoons 2Hg + 2Cl^{-}$（饱和 KCl）	0.2415
$HgO + H_2O + 2e \rightleftharpoons Hg + 2OH^{-}$	0.0977
$Hg_2SO_4 + 2e \rightleftharpoons 2Hg + SO_4^{2-}$	0.613
$I_2 + 2e \rightleftharpoons 2I^{-}$	0.5355
$I_3^{-} + 2e \rightleftharpoons 3I^{-}$	0.536
$K^{+} + e \rightleftharpoons K$	-2.925
$Li^{+} + e \rightleftharpoons Li$	-3.045
$Mg^{2+} + 2e \rightleftharpoons Mg$	-2.356
$Mn^{2+} + 2e \rightleftharpoons Mn$	-1.18
$Mn^{3+} + e \rightleftharpoons Mn^{2+}$	1.5
$MnO_2 + 4H^{+} + 2e \rightleftharpoons Mn^{2+} + 2H_2O$	1.23

续表

反　应	电势/V	反　应	电势/V
$MnO_4^- + 8H^+ + 5e \rightleftharpoons Mn^{2+} + 4H_2O$	1.51	$Ru(NH_3)_6^{3+} + e \rightleftharpoons Ru(NH_3)_6^{2+}$	0.10
$Na^+ + e \rightleftharpoons Na$	-0.2714	$S + 2e \rightleftharpoons S^{2-}$	-0.447
$Ni^{2+} + 2e \rightleftharpoons Ni$	-0.257	$Sn^{2+} + 2e \rightleftharpoons Sn$	-0.1375
$Ni(OH)_2 + 2e \rightleftharpoons Ni + 2OH^-$	-0.72	$Sn^{4+} + 2e \rightleftharpoons Sn^{2+}$	0.15
$O_2 + 2H^+ + 2e \rightleftharpoons H_2O_2$	0.695	$Tl^+ + e \rightleftharpoons Tl$	-0.3363
$O_2 + 4H^+ + 4e \rightleftharpoons 2H_2O$	1.229	$Tl^+ + e \rightleftharpoons Tl(Hg)$	-0.3338
$O_2 + 2H_2O + 4e \rightleftharpoons OH^-$	0.401	$Tl^{3+} + 2e \rightleftharpoons Tl^+$	1.25
$O_3 + 2H^+ + 2e \rightleftharpoons O_2 + H_2O$	2.075	$U^{3+} + 3e \rightleftharpoons U$	-1.66
$Pb^{2+} + 2e \rightleftharpoons Pb$	-0.1251	$U^{4+} + e \rightleftharpoons U^{3+}$	-0.52
$Pb^{2+} + 2e \rightleftharpoons Pb(Hg)$	-0.1205	$UO_2^+ + 4H^+ + e \rightleftharpoons U^{4+} + 2H_2O$	0.273
$PbO_2 + 4H^+ + 2e \rightleftharpoons Pb^{2+} + 2H_2O$	1.468	$UO_2^{2+} + e \rightleftharpoons UO_2^+$	0.163
$PbO_2 + SO_4^{2-} + 4H^+ + 2e \rightleftharpoons PbSO_4 + 2H_2O$	1.698	$V^{2+} + 2e \rightleftharpoons V$	-1.13
$PbSO_4 + 2e \rightleftharpoons Pb + SO_4^{2-}$	-0.3505	$V^{3+} + e \rightleftharpoons V^{2+}$	-0.255
$Pd^{2+} + 2e \rightleftharpoons Pd$	0.915	$VO^{2+} + 2H^+ + e \rightleftharpoons V^{3+} + H_2O$	0.337
$Pt^{2+} + 2e \rightleftharpoons Pt$	1.188	$VO_2^+ + 2H^+ + e \rightleftharpoons VO^{2+} + H_2O$	1.00
$PtCl_4^{2-} + 2e \rightleftharpoons Pt + 4Cl^-$	0.758	$Zn^{2+} + 2e \rightleftharpoons Zn$	-0.7626
$PtCl_6^{2-} + 2e \rightleftharpoons PtCl_4^{2-} + 2Cl^-$	0.726	$ZnO_2^{2-} + 2H_2O + 2e \rightleftharpoons Zn + 4OH^-$	-1.285

①表中的数据是来自 A. J. Bard, J. Jordan 和 R. Parsons 主编的"Standard Potentials in Aqueous Solutions", (Marcel Dekker, New York, 1985)。该书是在 IUPAC 的电化学和电分析化学委员会的支持下编撰的。另外的标准电势和热力学数据来自:(1) A. J. Bard and H. Lund, Eds., "The Encyclopedia of the Electrochemistry of the Elements," Marcel Dekker, New York, 1973-1986; (2) G. Milazzo and Caroli, "Tables of Standard Electrode Potentials," Wiley-Interscience, New York, 1977。这些数据涉及的标准氢电极是基于在一个标准氢气压下的值。

参 考 文 献

1 Fuerstenau. D. W. Froth Flotation —50th anniversary volume. The Rocky Mountain Fund. New York . 1962

2 Gaudin. A. M. Frotation 2nd edi. Mcgraw-Hill Book Company . Inc. New York. 1957

3 Глебоцкий В А，Классен В И，Плаксин И Н. Флотация. Госгортехиздат，Москва. 1961

4 Митрофанов С И. Селективная Флотация. Металлугиэдат. 1958

5 GUSZTA'N TARJA' N Mineral Proccessing . Akademiai Kiado'. Budepest. 1986

6 选矿手册编委会．选矿手册第三卷二分册．北京：冶金工业出版社，2006

7 朱建光、朱玉霜．浮选药剂．长沙：中南矿冶学院科技情报科，1982

8 见百熙．浮选药剂．北京：冶金工业出版社，1981

9 龚明光等．浮游选矿（修订版）．北京：冶金工业出版社，1988

10 朱建光教授论文专辑．长沙：矿冶工程，2004

11 王淀佐等．矿物加工学．北京：中国矿业大学出版社，2003

12 徐博等．煤泥浮选技术与实践．北京：化学工业出版社，2004

13 王淀佐等．选矿与冶金药剂分子设计．长沙：中南大学出版社，1996

14 沈政昌等．KYF-160 型浮选机工业试验研究．有色金属（选矿部分）2006，3：37 ~41

后　记

过去出版的浮选书，大都是编者在教学岗位上依据某类学校教学大纲编写的，对于泡沫浮选的理论及其应用部分各有侧重，有其立竿见影的作用，无可非议。编者写本书时由于没有特定的教学要求、教学时间与篇幅的限制，所以可以对泡沫浮选的各个应用领域，按经典教材的脉络和近年的文献资料进行整合，或浮光掠影或入木三分，视问题的重要性及其与全书的关系而定。不敢说全面新颖，但自以为本书为初学者搭起了一个较宽的学习平台，初学者可以从本书中看到浮选领域的基本概念、基本知识、基本理论、重要数据、浮选主要应用途径及其发展；也有助于从事与浮选相关技术工程的工作者，花较少的时间，找到常用的数据，借鉴相邻领域的知识，了解有关问题的新动态。

不足之处在所难免，敬请各方贤达不吝赐教。

在编写本书时，承蒙朱建光老师、黄易柳、李晓健、黄炎崐、石德俊等同志多方大力帮助，在此表示谢意。